食卓を変えた植物学者

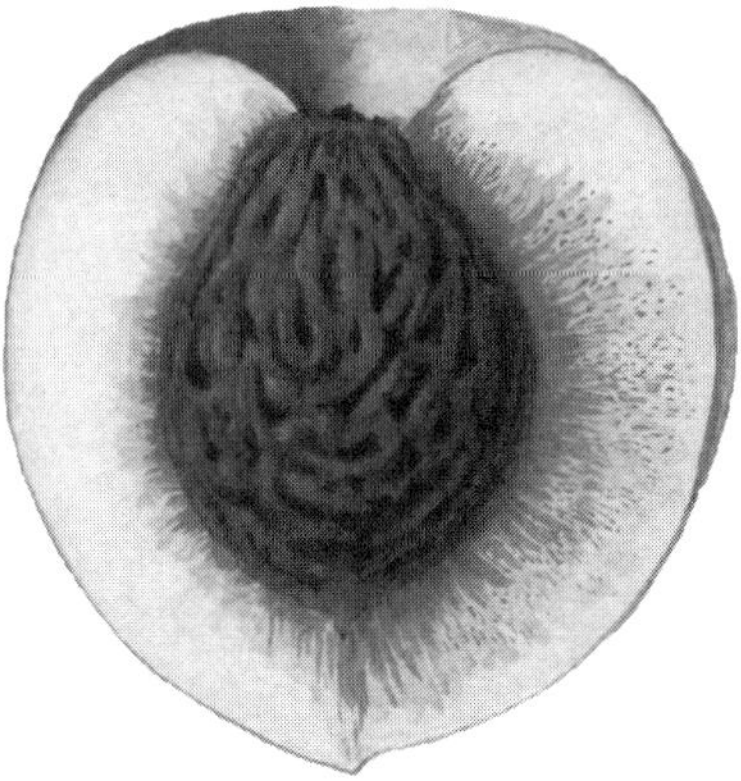

世界くだものハンティングの旅

ダニエル・ストーン著
三木直子訳

築地書館

デヴィッド・フェアチャイルド

Japanese translation by Naoko Miki
Published in Japan by Tsukiji Shokan Publishing Co., Ltd., Tokyo

プロローグ

アメリカ人として恥ずかしいと思うことの一つは、アメリカがどれほど肥大した自尊心と権力を持っていようとも、「アメリカの」という形容詞が使われるようになってから大して時間が経っていないということを、しょっちゅう思い知らされることである。数年前、僕は気づいたのだ——移民がアメリカにやってきたのと同じように、僕たちの食べ物もまた海外からやってきたのだということに。

ある朝、机に向かって『ナショナル・ジオグラフィック』誌に寄稿する記事のためのリサーチをしていたとき、一般的な農作物が最初に人間の手で耕作されたのがどこだったかを示す地図をたまたま見つけた。有名なフロリダ州のオレンジが最初に栽培されたのは中国。アメリカのどこのスーパーマーケットにもあるバナナはもともとはパプアニューギニアのものだ。ワシントン州が昔から受け継いできたものだと主張するリンゴはカザフスタンから来たものだし、ナパバレーのブドウが初めて育ったのはコーカサス地方である。これらがいったいいつ「アメリカの」作物になったのかを問うのは、イギリスから来た人たちがいつアメリカ人になったのかと問うこととちょっと似ている。一言で言えば、それは複雑なのだ。

だが、どんどん深く掘り下げていくにつれて、突如それが鮮明になる瞬間があるらしいことがわかった。蒸気船が突如として港に姿を現すように、新しい食べ物がアメリカの海岸に到着した歴史上の一点である。一九世紀後半——「金ピカ時代」と呼ばれる、アメリカ資本主義が成長した旅行の黄金期——は、アメリカが一気に成長した時代だった。世界各国への航海という道が開かれ、そのおかげで、デヴィッド・フェアチャイルドという若き研究者が、新しい食物や植物を求めて世界を歩き回り、それらを自国に持ち帰って市場を活気づかせたのである。フェアチャイルドは世界を一変させる革新技術の誕生を目撃し、科学者や上流階級の人間がもてはやされたこの時代、血筋ではなくその飽くなき好奇心によって支配階級の仲間入りを果たした。

今思えば、僕がこの物語に取り憑かれたのは当然のことだった。生まれてこのかた僕は果物に夢中で、それが熱帯のものであればあるほど良かった。子どもの頃両親が、僕と妹をハワイに連れていったことがある――「いろんな経験をしないと」というわけだ。僕は丸々二つパイナップルを平らげ、おかげでマウナロア山よりもカッカと燃えるような腹痛を起こした。家ではときどき母が、マンゴーを縦にスライスしてくれた。僕がスライスを食べている間に母は種の周りを少しずつ削っていく。デンタルフロスの有り難みを教えてくれたのは歯医者ではなくてマンゴーだった。

大学在学中は農園で働き、暑さの中、果樹園の木々の間を歩いてモモの等級付けをした。目的は、次のシーズンに優先的に栽培する優れた品種を見つけることだった。果物に優生学を適用したわけだ。だが作業に集中するのは難しかった。仕事の時間が終わる頃には、何十個も食べたモモの果汁でシャツはぐしょぐしょ、大抵はその後に腹が痛くなった。政治記者としてワシントンDCに移る前に、友人が彼の農場に就職しないかと言ってくれた。果実を収穫し、北カリフォルニアの、一種のファーマーズ・マーケット――「変種」とか「テロワール」みたいな言葉を使う人たちが集まるところ――で売る仕事だった。僕は夢を追うためにその申し出を辞退したが、その後何年も、連邦議会聴聞会に出席しながら、ピックアップトラックの窓を開け放って人気のない農道を走るもう一人の自分を想像した。

数年後、フェアチャイルドのことを聞いて僕がまず最初に思ったのは、こいつは果物を仕事にしたんだな、ということだった。それもおなじみの作物だけではなく、それまで誰も食べたことがなかったようなものを。友人たちに、アメリカに初めて公式にアボカドを持ち込んだのはフェアチャイルドだという話をすると、みんな彼を聖人候補に挙げたがった。僕は、フェアチャイルドが持ち込んだ人気の作物――デーツ、マンゴー、ピスタチオ、エジプト綿、ワサビ、桜の花——の話をしてみんなが驚くのを見るのが楽しくなっていった。必ずと言っていいほど誰かが、「へえ、誰かがそれをアメリカに持ってきたなんて、考えたこともなかったな」というようなことを言った。僕たちは、地面から生えてくる食べ物を、人間が生まれる前からもともとその環境にあったものであり、生の地球そのものとのつながりだと思いがちだ。だが、僕たちが食べているものは、人の手で選ばれ、管理されたものであるという意味で美術館の展示と変わらないのだ。フェアチャイルドは、真っ白なキャンバスに新しい色や質感を加えるチャンスを見出したのである。

フェアチャイルドの生涯は、二〇世紀初めに世界との関係を花開かせたアメリカの物語だ。彼は五〇か国以上、そのほとんどを船で訪れた。飛行機や自動車が地球を狭くする前の話だ。彼が植物採集に情熱と関心を注いだのは、僕たちが今のように食べ物に執着したり、食べ物の栽培、輸送、消費が経済、生物、環境に影響を与えるようになる以前の出来事である。フェアチャイルドはまさに、旅をすることへの尽きせぬ欲求を絵に描いたような人物だった。「そこには何があるのか?」という問いに答えを見つけることが、彼のライフワークだったのだ。

と同時に彼の物語は、世界に対するアメリカの興奮が、海の向こうの未知のものに対する嫌悪へと変化するなか、失望と波乱に満ちたものだった。フェアチャイルドの運命はアメリカのそれと一つであり、第一次世界大戦勃発でアメリカの注意が散漫になると、フェアチャイルドの才気は、恐怖に縮こまっている国家による厳しい批判の的となった。

彼は多弁な男であり、そしてそのすべてを書き記した。僕は彼が書いたラブレターを、下書きの原稿を、封筒やナプキンの裏に書き留めた思索の断片を読んだ。彼がアレクサンダー・グラハム・ベルやセオドア・ルーズベルトやジョージ・ワシントン・カーヴァー〔訳注:アメリカの植物学者〕に会ったときの回想も読んだ。そして、自分のことが本になり、功績を称えられるのを、彼はものすごく嫌がるだろうと感じた——もっとも、彼の逸話の多くがそうであるように、彼の生涯は、彼以外の人たちがした仕事と、他人のお金と承認がなければ実現しなかったわけだが。

フェアチャイルドの物語には、今では存在し得ない男とその時代を目にする哀しさが漂う。文化と科学と通信が互いにつながり合い、一日に何千キロも移動が可能な世界で、人がこう問うのは当然だ——いったいこの世には、未開の地は残されているのだろうか？　フェアチャイルドならなんと答えるだろうか、と僕はさんざん考えた。彼は自分の死を、それ以前の時代の大いなる探索の終点と考えただろうか？

その後、数年前の夏のある日、僕はフロリダの、フェアチャイルドの孫にあたる八一歳のヘレン・パンコーストの家にいた。ヘレンはかつて、祖父とともにマイアミからノバスコシアまでの長いドライブに出かけたものだった。そしてその間フェアチャイルドは彼女に数々の質問を浴びせ、彼女が好奇心を持つことを奨励したのだ。今へレンは、生まれ育った家からほんの数ブロックのところに住み、彼女の家の庭には、フェアチャイルドがインドネシアで夢中になったヤシの木が植わっている。僕はへレンに、ずっと気になっていたことを尋ねてみた——答えに溢れたこの世界にフェアチャイルドが生きていたら、それでもまだ彼は新しい質問を見つけるだろうか？　ヘレンは僕の腕を摑むと僕の目を正面から見つめた。

「祖父は言ったものよ、『知っていることで満足してはいけないよ、まだこれから知ることのできることがどれほどあるかに満足しなさい』と」

食卓を変えた植物学者　目次

第2部　世界を股にかける

第3部　新たな出会い

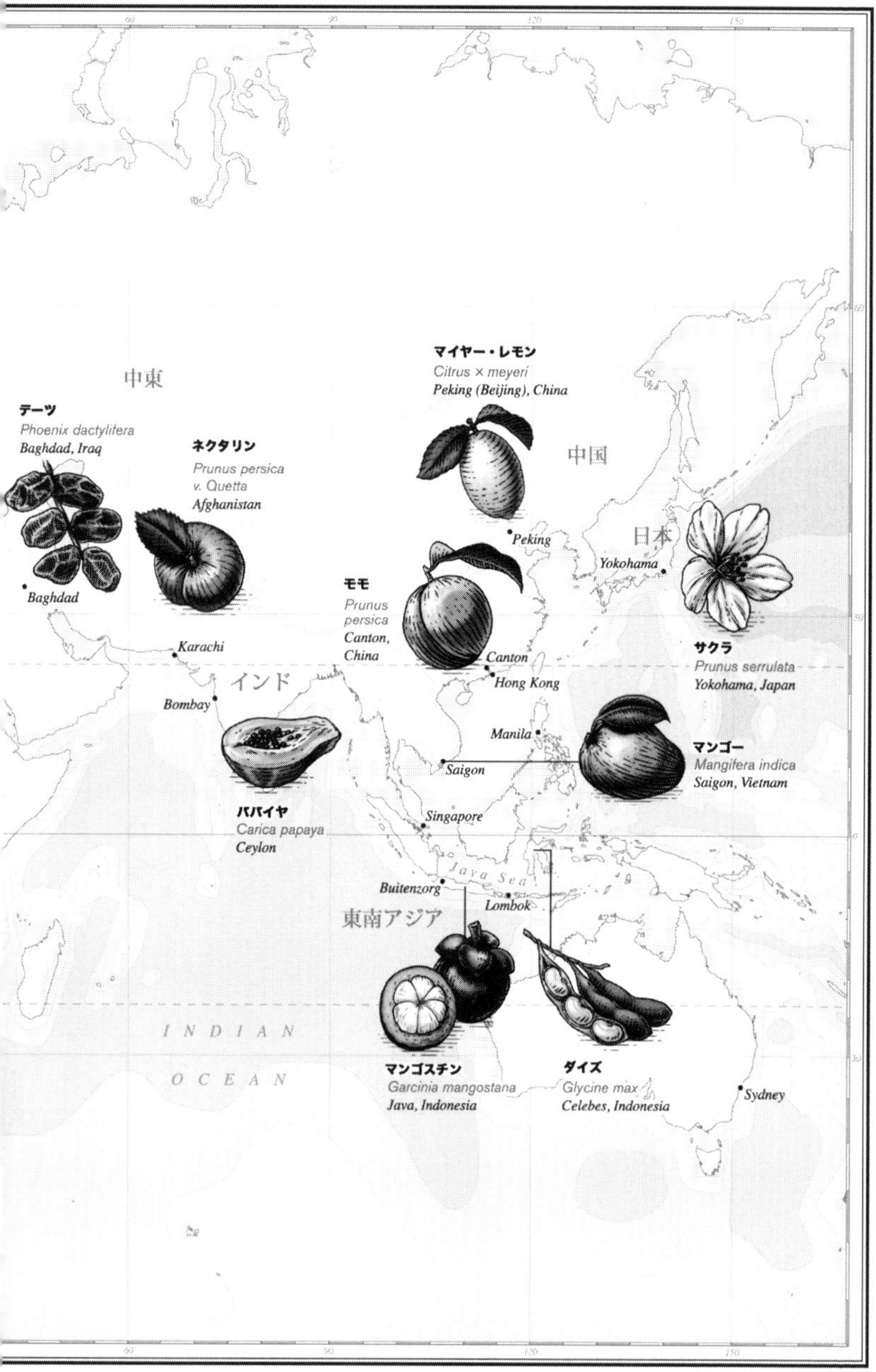

中東
テーツ
Phoenix dactylifera
Baghdad, Iraq
ネクタリン
Prunus persica
v. Quetta
Afghanistan
Baghdad
マイヤー・レモン
Citrus × meyeri
Peking (Beijing), China
中国
Peking
日本
Yokohama
モモ
Prunus
persica
Canton,
China
Canton
Hong Kong
サクラ
Prunus serrulata
Yokohama, Japan
Karachi
インド
Bombay
Manila
マンゴー
Mangifera indica
Saigon, Vietnam
Saigon
パパイヤ
Carica papaya
Ceylon
Singapore
Java Sea
Buitenzorg
Lombok
東南アジア
INDIAN
OCEAN
マンゴスチン
Garcinia mangostana
Java, Indonesia
ダイズ
Glycine max
Celebes, Indonesia
Sydney

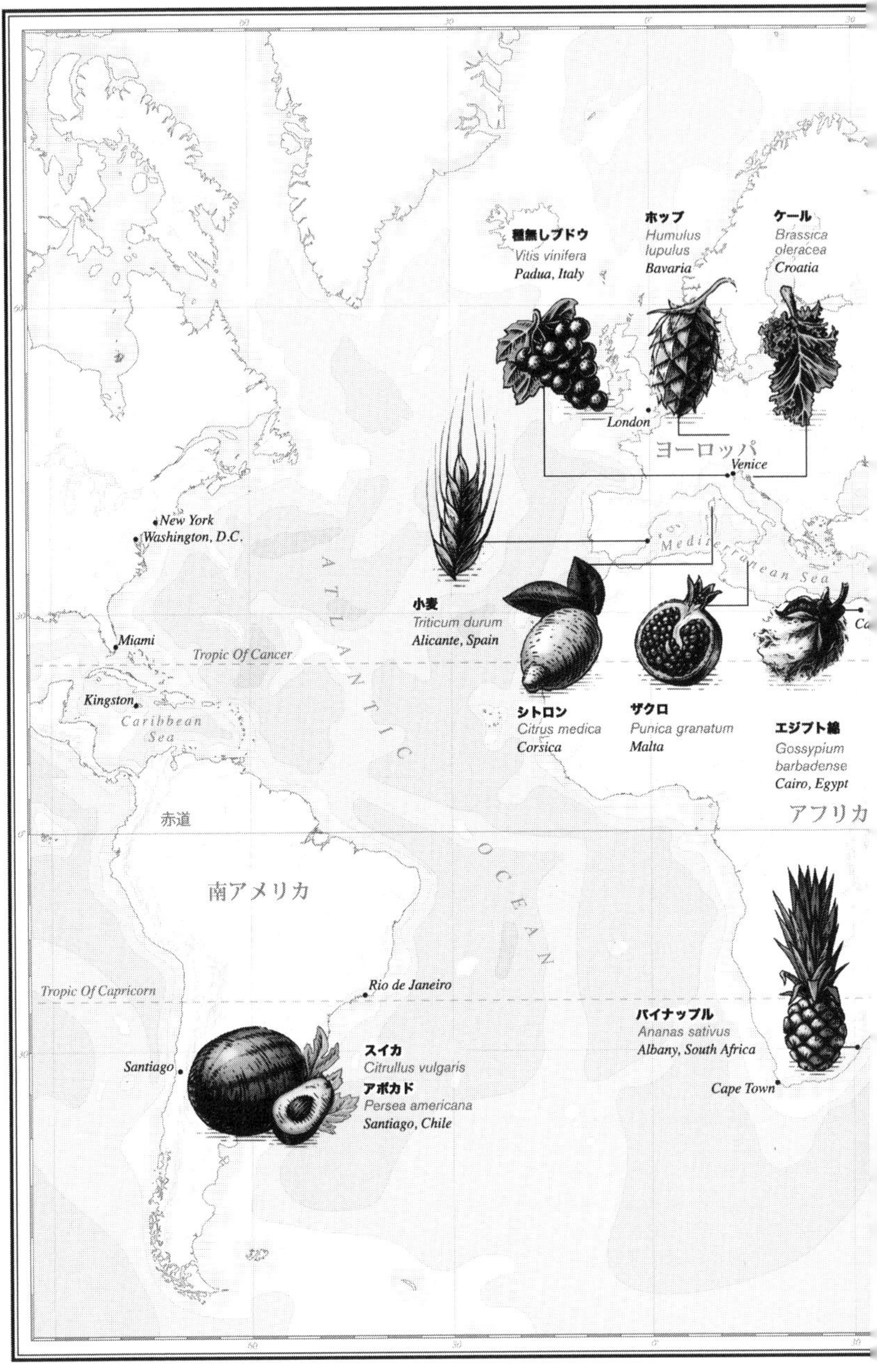

種無しブドウ
Vitis vinifera
Padua, Italy
ホップ
Humulus lupulus
Bavaria
ケール
Brassica oleracea
Croatia
London
ヨーロッパ
Venice
New York
Washington, D.C.
Mediterranean Sea
小麦
Triticum durum
Alicante, Spain
Miami
Tropic Of Cancer
Kingston
Caribbean Sea
ATLANTIC OCEAN
シトロン
Citrus medica
Corsica
ザクロ
Punica granatum
Malta
エジプト綿
Gossypium barbadense
Cairo, Egypt
赤道
アフリカ
南アメリカ
Tropic Of Capricorn
Rio de Janeiro
パイナップル
Ananas sativus
Albany, South Africa
Cape Town
Santiago
スイカ
Citrullus vulgaris
アボカド
Persea americana
Santiago, Chile

地図作製　Matthew Twombly

本書に掲載された白黒写真のほとんどは、フロリダ州コーラルゲーブルズにあるフェアチャイルド熱帯植物園から入手したもの。水彩画は、メリーランド州ベルツビルにある国立農学図書館のRare and Special Collectionの一部である米国農務省果樹園芸水彩画コレクションから、また横浜植木株式会社の製品目録の写真は、ハーバード大学のアーノルド樹木園園芸図書館からお借りした。

第1部

旅の始まり

1章　偶然の出会い

それは、荒れた夜の海を進む厳しい船旅だった。顔にまとわり付くような湿った空気に地中海のロマンチックな風景もぼんやりと霞んだ。コルシカ島の東岸に船が着くと、デヴィッド・フェアチャイルド――カンザスの草原地帯出身の二五歳――でさえ、小さな港町バスティアには驚いた。「ある程度の汚物には慣れていたが、バスティアは信じ難いほど汚かった」と彼はその第一印象を記している。早朝の光の中、埃っぽい道をうろうろと歩く彼を、薄汚れた犬たちが囲んだ。

故郷からこれほど離れていなかったら、こんな風景にも我慢できただろう。だがこのフランス領の島は、フェアチャイルドの一族の誰かが行ったことのあるどこよりも遠かった。ここまで彼は、カンザスから首都ワシントンへ、大西洋を渡ってイタリアへ、そこからドイツに北上し、再びアルプス山脈を越えて南下し、港でこの船に乗船したのだった。これほどの距離の旅は、彼にとっては誇りであり喜びであったかもしれない――この航海で胃を悪くさえしなければ。

夜の間に日付は一八九四年一二月一七日に変わった。フェアチャイルドは、子どもの頃、海外を旅することを夢見ていた。そして今彼はついに、初めての任務についていたのだ。彼は郵便局が開くのを待った。開くと、局員は彼に、何度も転送された一通の封書を渡した。手紙は短かった。

「長官の承認得られず」

米国政府の職員であるフェアチャイルドは、コルシカ島での任務を他言しないように忠告されていた。こんな任務はこれまで誰にも与えられたことがなかったし、条約も、非公式な外交協定もなく、それどころかこうした訪問が合法であるかどうかさえはっきりわからないなか、ワシントンとしては、派遣したフェアチャイルドが騒ぎを起こさずに入出国するのを願うばかりだった。

フェアチャイルドに与えられた指示はほとんどなく、この手紙で、金はもっとないことが明らかになった。コルシカ島に行くという農務長官からの指令は、職員が任務を遂行するための送金を拒んだ当の農務長官によって反故にされたわけだ。諜報活動という概念をフェアチャイルドは気に入ってはいたが、隠密行動をとるのは社交ダンスと同じくらい苦手だった。つまり、どちらもやったことがなかったのだ。フェアチャイルドは植物を相手にする植物学者だったが、植物学者として優秀だったわけでもなかった。

金がなくては長い滞在はできなかった。だが、すでにこの島にいるのだから、どうせなら当初の目的を果たそうとフェアチャイルドは考えた。彼は海岸沿いを南に向かって走っていた一頭立ての馬車を呼び止めた。明瞭にものを考えるためにはまず腹ごしらえが必要だった。そして手がかりも。コルシカ島は坂が多くて暑く、やみくもに歩き回るには大きすぎた。

彼は道端のレストランで馬車を降り、レストランの店主に、植物に興味があるとさり気なく言った。英語と片言のイタリア語、それに手振りを交えながら、この島の木はどこに行けば見られるのだろう、と彼は尋ねた。たとえば有名なシトロンの木は？

店主の目が輝いた。彼はフェアチャイルドをレストランの裏に連れていき、自分が育てた、蜜の滴るイチジクの果実を食べさせた。そして、シトロン栽培の中心である近くの山の頂上にボルゴという町があるので町長に会いに行けと言って紹介状を書いてくれた。「冒険が待ち構えていた。楽しかった」とフェアチャイルドは書いている。食事を終えレストランを出ると、フェアチャイルドは山を登るために乗るロバを雇い、登山道がスイッチバックするたびにその風景を眺めた。よそ者を警戒するコルシカ人がいることになぞついぞ気づかなかった。

ボルゴの町長は赤ら顔で、たるんだ皮膚が垂れ下がっていた。「盗賊みたいな男」だとフェアチャイルドは赤い小型のノートに書いている。町長の住まいは木の支柱の上にあり、階下には泥まみれの豚小屋があった。フェアチャイルドはブーブー鳴いているブタたちの間を通って、昼食を食べた店の店長からの紹介状を渡した。

想像できたことではあったが、町長はほとんど英語を話さなかった。フェアチャイルドもフランス語はまるでできなかったが、町長が、葬式があるから出かけなければならないと言っているのがわかった。町長はフェアチャイルドのためにグラスにワインを注ぎ、待っているようにと言った。町長が出かけると、フェアチャイルドはグラスのワインに灰色のカビが浮かんでいることに気づいた。彼は床板の割れ目から階下のブタたち目がけてグラスを空けた。それから窓のところへ行き、深い谷と、たわわに実をつけた果樹園をゆっくりと眺めた。そして気がついた――町長を待つのなら、外で待っていても同じではないか？

スパイ容疑で捕まる

目立たないように努力しようとしたが、大きなカメラが邪魔をした――イーストマン・コデット社のカメラで、アコーディオンのように折りたためて布のカーテンがついているやつだ。道に出るとちょっとした人だかりが彼を囲み、この奇妙な機械とそれを抱えている男のことを小声で囁きあった。フェアチャイルドは足を止めて、黒いロングスカートを穿いている数人の女性の写真を撮った。一人の男が、山の斜面の向こうに広がる景色を撮れと勧めた。別の女性は娘の写真を撮ってくれと言った。フェアチャイルドは女性の頼みは聞いたが男の言うことは無視した。男は踵を返すと足早に歩き去った。

彼がカーテンの中に顔を突っ込んでいると、誰かが腕を摑むのを感じた。

1894年。大きなカメラや、それで表にいる女性たちを撮影したことのおかげで、フェアチャイルドがよそ者であることは明らかだった。コルシカ島ボルゴでこの写真を撮った直後に彼は逮捕された。

「書類を拝見」

警官だった。あるいは軍人だったかもしれない。

フェアチャイルドには見せられる書類はなかったし、警官にわかるように答えることもできなかった。学校で習った最低限のフランス語は、それが役に立ちそうだったまさにこの瞬間、彼の頭から消えていた。

この島に上陸してわずか数時間、米国政府のための外国での任務に就いてたった二時間で、フェアチャイルドは逮捕された。この手の任務についてフェアチャイルドが多少知っていたとして、彼のとった行動はそれとはまったく逆だった。彼は役人に任務を知られたのだ。道で人々の注目を集め、何よりも困ったことに、尋問されようとしていたのである。弱気になれば、彼が何をしにここへ来たのか、誰が彼を送り込んだのかを白状させられてしまうだろう。

警官はフェアチャイルドを、この町の刑務所を兼ねている小さな家に連れていき、ポケットを空にするよう指示した。そしてフェアチャイルドの赤い小型のノートを手に取ると、頁をめくり始めた。歯切れよい口調で、彼は一つひとつの単語の意味を訊いた。走り書きは英語のものもあったし、ドイツ語やイタリア語のものもあった。知らない言語を練習していたのだ。フェアチャイルドは、半ば恐れ、半ば憤っていた。そのどちらの感情も彼を、警官に協力しようという気にはさせなかった。

部屋の片隅で、黒い服を着た一人の女性が赤ん坊に母乳を飲ませていた。赤ん坊を揺らしながら、女はコルシカ風のフランス語で警官に向かって何かを大声で命令した。警官は女のことは意に介さず、ノートを見つめ続けた。

フェアチャイルドは気づいた。警官は彼のことをスパイだと勘違いしているのだ――いや、厳密にはその通りなのだが、もっと重大な秘密を探るスパイだと思っているのである。そうでなければ、この怪しげな書き付けのあるノートの説明がつかないではないか？　なぜカメラを持っているのだ？　暑さ、つのる苛立ち、一生コルシカ島の刑務所入りになるかもしれないという忍び寄るような恐怖のせいで、フェアチャイルドの顔から血の気が引いた。「任務を説明すれば憲兵は気に入らないであろうし、必要な書類も持ち合わせず、誰だって恐ろしがるに違いない様相をした男に捕まり、汚さでは宗教裁判の囚人を入れたどんな牢獄にも負けない刑務所の中で、青ざめない男などまずいないだろう」と彼は後にしたためている。

警官は、外国人が一見無邪気に、だが実は政治的あるいは経済的な秘密を——下手をすればこの土地の価値を——調べるためにやってくる、というスパイ活動には慣れていた。コルシカ島では何百年間も戦火が続いていた。農作物、水、肥沃な土地に恵まれた地中海地方の覇権を争うヨーロッパの帝国に弄ばれてきたのである。アメリカは恐くなかったが、大国であるスペインは脅威だったし、フランスの隣国であり、距離が近いこの島からは多くを得られると知っているイタリアも同様だった。コルシカ島から戦略的機密事項を盗もうとしているヨーロッパ人スパイなら、フランス語もろくに話せないドジなアメリカ人のふりをするのは賢いやり方である。

もしもワシントンから金が届いていたならば、彼の身分や雇用主や彼の使命——少なくとも、軍の機密を盗むというほど脅威的でない——を証明する書類も揃っただろう。ところが今彼のポケットの底には、政府の請負業者として遂行した仕事に対する一五ドルの支払い小切手があるだけだったのだ。

他に見せるものが何もないので、フェアチャイルドは小切手の入ったくしゃくしゃの封筒を机に投げ出した。だがあるものが二人の目に留まった。封筒には、ユリシーズ・グラント大統領の男性的な肖像が印刷されていたのだ。

「ユリシーズ・グラント」とフェアチャイルドはその顔を指差しながら言った。「アメリカ人！」

赤ん坊を抱いた女が封筒を見つめた。

警官は封筒を手に取ってまじまじと調べた。彼はフェアチャイルドがさんざん言い張った言葉よりも、グラント大統領のたくましい眼差しに感心したようだった。

ゆっくりと、彼はノートをフェアチャイルドに返してフランス語で何か言った――二度と戻ってくるなと言っているらしかった。

フェアチャイルドは、汗ばみ、荒い息遣いでそそくさとその家を出た。顔を伏せるようにして彼を眺めているコルシカ人の一団の脇を過ぎ、雇ったロバに跨ると脇腹を蹴った。遠ざかりながら彼は、尾行されてはいないかと何度も振り返った。

山を半分ほど下り、追ってくる者がいないと安心すると、彼はロバから下りた。黄色い果実のなっている果樹園に目が留まり、彼はシトロンの木立ちの中に入っていった。地面にしゃがみ込みながら彼は、両方の肩越しに後ろを確認した。そして小さな穂木を四本折り取った。細い二本の枝が一つになる部分だ。彼はそれを胸ポケットにしまった。この穂木から新しい木を育てることができるのだ――アメリカの土地で、コルシカ島のシトロンを再現するのである。それから彼は、果樹の枝から小ぶりな果実を三個もぎ取った。もしも穂木が枯れてしまっても、シトロンの果実の中の種は生き残るかもしれない。

道に戻ると、フェアチャイルドはロバの歩みを遅くした。成功は目の前だ――ただし、このまま無事にこの島から離れられればの話だが。一番賢いのは、港の役人が彼を知らず、彼のカメラやポケットの中身を検分する理由のない、どこか別の町から船に乗ることだった。

彼はバスティアで再び馬車を雇い、島の西側にあるアジャクシオの町まで行き、果樹園にいた一人の老人から、彼が僅かに知っているフランス語の一つ、pommes de terre、つまりジャガイモを買った。盗んだシトロンの穂木の代償を、彼は農作の知識で支払った。老人に、以前本で読んだことのあるやり方をやって見せたのだ。でんぷん質のジャガイモの中心に穂木を挿す。こうするとワシントンまでの長い移動の間、穂木が枯れないのである。船で送る輸送費はほんの数セントだ。その後にポケットに残った金で、なんとかナポリまで戻れる。

アメリカの食文化を豊かに

アメリカ合衆国は、建国してまだ一〇〇年そこそこの若い国だった。北米大陸は緑豊かで活気があったかもしれないが、一八六九年の四月、ミシガン州ランシング、雪解けの平原地帯でデヴィッド・フェアチャイルドが生を享けたとき、アメリカはまだ、食のキャンバスとしてはできたてで白紙の状態だった。

一〇〇歳のアメリカには、独自の食文化というものができていなかった。「アメリカの食べ物」と呼んで然るべきものは何一つなかったのである。食べ物の選択肢と言えば、ほとんどの場合、イギリスからの入植者が自国から持ち込んだものに限られていた——肉とチーズだ。通年で農耕ができるのは南部の州に限られており、農作物として一番育ちやすいのは根菜、もう少し手をかければキャベツとサヤマメができた。一八五六年には新聞のコラムニストであるベン・パーリーが、初期のアメリカの食生活について、「清教徒である農民たちの食べる物は、質素であり健康的だった」と書いた。「朝はポリッジ、昼はパン、チーズ、ビールまたはサイダー、午後に『ボイルド・ディッシュ』または『ブラック・ブロス』、あるいは塩漬けの魚や豚肉を焼いたもの、そしてコーンミール・マッシュと牛乳を夜食に食べる」。奴隷が食べるのは大概が残り物で、もしも残り物がなければ、米とマメ、ジャガイモを食べた。

小麦の栽培で最も重要な要因は運だった。パンを作るにはトウモロコシ、小麦またはライ麦を使い、どんな厳冬でも、ほとんどの家庭にはパンとバター、それにベーコンがあった。タンパク質源としてブタが好まれたのは、ブタが雑食性であり、あまり水を必要とせず、カロリーが高かったためだ。味の良し悪しは大きく離れて四番目の要素だった。

果物と野菜は希少で、その結果医学の権威は、地面から生えるすべてのものを疑問視した。「木質組織」よりも、人間の肉に近い動物の肉の方が消化しやすいと彼らは考えたのである。それに、木や灌木になる果実は収穫が予測できず、栽培も小規模で、リスクを取る余裕のない農民は栽培しようとしなかった。

あらゆる意味で、食べ物は味気なかった。食事には、美味しいことよりも重要な目的があったのだ。食べ物は、性行動に至るまで、その人の行動のあらゆる側面と興味深くつながっていた。一九世紀に前衛的とされた食事療法理論を提唱したのはシルベスター・グラハムである。コネチカット州で食の改革を謳い、性的衝動を含むあらゆる人間の「衝動」を鎮める食べ物としてクラッカーを考案した（グラハム・クラッカーは彼の名をとったものだ）。彼の講演を聴いて女性たちは失神したという。この時代、今で言うセレブリティー・シェフに一番近い存在だったチャールズ・エルミー・フランカテリは、一八四六年に出版された人気の料理本『The Modern Cook』の中で、「あまりにも大量かつ多種の香辛料や調味料を使うのは特にやめた方がよい。そのような刺激物を大量に使うことほど、味覚を低下させるものはない」と書いている。三〇年ほど後の一八七五年には、フィラデルフィアの医師ジョージ・ナフィーズが、味付けの濃い食べ物は発育を阻害すると警告した。何かを渇望するということは弱さの表れであり、その人が正しく躾けられなかった印である、と言うのである。

食べ物には、正しい食べ方と正しくない食べ方が存在した。それらについての警告が新聞やチラシに載り、人々は公民館で噂話をした。一九世紀のマーサ・スチュワートとでも言うべきサラ・タイソン・ローラーは、丁寧な物言いではあったが上から目線の料理本を何冊も出版した。一番有名な『Good Cooking』の中で彼女はこんなアドバイスをしている。

食べるのは、必要な栄養を摂取するために適切な分量だけにしましょう。甘いもの、揚げたもの、手の込んだ焼き菓子、ピクルスや酢のかかった食べ物など酸性のもの、熱すぎたり冷たすぎたりするもの、飲み物の中で一番好ましくない氷水などの摂りすぎは避けましょう。消化不良の原因として多いのは、口の中にあまりにも多種の食べ物を一緒に入れることです。一種類の食べ物を口に入れ、よく噛んで飲み込み、それから次の食べ物を口に入れましょう。消化不良でこれ以上苦しみたくなかったら、トーストを齧ってすぐに紅茶を口に含んではいけません。

消化不良は当時流行の病気だった。アメリカでの流行があまりにも突然だったため、誰もその理由を説明できなかった。熱いものと冷たいものを一緒に食べたせいだと言う者もいたし、夫が仕事にでかけた後に妻が感じる不安感のせいにする者もいた。一部の者は、消化不良を引き合いに出して、胃腸の不調はこの国が植民地時代の栄光から後退した証しだと主張した。それは、まずは食生活から始めて人々がその暮らし方を変えない限り、アメリカの立憲民主主義は立ち消えてしまう、という言外の警告だった。

一八七〇年代初め、フェアチャイルドがよちよち歩きの赤ん坊だった頃、食べ物の役割は、生き残るための手段であることから、食の愉しみに近いものへと変化した。『The American Home Cook Book』にはウナギをパセリ少々と調理するというレシピが載った。テラピン〔訳注：北米産の食用亀〕を塩茹でするというのもあった。仔牛の足からは美味しいゼリー（ゼラチンの元祖）ができた。当時のアメリカの労働人口一三〇〇万人のうち半分以上は農民で、そのほとんどは小規模な農地を持ち、そこから採れるもので自給自足し、運が良ければ少々の収入を得ていた。モモは砂糖煮にして保存する。シチューを作ればそれで何度も——小麦で作るビスケットを加えればもっと何度も——食事ができた。母親の手料理を思い出させるものが「コンフォート・フード」と呼ばれるようになる以前、同じく肉と炭水化物と乳製品からなる食事が人々の腹を満たしていたのだ。

食への意識の高まり

ピルズベリー、ハインツ、クエーカーミル、リプトンといった新興の会社によって食べ物が進化し始めたのは一八七〇年頃のことである。エズラ・ワーナーという男が、ハンドルと回転式の刃のついた缶切りを発明した。ガラス瓶に入った牛乳や木箱入りのオレンジが玄関まで配達されるようになった。家庭用調理用品で一番大切にされたのは、蓋がきっちり閉まり、圧力をかけて短時間で――ときには通常の半分の時間で――調理できる鍋だった。新発明のおかげで料理は面倒な仕事ではなくなり、実験めいたものになることさえあった。

デヴィッド・フェアチャイルドの母、シャーロット・パール・ハルステッド・フェアチャイルドは、身長一五〇センチちょっとの小柄な女性で、誰もがそうであったようにこの流行に心惹かれた。変化するキッチンについて隣人たちとアイデアを交換し合い、目新しい道具を買えと夫のジョージにせがんだ。シャーロットは八人兄妹の長女で、ジョージは一〇人兄妹の末っ子だった。今ではシャーロットには子どもが五人おり、大人数のために料理するのは、着想力よりも整然とした秩序を必要とした。彼女の料理は概して、パサパサの肉と茹でたジャガイモ、特別な日にはそれにパイが付いた。砂糖、バター、牛乳、小麦粉、卵、ベーキングソーダとクリームタータを使って作るパイで、アメリカの初代大統領の名前が付いていた。このワシントン・パイのレシピには、「美味しいソースをかけましょう。ソースなしでも美味しいですが、ソースをかけるともっと美味しくなります」と書いてあった。

同じ頃、「バランスのとれた」栄養が、人間の全体的な健康に欠かせない要素として静かに登場した。ジョン・ハーヴェイ・ケロッグがミシガン州バトルクリークに建てたサナトリウムを訪れる金銭的余裕のある者には、食べ物に関する改革が訪れようとしていたが、それは基本的には現存の材料を使ったものであって、新しい食材によるものではなかった。一八八四年、医師であるケロッグは、オート麦で塊を作り、後にそれをグラノーラと呼んだ。また彼はピーナッツをすり潰してピーナッツバターを作り、豆乳も作った。ケロッグの食堂では、ジャガイモは焼いたり、マッシュしたり、茹でたりしたし、最上流階級の客たちの卵は、ポーチドエッグ、茹で卵、半熟の目玉焼き、スクランブルエッグ、エッグクリーム、またはエッグノッグとして供された。食品会社は初めて、一種のマーケティングを必要とする新製品を発売した。たとえば一八七二年の夏にはチョコレートミルクやルートビアが若者に人気だったし、続いてマーガリンが「バタリン」という名前で発売された（この名称は、本物のバターの生産者の抗議で変更された）。一八七六年のフィラデルフィア万博では、マレー諸島原産のバナナという珍味がアメリカで初めて紹介され、男根を思わせるその形がお上品な人々の顰蹙を買わないようアルミホイルで包まれて、一本一〇セントで販売された。もちろん、フォークとナイフで食べるのが正しい食べ方だった。

本人は知らなかったが、アメリカはデヴィッド・フェアチャイルドを必要としていたのである。彼が生まれたときには荒涼としていたアメリカの農業風景は、彼が人生を終えるときには多彩な肖像画に生まれ変わっていた――熱帯原産のネクタリンや中国原産のレモンの黄色、モンゴル原産のブラッドオレンジの赤、中央アメリカ原産のアボカドやコーカサス原産のブドウの緑、もともとは中近東のものだったデーツやレーズンやナスの紫まであった。

フェアチャイルドはそのすべてがアメリカに到着するのを見守った。なぜならその多くは、彼自身が自分で持ち帰ったり、誰も行ったことがなかった世界の片隅から送ったものだったからだ――現地の人々と交流し、警察を出し抜き、何百万人を殺した伝染病と戯れながら。ハリー・トルーマンが大統領になる頃には、芽生えたばかりのアメリカの農業を促進するために自国に持ち帰られた農作物のおかげで、それまで世界のどこにもなかった重要な農業システムが出来上がっていた。

ウォレスとの出会い

デヴィッド・フェアチャイルドにヨーロッパに行けと言い張ったのは叔母のスー・ハルステッドだった。だが、彼が農業で食べていくことになったのはそもそも父親の影響だった。フェアチャイルドが一〇歳になる前年の一八七八年、父ジョージ・フェアチャイルドがミシガン州立農業大学の学長に任命された。食物栽培の実践を教える大学として、アメリカで初めて政府から土地を供与された大学である。農業従事者は九〇〇万人、そしてそれでは足りなかった。土地供与制度は拡大し、一年後にジョージがカンザス州立農業大学の学長の職をオファーされると、家族でカンザスに越すのが当然のことに思われた。

フェアチャイルド一家がカンザスに到着したのは一八七九年、「バッタの年」のことだ。大量のバッタが、眠っていた土の中から発生し、空が暗くなるほどだった。フェアチャイルドは青い目をした痩せっぽちで、ミシガン州の原生林を後にしてからは、カンザス州の無限に広がる果樹園やトウモロコシ畑が彼の友だちになった。彼は隣人のリンゴ園をそぞろ歩いた。リンゴの名前を覚えるのはクラスメートの名前を覚えるのと大差なかった。歩きながら帽子をブドウでいっぱいにし、植物の輪廻転生に敬意を表して種を吐き出すのだった。

ジョージ・フェアチャイルドに会うためにカンザス州マンハッタンを訪れた数々の客員教授や科学者たちが、息子デヴィッドの子ども時代を形作った。中でも最も重要な客が訪れたのは偶然で、非常に珍しいことだった。デヴィッドの友だちの一人で、奇妙なことにバッタやその他の昆虫に夢中なチャールズ・マーラットという少年が、白い髭を生やして細ぶちメガネをかけた、アルフレッド・ラッセル・ウォレスという英国人生物学者がカンザスに来ると聞きつけてきたのだ。マーラットからそれを聞いたデヴィッドは父親にそのことを話した。ちょっとした影響力を持っていた大学長のジョージはすぐさま、この著名な科学者を自宅に泊めることを申し出た。ウォレスは申し出を受け入れ、この偶然の出会いが、若きフェアチャイルドの野望に火をつけたのである。「ウォレスはカンザスに来ると我が家に滞在し、その飾り気のなさで我々を魅了した」とフェアチャイルドは回想している。ウォレスはかつて、自然選択説の本を最初に出版すべく、もう一人の英国人チャールズ・ダーウィンと競い合った。ウォレスは生物種が時間とともにどのように変化するかについて、初めはアマゾン川流域で、その後マレー諸島で研究した。海によって隔てられた二万五〇〇〇個の島々はそれぞれに、生物が近隣の島の生物からどのように分かれて別の進化を辿るかを示していた。ウォレスはダーウィンより先に論文を完成させたが、ダーウィンの論文『種の起源』の方が研究範囲が広範であり、また売りやすかったために、歴史上、ダーウィンが進化論の父として君臨することになったのである。

滞在中にウォレスは、単に『マレー諸島』と題された新著をフェアチャイルドにくれた。フェアチャイルドは、はるか遠い地の写真に目を見張った。ウォレスのような英国人にとって、アジアとオーストラリアの間に横たわる島々は地球上で一番知られていない土地であり、また地球上のどこよりも雨の多い土地だった。ウォレスはフェアチャイルドに、そこはさまざまな動物、豊かな植物、野生の果物で溢れている、と言った。

ほとんどの地図にマレー諸島が載っていなかったのはそこがよく解っていなかったからだが、ウォレスは、少なくともそのうちの一つであるボルネオ島はフランスよりも大きい、と説明した。そしてヨーロッパのどことも異なり、旅行者はほとんどいなかった――あまりにも辺鄙で危険だし、地震が多すぎると思われていたためだ。フェアチャイルドはこの話に魅了された。後に自身の子ども時代を振り返って、「人生の形成期にこうした人々に囲まれていたのだから、『農業好き』になっても不思議はない。私自身は、両親が人付き合いにしか関心を持たない家庭で暮らすなど想像もできないが、それはさぞかし退屈なことに違いない」と書いている。

ウォレスが語る物語はまるで魔法だった。だがカンザス州に住む少年にとって、マレー諸島は木星と同じくらい遠い場所だった。フェアチャイルドは山も見たことがないし、川船の汽笛も聞いたことがなく、音楽と言えば教会の聖歌隊の歌しか聴いたことがなかった。毎日、木工工場で、こけら板を並べたりドアの枠を断裁したりして小銭を稼いでいたのである。カンザスに住む少年は誰でも、雑草を抜いたり干し草を掻き集めたりする仕事は見つかったが、海を渡るどころか海の見えるところまで出かけるに足りるほどの金は稼げなかった。

そういうわけで、マレー諸島を見たいという現実性のない願望は、フェアチャイルドの頭の中で長い間眠ったままになった。彼の両親は、彼の十代の数年を、ニュージャージー州の叔父と叔母のところで過ごすのが良いと考えた。叔父のバイロンの方がニューヨークとワシントンDCを結ぶ地域の知識人たちをたくさん知っていたし、ベートーベンやショパンを弾きディケンズを読む叔母のスーが、彼に文化というものを教えてくれるだろう。ニュージャージー州のニューブランズウィックはオランダの影響が強い町で、急な勾配の屋根から雨が滝のように道路に流れ落ちた。平原育ちの少年にとって、何もかもがもっと大きく、速く、ものごとにある決まったやり方を求める意識高い系の人々に溢れたニューブランズウィックでの生活は、良い刺激になるはずだった。

フェアチャイルドは、少なくとも多少は適応した。だが、平原で育った子ども時代が彼の中から消えることはなく、それは生涯にわたって彼の好奇心に影響を与え続けた。一九歳になると、叔父や、父親からの手紙に促されるようにして、フェアチャイルドは植物学の勉強を始めた。夜な夜な、農業関係の学術誌をそれは熱心に勉強し、論文執筆者の名前を覚えるほどだった。夕食の席では、小麦、塊茎、果物を研究している者の名前、そしておそらくもっと重要な、この後一世紀にわたって農民たちを悩ませた難問について研究している者の名を挙げてみせた――どうしたら、身体に悪い農薬を使わずに畑の作物を害虫から護れるか、という問いだ。

農務省研究員になる

カンザス州から離れたのは結果として賢い決断だった。叔父バイロンの友人の一人がフェアチャイルドに、農務省の下級研究員としてワシントンＤＣに移るチャンスをくれたのだ。地味な仕事だったし、仕事場も地味だった。古いレンガ造りの四階建ての建物は、ワシントンＤＣで食物や農業がいかに軽視されているかを物語っていた。農業は、鉄鋼や紡織と並んでアメリカで最も大きな産業の一つではあったが、そのパワーは政府ではなく農民たちの手にあった。

アメリカ建国後長らく、農政部は国務省の一角に小さなオフィスを構えていた。エイブラハム・リンカーン大統領がようやく独立した農務省を創設したのは一八六二年五月一五日のことだ。閣僚級の地位はなかったが、彼はそれに「人民のための省」というあだ名を付けた。農務省の最初の仕事は、アメリカ人の毎日の食事のカロリーを増やすことだった。そして最初の長官は、たまたまだがアイザック・ニュートンと同名の、一介の農民だった。一説には、彼がこの職を得たのはリンカーン大統領にバターを届けていたからだという。

一四番街とインデペンデンス・アベニューの角にある農務省本部には、男性ばかり八〇人の職員がいた。フェアチャイルドの出勤初日、植物病理学を研究している五人の職員が彼に挨拶に来て、一人ずつ、名前と、農家を悩ませているどんな問題を自分が解決しようとしているかを述べた。下級研究員相手にしては随分堅苦しい挨拶だったが、植物病理部門は小さな組織だったので新入りが来ると目立つのだった。五人は主に植物ウイルス病の研究に集中していた——たとえば果樹が「桃黄化病（peach yellows）」と呼ばれる病気に罹ると、果実が熟すのが早すぎ、果肉は苦いままである。五人のうちの一人、セオボールド・スミスは、テキサスで何千頭もの牛が死ぬ原因となった謎の病気について研究していた（後に、ダニを媒介とする感染症であることを突き止めた）。農務省はその少し前にも、モモの果樹園とサツマイモ畑を全滅させた感染症も特定していた。

農務省の初期の仕事はこのように問題解決型で、良いことを考案するよりもむしろ悪いことが起きるのを減らすためのものだった。新米科学者の仕事は、早朝、ワシントンDCよりも農地が多いところに視察に行くことだった。フェアチャイルドは、ニューヨーク州ジェニーバで二夏を費やし、若いモモの木に通常より早く実がならなくなってしまう理由を解明しようとした。彼は果樹の枝に袋を被せ、空中の花粉で受粉しないようにした。モモの花は自家受粉しないということを発見したのはフェアチャイルドである。この遺伝学的発見はその後、モモ以外の果樹にも応用された。

フェアチャイルドの任務で一番華やかだったのは、一八九三年のシカゴ万博にブースを出展したことだ。会場となる栄誉を勝ち取ったシカゴは、その五年前のパリ万博に負けじと、セーヌ川の岸辺にグスタフ・エッフェルが建てたお洒落なタワーに対抗して、ジョージ・ワシントン・ゲイル・フェリス・ジュニアが設計した直径八〇メートルの巨大な観覧車とともに万博の幕を開けた。事務局は来場者を一五〇〇万人以上と見積もっていたが、実際の入場者はその倍にのぼった。

観客もまばらな小さなステージの上で、フェアチャイルドは、植物の病気が農作物を台無しにする可能性について説明しようとしていた。

フェアチャイルドが、他の講演者はもっと面白いことをして見せるのに、と抗議すると、彼の上司ビヴァリー・ギャロウェイは、「人の役に立つのは知識だからな！」と言った。空に聳える巨大な観覧車は確かに壮観だが、カンザスやアイオワやイリノイの農園に帰れば、フェアチャイルドの講演が一番役に立つことに人々は気づくだろう、というわけだった。

ミシガン湖から冷たい風が吹き付けるなか、ぶかぶかのシャツだけでコートも着ずに、フェアチャイルドは来る日も来る日も、胴枯病菌がどうやって次から次へとモモの苗木を枯らすかを説明した。成長の早い胴枯病菌は苗木を覆って太陽光を奪う。そうなった苗木は横に傾き、倒れて枯れてしまう。フェアチャイルドは講演

1889年。農務省で働き始めたばかりの頃のフェアチャイルドは、農家が畑の健康と生産性を保つのを助けるために、たとえばこの背負い型噴霧器のような農業機器をテストするのが仕事だった。

の数時間前に苗木に菌をつけ、集まった観衆の前で、苗木が目に見えて枯れ始めるようにした。タイミングがうまく行けば、観衆に息を呑ませることができた。農家にとってはそれは有用な知識だったし、農家でない者にとってはまるで手品だった。

風が顔に吹き付け唇がカサカサになりながら、フェアチャイルドは二つのことをずっと考えていた。

一つはマレー諸島、中でもジャワ島のことだった。彼は外国の植物の病気について研究する任務に就きたいと要請したのだが、人々はそんな無意味な研究は必要ないと嘲笑し、金を出し渋った。ジャワの農家が、アメリカの問題の解決に役立つ何を知っていると言うのだ？　フェアチャイルドは、自力でジャワに行くことを夢見た――かつて、ポルトガルやスペインの偉大な探検家たちが、人々に疑いの目を向けられながら旅立ち、世界を揺るがす大発見をしたように、自己資金による調査の旅に出るのだ。だがそれは単なる夢にすぎなかった。

もう一つ、フェアチャイルドの頭から離れなかったのは、彼がシカゴに向かう前に、チャールズ・ウォーデル・スタイルズという若い動物学者が言ったことだった。フェアチャイルドが海外旅行への憧れを伝えるとスタイルズは、スミソニアン博物館に職を求めてはどうかと言ったのである。スミソニアン博物館は潤沢な政府からの補助金でヨーロッパの大学のいくつかと科学者の交換をしていた。そしてナポリへの派遣枠がまだ空いていたのだ。

シカゴの季節が春から夏に移ろう頃、今日もまたモモの苗木と胴枯病菌を展示会場に運び、そして自分の部屋に持ち帰ったフェアチャイルドを、スタイルズからの電報が待っていた。フェアチャイルドのために、スミソニアン博物館での仕事を確保したというのだ――この世界を去り、新しい世界に足を踏み入れるチャンスとともに。万博の残りの期間中、フェアチャイルドは両親と叔父叔母に手紙を書いた。彼が科学者として認められたのを喜んでくれるだろうと思ったのだ。

彼自身を興奮させたのは、蒸気船で海を渡る、ということだった。一八九三年と言えば、華やかな旅行はまだ大金持ちだけのものだった時代であり、一度でも大西洋を横断したことがあればそれは生涯で最も特別なことと呼ぶに十分だった。自分の船室と、ダイニングルームには専用の席が用意されるものとフェアチャイルドは想像した。珍しい土地を旅行した経験のある乗客がいて、華々しい冒険譚で楽しませてくれるかもしれない。小型のノートをたくさん買って、どんな細かいことも書き留めよう。

万博の最後の数週間、期待は高まるばかりだった。だがその前に、彼にはまずやらなければならない厄介な仕事があった。ワシントンDCに戻ったら、海を渡る蒸気船に乗るべく出発する前に、甲板の手すり越しに碧き大西洋を眺める前に、ポケットに収まる小型顕微鏡を荷物から取り出したり、イタリア語のメニューを読み解こうとする前に――フェアチャイルドは、彼にこれまでの機会を与えてくれた農務省に出向き、職を辞さなければならなかったのだ。

運命の人、バーバー・ラスロップ

二か月後、落ち葉が雪の下に見えなくなる頃、それまでのフェアチャイルドの人生で最も重要な会話が、嵐模様の大西洋を渡って彼をその野心とともにナポリに届けた七〇〇〇トンの遠洋定期船、S・S・フルダ号の船上で起きた。

船の旅は初めのうち、穏やかで贅沢なものというフェアチャイルドの想像を裏切り、厄介なものだった。容赦のない風は甲板のテーブルをひっくり返し、食器がカチャカチャと音を立てた。

最初にフェアチャイルドの目を引きつけたのはパジャマだった。パジャマを着るのは金持ちだけだ――つまりパジャマを着たこの男は金持ちなのだ。その男は、特別な乗客だけが使える二等航海士用の船室の入り口に立っていた。長身でハンサムで、完璧な口髭があまりにも風変わりだったので、フェアチャイルドは驚きも隠さずじっと見つめた。男はほんの一瞬フェアチャイルドを見やり、そして姿を消した。

次の日の夜、フェアチャイルドは、この奇妙な男のことを、夕食をともにしていたハーバード大学の地質学者、ラファエル・パンペリーに話した。その後たまたまフェアチャイルドがマレー諸島に行きたいという気持ちを吐露すると、パンペリーの目が輝いた。パジャマを着ていた男はバーバー・ラスロップといって、著名な旅行家であり、ジャワに行ったことがあると言うのである。

実はバーバー・ラスロップは世界周航旅行をそれまで四三回行っていた。もしかしたらそれ以上かもしれないし、それ以下かもしれない。回数は、誰かが尋ねるたびに変わった――ラスロップは、「回数を記録するなどくだらない」と思っていることを見せびらかすのが好きだったのだ。乗客が退屈し、日記帳に線を書いて日数を数えるような長い船旅の間、ラスロップは、ごくわずかでも関心を示す者を見つけては、世界を股にかけた死と隣り合わせの冒険譚を話して聞かせるのだった。ときどき、「それで思い出したが、日本に行ったときは……」と切り出しては、大きな危険の中、日本の一番幅の広いところを歩いて横断したときのことを語った。頻繁に乗船する上得意であり金もたっぷり持っているとあって、船上では、どんなに身分の高い人でも羨むような扱いを受けていた。

フルダ号の喫煙室で、フェアチャイルドはこの、彼の運命を決定づけることになる男に邂逅した。ラスロップは船上の夜を過ごすためにフォーマルな燕尾服を着て、片手には本を、もう一方の手には煙草を持って座っていた。父親が不動産で作った巨万の富を資金源に旅を楽しんでいる四七歳の大金持ちラスロップは、教養があり――中には眉唾のものもあったが――、その自尊心が率直な物言いに拍車をかけた。そして退屈な人間は無視することが多かった。フェアチャイルドがジャワへの憧れを語っている間、彼は本から目を逸らそうともしなかった。ラスロップは上の空で聞きながら相槌を打った。フェアチャイルドは、アルフレッド・ラッセル・ウォレスに会ったこと、それから自身の、植物につく菌についての研究にも言及した。自分には信用を得られるような肩書がないので、父親が農業で上げた功績も説明した。

ラスロップは、静かにしろ、と手で合図した。彼はすでに二度、ジャワに行ったことがあり――それとも三回だったかな？――煙草をふかしながら、ジャワ島西部でサイ狩りをしたときのことを話し始めた。そしてときどき話を中断しては、トルコ製の煙草用パイプから吸い殻を取り除き、エジプト産の新しい煙草と取り替えるのだった。

「人間の役に立つ植物ではなく、顕微鏡でしか見えないものを研究するのはなぜだね？」とラスロップが訊いた。じれったそうな口調だった――まるで、自分の考えはわかりきったことだが、それを思いつくのは自分が天才だからだ、とでも言うように。「植物学者なら、スミソニアン博物館のために植物を集めて、その金で旅行をすればいいじゃないか？」

フェアチャイルドは口ごもりつつ、自分はそういう植物学者ではないのだ、と説明した。自分は植物とその病気について研究したいのであって、植物を集めたいのではない。自分にとってジャワは研究室であり、商品に溢れかえる市場ではないのだ、と。

ラスロップは人にちやほやされるのを当然と考える男だった。彼は椅子に腰掛け後ろにもたれかかったいつもの姿勢で、庶民を、あるいはたまたま近くにいる人なら誰でも、危険と事件に満ちた体験談で楽しませるのが常だった。そうした話は必ず最後には、自分がいかに博識であるかを見せびらかすところに落ち着くのだった。彼は、自分と同じように彼のことを素晴らしいと思わない人間には関心がなかった。だから、うるさそうに手を振ると、この会話を終わりにした。

ラスロップは再び小説を読み始めた。

そしてフェアチャイルドは船室を出た。

他の者ならラスロップのこうした態度を失礼だと思っただろうが、フェアチャイルドが感じたことはそれとはまったく違っていた。彼はラスロップの無関心ぶりを、真の紳士である印と取ったのである——あまりにもたくさんのものを見、経験したので、些細なことには関心が持てないのだ。「私はすっかり感心し、世界でも一番旅の経験が豊富な人の一人に会ったように感じた」と彼は書いている。

たったこれだけの短い出会いで、二人を知り合いとは呼べない。残りの航海中に二人が会うこともなかった。一度だけ、フルダ号がアゾレス諸島を通過中、習慣となっている船上パーティーでフェアチャイルドはラスロップを見かけた。ラスロップは、タキシードやハイネックのドレス姿の人々を相手にパーティーの司会をしていた。礼服を持っていないフェアチャイルドは、ダイニングルームの柱に隠れて、ラスロップがパフォーマー一人ひとりを軽妙に紹介するのを聞き、彼が口にした名前をすべてノートに書き取った。

まだ外国に上陸する前から、海を渡る旅は、フェアチャイルドの一番大胆な夢をさらに凌ぐほどワクワクするものになっていた。アメリカ中東部育ちの少年は、ラスロップという世界を股にかけるプレイボーイを、それまで会った中で「一番魅力的な人物」として憧れた。少年は旅に出ることを夢想する。だがそうした夢想を現実に変えるだけの知恵がある者のことを紳士と言うのだ。

ラスロップもまたフェアチャイルドに好奇心をそそられていた。フェアチャイルドは、ラスロップが船上で形だけ知り合った何百人もの若者の一人に過ぎなかったが、彼の不器用さ、知的好奇心、ナイーブな驚嘆とともに質問をするさまが気に入ったのである。ラスロップは、自分に対して従順な畏敬の念を抱く、フェアチャイルドのような若者を好むようになっていた。

ジブラルタル海峡の港に船が着くと、モロッコ北部の山岳部に住む民族が、スペイン人入植者に対して反乱を起こしたことがわかった。外国人部隊が反乱の制圧を買って出ていた。ラスロップは衝突の現場を見ようと急いで船を下りた。戦場の混乱と華々しさに引きつけられたのだ。だがその前に、彼は船の上で会った若者の名を書き留めた――いつの日かまた彼を見つけるのを忘れないように。

2章　一〇〇〇ドルの投資

かつて北米では、人々は果物や野菜を食べなかった。北米ではそもそも誰も何も食べていなかったのだ——なぜなら、大昔には「北米」というものはなかったのだから。

地球ができて四五億年経つ。そのうち、少なくとも今から三七億年前には生命が誕生している。その当時の地球は、現在生きている人にはそれが地球だとはわからないだろう。初期の生命体はそのほとんどが水生であり、生き物が陸地に上がり始めたのは、その後数十億年経った今からおよそ四億五〇〇〇万年前のことだ。そうした初期の生物がどんな姿をしていたか、長い年月で記録は消し去られてしまったが、それは大して見栄えのするものではなかった。また視力も弱く、おそらくはその結果、寿命は短かった。それから一億年経って、地球には初めて種子が生まれた——雄の花粉で受精する確率を最高にするために雌の胞子の表層組織に卵細胞を抱える、新たに進化した生殖方法の一部である。

さらに地球が太陽の周りを何百万回も周回した後、二つの大事件が起こった。一つは顕花植物の登場、もう一つは恐竜の出現だ。今から六六〇〇万年前にユカタン半島に墜落した隕石は恐竜にとって打撃だったが、植物にとってもそれは同じだった。地球上全域で灰と煙雲によって光合成が遮られ、大多数の植物種が絶滅に追いやられた。

だが僕たちが知る通り、地球には回復力がある。ひとたび煙雲が収まると、哺乳類、鳥類、そして植物が再び進化を始めた。ただし今度は進化の仕方が以前とは違っていた——お互いに関係し合いながら進化したのだ。植物は、僕たちにはおなじみの、華麗な花を進化させた。チョウやガやミツバチを惹き寄せる策略だ。植物の生殖がうまくいったことで植物はさらに増え、あまりにも寒すぎないところなら地球上どこにでも広がっていった。

植物のこんな器用さのおかげで人類の誕生が可能になったのだ。最も初期の霊長類は、食生活の一部として植物を食べていた。そして植物は、どれくらい食べられたい（あるいは食べられたくない）かによって、自分たちを魅力的な（あるいは不快な）存在に変えていった。中でも、人間に言わせれば真に「賢い」植物は、食べられるように変化していったのである。それがたとえば果実を実らせる植物であり、甘い果肉は、それを探し、食べ、拡散してくれる者を惹きつける巧妙な罠となった。

生物学的に言えば、果実とは植物の子房（卵細胞を内包する器官）が発達したものであり、果実を詳しく見れば、その植物の過去の苦労がわかる。人間が登場する以前、イチゴの赤い果肉は、ついばんでくれる鳥たちをおびき寄せるためのものだった。アボカドは、ゴンフォテレスという象のような生き物の好物だった――ゴンフォテレスの消化管は太くて、アボカドの実を丸ごと飲み込み、その大ぶりの種をどこか他の場所で排泄することができたのだ。ゴンフォテレスが絶滅したとき、ありがたいことに誰もそのことをアボカドには教えなかった。アステカ人がグアカモーレを発明したのはそれから九〇〇〇年後のことだ。

二〇一八年現在、果実（フルーツ）とはどういうものか、と言えば、それが甘いかどうかはほとんど関係がない。トマトは果実だし、ナス、ペッパー、オリーブも果実だ。ピーナッツやアーモンドやクルミも果実だし、世界の六大農作物、小麦、トウモロコシ、米、大麦、ソルガム、ダイズも果実を含んでいる。エンドウマメのように一見野菜のふりをしているが厳密には果物であるものも多い。野菜を悪く言っているわけではない。そもそも野菜は定義からして果物「に近い」のである。植物学者にとって、野菜とは、食べられる植物の部位のうち、種子を含まない部分のことを指す。ニンジン、ジャガイモ、パースニップなどの植物の根は野菜である。レタスにも種はないから野菜だし、ニンニクもそうだ。

料理人や菓子職人は、彼らなりのやり方でフルーツ（甘かったり酸っぱかったりするもの）を野菜（それ以外のすべて）と区別する。だがそれらの整合性を管理する政府機関はない。植物最高裁は存在しないのだ。ただし連邦判事たちが過去に、野菜を法廷で裁定したことはある。一八九三年、連邦最高裁判所はトマトを野菜に分類した。トマトが野菜であった方が、果物であるより（実際には果物なのだが）高い税率を課せるからである。判事が植物の掟を変えられるならば、誰にだって同じことができる。午後中かかってイチゴのつぶつぶを一つ残らず取り去れば、フルーツだったイチゴは野菜に早変わりだ。

植物の乏しい北米大陸

北米が北米と呼ばれるようになってみると、この大陸には実に多様な植物があることがわかった。ところが、植物の繁栄はまたしても頓挫する。一万八〇〇〇年前、最終氷期にできた氷河が生命を南に押しやった。その氷河が後退した後に残された冷たい土地の上には、植物がなかなか戻ってこなかった。人間が二人しかいなければ、一〇〇人いる場合よりも文明が発達するまでに時間がかかるのと同様に、北米大陸の植物の回復には、アジアのようなもっと大きな大陸よりも時間がかかった。

長い間、動物が種の混ざった糞をしたところには他とは違ったものが生えた。だが現代の人類が登場すると状況が変わる。農業は人類史上最大の進歩ではあるが、それが農業と名付けられるまでは、単に野生植物を人間に役立つように栽培化する過程のことだった。栽培化によって人々は、冬の間に食べるものを育てることができ、安定した栄養源を確保したおかげで定住して村を作ることができるようになったのである。だが、北米のように人口が少ないところでは、組織立った栽培化よりも狩猟の方が簡単だった。最も初期の北米の住民は作物を栽培することはめったになく、北米大陸には、ぼんやりとつながりのある植物がバラバラに点在しているだけだった。

ヨーロッパからの入植者が西に向かい、後にアメリカ合衆国とカナダになる土地に上陸する前の数千年間に、北米で生まれて今に続く食べ物はほんの数えるほどしかない。イチゴ、ピーカン、ブルーベリー、それに数種類のスクウォッシュなど、何千年もの年月に耐え得る強い植物だ。メキシコと南アメリカにはまずまずのものが揃っていた――トウモロコシ、ペッパー、マメ類、トマト、ジャガイモ、パイナップル、ピーナッツなどだ。それでも、世界の反対側で起きていたことと比べると、そのリストは貧弱だ。アジアとアフリカの古代文明は膨大な富を生み出した――米、砂糖、リンゴ、ダイズ、タマネギ、バナナ、小麦、シトラス、ココナッツ、マンゴー、その他、今日まで残っている植物は数千種に及ぶ。

作物の栽培化が世界をガラリと変えるような大進歩だとしたら、そうした作物を繁殖させる方法の確立もそれに負けないほど重要だった。食用植物はその多くが有性生殖を行う。種から発芽して成長し、花をつけ、花は何らかの形の精子(たとえば花粉)を他の株から受け取る。見事な自然の営みだ。だが、気に入った特定の食べ物をそっくりそのまま再現したい大昔の人間にとって、これは不都合なことだった。ところが初期の農耕民族はある素晴らしいことを思いついた。性の戯れなど無視して、無性生殖によって作物を栽培できることに気づいたのだ――つまり、種なしで。成熟したリンゴの木から枝を切り取り、それを成熟した台木に接ぎ木すれば、元の木とまったく同じリンゴの実がなるのである。羊のクローンを作る方法を学ぶ数千年も前に、人間は植物のクローンを作る方法を覚えた。これまであなたが、グラニースミス種のリンゴやバートレット種の洋ナシ、キャベンディッシュ種のバナナを食べてきたのはすべて、この方法を考えた人たちのおかげである。

種を配る政治家たち

とは言え、人間の登場以降ほとんどずっと、地球上には二つの異なる世界が存在した。人間が初めて農耕を行ったのは中近東の、いわゆる「肥沃な三日月地帯」だったと考えられている。温暖な気候、肥沃でふかふかの土、チグリスとユーフラテスという二つの川が流れる、農家が夢に見る性質をすべて備えた土地だ。イエス・キリストが生きた一万年も前に、人類は大麦や小麦の栽培を覚え、続いてデーツやイチジク、ザクロなどの栽培方法も身に付けた。

その次に世界を揺るがす変化は、クリストファー・コロンブスの登場とともに起こった。偶然に西半球を発見した功績を、ときに称えられときに罵られるこのイタリア人探検家には、ほとんど知られていない一面がある。彼はグローバル化された農業の生みの親なのだ。一四九〇年代まで、西半球と東半球は公式には互いを知らなかった。だが一四九二年にカリブ諸島にコロンブスが上陸したことで、熱狂的な農作物の交換が始まったのである。中南米原産のジャガイモ、トマト、トウモロコシがヨーロッパやアジアで主食作物となった。バナナ、コーヒー、サトウキビ、シトラスといった旧世界の作物は新世界に肥沃な栽培環境を見出し、盛んに栽培されたため、ほんの数百年後にはそのいずれについてもアメリカが最大の生産国になった。歴史家はこの時代を、「コロンブス交換」と呼び、二つの世界が一つになった現代という時代への架け橋であったとしている。

厳密に言えば、コロンブスは北米大陸には一度も上陸していないし、彼自身が農作物の交換を行ったわけでもない。そして、そこに住んでいた人々、つまりコロンブスがインド人と思い込んだネイティブアメリカンの多くにとって、こうした農作物の交換はほとんど何の役にも立たなかった。広大な土地に、住民は比較的少なかった——約二四三〇万平方キロメートルの土地に暮らしていたのは五〇〇〇万人ほどだったのだ。ヨーロッパ人は、先住民の暮らしを改善するだろうと考えてせっせと旧世界の食べ物を紹介したが、それと同時に、天然痘、はしか、コレラ、インフルエンザなどの病気を運んで先住民を死に追いやった。天然痘だけでも、歴史上めったにないほどの恐ろしい壊滅状態が起こり、ネイティブアメリカンの人口を減少させたと考えられている。

イギリスの入植者が到着したとき、北米大陸は森林が多く、植物が伸び放題で活用されていないその土地は、彼らのイギリスでの暮らしにそっくりな状況を再現するのにぴったりだった。彼らはニンジンを持ち込み、その後間もなく大麦、小麦、モモを持ち込んだ。一七三〇年代になる頃には、新しい植民地を作るという作業はすなわち、食物を栽培するための持続可能なシステムを構築するという作業だった。ジョージアという名前の植民地の開発に熱心だった英国の将官ジェームズ・オグレソープは、執政と食物改革の両方をこなした。彼は天候が作物に与える影響について実験し、ジョージアの冬は綿花栽培には寒すぎると考えた。だが、絹（クワ）、ヘンプ、亜麻の栽培は可能だった。ジョージアを有名にしたモモがこの地にもたらされたのは一〇〇年後のことだ。

ジョージ・ワシントンもまた、時折仕事を離れて土を耕してこそ自分は独立戦争において最大の指導力を発揮できるということに気づいていた。大統領になる前の将官時代、ワシントンは亜熱帯の農業を研究し、しばしばロンドンに種子を要請していた。彼の監督下でタバコはよく育ったが、より儲かるのは小麦だった。ワシントンは早朝、究極の堆肥を求めて、動物の糞、泥、自宅近くの丘に生える黒いカビといった妙なものを混ぜ合わせ、夫人をゾッとさせた。後に彼が大統領となる国にワシントンが遺した贈り物の一つに、馬や羊よりも牛の糞の方が栄養が豊富だという発見がある。

三人目の合衆国大統領トーマス・ジェファーソンは、建国直後の時期をフランスで過ごした。フランスからアメリカに戻ったとき、先見の明のある彼は、この新しい国が生き残るためにはもっと食料が必要であることを見通した。「いかなる国であろうとも、国に対してできる最高の奉仕は、有用な植物をその文化に加えることである」と、ジェファーソンは一八〇〇年にしたためている。彼は特に、石油に次いで商品価値のある穀物が好きだったが、自給自足のためには作物の多様化が必要であることも知っていた。できたばかりの領事という仕事が何かの役に立つのなら、種くらい送れるはずだ――そして、フランス、イギリス、イタリア、それにオランダの領事たちは実際に種を送ってきたのである。トーマス・ジェファーソンは、自由を愛するのと同じくらいに土地が育む果実を愛していた。だからこそ彼はその功績によって、アメリカのハートランドの魂を歌うカントリー歌手ウィリー・ネルソンと並んでNational Agricultural Center and Hall of Fame（国立農業センターと殿堂）に鎮座しているのだ。

アメリカの創成期において、食物は数ある業界の一つではなかった。それはほぼアメリカ経済のすべてだったのだ。一七九〇年には、アメリカの労働人口の九〇パーセントが農家だった。その五〇年後、農家は六〇パーセントになり、その次の世代には五〇パーセント強になった（現在は二パーセントに満たない）。その間にアメリカの人口が四〇〇〇万人から三一〇〇万人に膨らんだ要因として、一九世紀の終わりには、個人農家の数はアメリカ史上最高になっていた。そのため政府は、強い関心と驚異的な額の予算を農業関連の事業に振り当てたのだ。エイブラハム・リンカーン大統領の政権以降は、園芸学――今で言うところのバイオテクノロジー――がほとんどすべての大学で履修科目になった。連邦政府は州に土地を与え、作物、作物の病気、そしてその作物を大規模に栽培する方法を研究させた。

現在の政治キャンペーンと言えば、金、マスコミ、メッセージング次第で成功したり失敗したりするが、初期の政治キャンペーンで物を言うのは食べ物だった。政府が最初に有権者にばら撒いた餌は、トウモロコシ、小麦、大麦などの種で、種子の入った小さな封筒をポケットいっぱいに詰め込んだ議員が選挙区でそれを配ったのだ――目配せをしながら。一八八一年には、農務長官だったウィリアム・G・ルデュックが、上司ラザフォード・B・ヘイズに宛てた手紙に、種子配布計画は大成功で、「今では一般的に、農業局による種の配布は計り知れないほど人々の役に立っていると評されています」と書いている。種の配布は、政府が直接的に国民の役に立てる方法の一つだったし、資金力のある議員にとっては、有権者が再び自分に投票する理由になった。

スミソニアン博物館からナポリへ

一八九三年一二月にフェアチャイルドが到着したとき、ナポリは彼の五感を一斉に激しく攻撃した。通りには人々の大声が響き渡り、乾いた糞が足首にこびりついた馬が走り回っている。外国人であるのは惨めだった。彼が乗ってきたフルダ号が波止場に着くと、がっしりした体格の、汗をかいた筋肉隆々の男たちの一群が彼の荷物を下ろそうと寄ってきて、荷物の一つひとつを奪い合い、大げさな仕草でサービスに対するチップを要求した。「甲高い、叫ぶような声、絶え間ない大げさな身振り手振り、金をよこせというしつこい要求――悪夢のようだった」とフェアチャイルドは回想している。

港を離れるとナポリには、どんなにそよ風が吹いても目を覚ますことのない怠惰な空気が満ちていた。人々は日中、回収されないまま山積みになったゴミを避けながら散歩し、どんよりとした地中海の波からナポリを護っている防波堤に腰を掛けた。シカゴ・サンデー・トリビューン紙のある旅行担当記者には、ナポリは無気力でやる気や情熱に欠け、あたかも、芸術の巨匠や非凡な神学者を輩出した過去の偉大な歴史で二日酔いしているかのように見えた。「ナポリの防波堤に腰を掛けて足をブラブラさせても金にはならないのに、壮健な男たちが大勢、来る日も来る日もこうやって楽なことばかりしている」――重労働によってアメリカの産業革命に貢献した者が多数を占めるアメリカの読者たちに向けて、彼はそう書いている。間もなくイタリアはイタリアで、製鋼と紡績技術の進歩のおかげで急速な経済成長を経験するのだが、このときにはまだ、とりわけナポりではそんな爆発的成長は起きていなかったのだ。ナポリには、lazzaroniと呼ばれる人々がたくさんいた――道端に置いたコンロで料理し、マカロニが食べられるのがやっとの賃金を週ごとに稼ぎ、残りの時間は煙草とゴシップと女性を冷やかすことに費やす人々が。

フェアチャイルドはナポリで住む場所を決めていなかった。住む部屋を事前に手配するためには誰かと連絡を取り合わなければならなかったし、そのためには基本的なイタリア語の知識が必要だったからだ。フルダ号には、シカゴ万博で絵を展示した後、アメリカから帰国途中のイタリア人画家が乗っていて、フェアチャイルドがショックを受けているのを察し、気の毒に思ったのだろう、一緒に馬車に乗るように誘い、狭い通りを縫って自分の弟のアパートの前で彼を降ろした。弟はちょうど間借り人を探していたのである。窓からベスビオ山が見えるその部屋は、できたばかりの、蒸気動力車で山を登るケーブルカーの近くだった。

そこには若きフェアチャイルドを魅了するものがあった――外国へ行ったときに感じる高揚感だ。外国の物珍しさにばかり気を取られないように、と彼は自分を戒めなければならなかった。標識の文字、耳慣れない外国語、人々の服装や見た目、そして彼らがいかに自分の存在に気づかないようであるかということ。彼は自分のノートにさまざまなことを書き留めた。まるで、数歩ごとに立ち止まって気づいたことを書き留めているようだった。ナポリは「煩わしい路上生活者」だらけである。硬いパンの食事には「がっかり」だし、ナイフやフォークは「洗い方が雑」。こうした些細な批判は、記憶に残ると同時にどうでもいいことだった。彼が本当に嬉しかったのは、周り中どこからも、イタリア語以外の言葉が聞こえてこなかったことだ。

彼は最初の幾晩か、初めは一人で、やがて大家の息子と一緒に通りをさまよい歩いた。二人はフェアチャイルドが断片的な言葉を言えるようになるまでイタリア語で意思疎通しようとがんばり、それから劇場で安い芝居を観た。観客は立ったままで、大げさな芝居をする役者に野次を飛ばす類いの芝居だ。特にフェアチャイルドの印象に残った芝居は、一三人の登場人物が、一シーンごとに一人ずつ、徐々にむごたらしさを増す方法で殺されていき、最後まで残った恋人同士の二人も、互いへの愛情を示すために悲惨な心中をするというものだった。

出勤初日、職場ではフェアチャイルドをもっと年長だと思っていたようだった。スミソニアン博物館の動物学研究所は、隔絶された場所で科学者たちが黙々と、生物たちの大いなる謎を解明しようとする場所だった。だがフェアチャイルドには研究目標というものがなかった。すでに彼は、自国の領域から外に出る、という一番の目的を達成してしまっていて、イタリアに着いたときの彼が持っていたのは、いつでも顕微鏡の上に屈み込み、必要な手伝いなら何でもしようという二四歳らしい熱意だけだった。

彼の上司である海洋生物学者ポール・メイヤーに何に興味があるのかと訊かれると、フェアチャイルドはこう答えた――「子どもの頃はよく、シロアリが巣を作るのを眺めたものですが、農業局では作物が罹る病気の研究をしていました」。メイヤーはフェアチャイルドに、ナポリ湾に発生する藻の細胞を研究してはどうかと言った。つい最近になって、藻の細胞が――特に、無限に繰り返されて藻に永遠の生命を与えているかのような細胞分裂が、どのようにして起こるか、ということが、科学者たちの関心の対象になっていたのだ。毎朝、研究所一のボートの漕ぎ手がナポリ湾を浚渫し、日に当てると緑色に光る湾の水で風船を満たす。フェアチャイルドは毎日、午後から夜にかけて、顕微鏡の拡大率を最大にし、核分裂と呼ばれる現象によって細胞が二つに分かれるのを観察した。

一方、研究所の外には、彼の気を逸らすものがいくらでもあった。夜になると、プレビシート広場の人々を眺めたり、湾に浮かぶカプリ島を見に海岸までぶらぶら歩いたりした。ピザという食べ物が発明されたナポリで、フェアチャイルドは生まれて初めてチーズのたっぷり入ったフラットブレッドを味わった。初めての者がよく、溶けた溶岩のような熱々のチーズで火傷をする危険な食べ物だ。彼はいろいろな形をしたマカロニが気に入った。またナポリの菓子には長い歴史があった――数百年にわたって、フランス、スペイン、オーストリアから受けた影響が混ざり合って、サクサクした生地の甘い菓子パンや、ラム酒がたっぷり入った甘いパン、ドーナツの祖先であるジッポレと呼ばれる揚げ菓子などが生まれたのだ。

怠惰な空気が蔓延しているとは言え、初めて味わう外国の魅力として、ナポリよりも絵になる場所はまずないだろう。四〇〇〇年にわたる歴史の営みが、芸術と文化に深い足跡を遺していた。銅像、大理石の彫刻、カンザス州マンハッタンはおろかニューヨークでさえ展示されたことのない絵画の数々。カポディモンテと呼ばれるブルボン朝時代の古い城には、ミケランジェロ、ラファエル、ボッティチェリといった、フェアチャイルドが本で読んだことがあるだけの画家たちの傑作が、描かれたときのままの鮮やかな色彩で展示されていた。芸術はあくまで芸術だったが、二四歳の青年には、それらの絵画に描かれた人々の多くが裸であるという事実を無視できるわけがなかった。

ラスロップとの再会

その朝、彼のデスクの上には腐って悪臭を放つ海藻が置いてあった。扉をノックして彼の部屋に入ってきた人物は、小さな厚紙を二枚手にしていた。名刺である。それぞれに名前が印刷されていた。

バーバー・ラスロップ
シカゴ、イリノイ州

ラファエル・パンペリー
ケンブリッジ、マサチューセッツ州

初めフェアチャイルドは、その名刺は二人が置いていったものだと思った。それ自体恐ろしいことだったが、なんと二人は今まさに階段を上ってくるところだった——部屋に海洋細菌の臭いが充満し、彼のシャツにクロロフィルの緑色のシミがついているこんなときに。彼はラスロップがどんな振る舞いをする人物であるかを忘れていた——声が大きく、気まぐれで、予告もなく押しかける失礼などお構いなしであることを。自分本位なラスロップは、モロッコに立ち寄った後、フルダ号に乗船していた大学教授パンペリーに、旅をしたがっていたあの若者を探すのを手伝ってくれと言ったのである。

階段を上りきって勝手に部屋に入ってきたラスロップは、「君がどうしているか見に来たんだ」と言った。

軍人のような身のこなしと白髪の混じった口髭のラスロップに、フェアチャイルドはあらためて感心した。ラスロップの隣で、上着にベスト、杖を持って直立している眼光鋭いパンペリーの方が、なんとなく偉そうに見えた。フェアチャイルドは何も答えなかった。考える時間もなかったし、言うべきこともなかったのだ。ただ本能的に、自分は何かヘマをした、あるいはまさにヘマをしかけているような気がした。

「下の階には何度も来たことがあるが、上の階にこんなものがあるとは知らなかったんだよ」とラスロップが、誰からも訊かれていない質問に答えて言った。

ラスロップは椅子に腰を下ろし、煙草入れを取り出して煙草に火をつけてから「ここは煙草は構わないかね?」と訊いた。

何の研究をしているのか、とラスロップはフェアチャイルドに尋ねた。

「核分裂です」とフェアチャイルドが答えた。自分の最初の一言が難しい言葉であるのを嬉しく思いながら。

「何だって?」ラスロップがピシャリと言った。

「核分裂。細胞が二つに分かれることです。細胞核を観察しようとしているんですよ。緑藻類を使って——」

「船の上で、ジャワに行きたいと言っていただろう」とラスロップが遮った。「それは諦めたのかね?」

「当面は。そんな金はありませんから」

「そうか。私は君にジャワ行きのために一〇〇〇ドルやることにしたよ」。そう言ってラスロップは深呼吸をした。「理解して欲しいんだが、この一〇〇〇ドルはあくまでも投資のつもりだ。君のことを調べさせたが、なかなか見どころがある。これは君に対する個人的な融資ではないことはわかってくれ。そこをはっきり理解して欲しい。これは私にとっては単に、科学に投資するという行為なんだ」

フェアチャイルドは無言だった。ラスロップは再び大きく息を吸い込むと、ちょっとの間座ったままでいたがやがて立ち上がった。部屋から出ていく直前に、彼は振り返った。

「ああそれから、一時にチボリ・ホテルで昼飯を食おう」

わずか三分足らずで二人は階段を下りていってしまった。

フェアチャイルドは頭がクラクラし、たった今何が起こったのかを理解しようとした。彼はまず金額に、それから、本当にジャワ島に行けるかもしれないという事実に、そして提示された金額に再び驚愕した。当時の一〇〇〇ドルというのは今で言えば二万ドルで、彼にとってはそれまで見たことがない金額だった。当時の平均的な給料一年分の二倍にあたる金額だ。ある年のクリスマスに叔父と叔母が五〇ドルくれたことがあったが、当時のうら若き青年にとってそれは大金だったのだ。

昼食の時間はあっという間に過ぎた。その間ずっとラスロップは、自分がした旅行や成し遂げた偉業の話をし、他の誰よりも自分が楽しそうだった。いかにもラスロップらしく、ときどき食べ物を噛むのを止めて目を細め、遠い記憶の埃を払うかのようにゆっくりとうなずく。フェアチャイルドには自分が聞き役であることがわかっていたし、ラスロップはフェアチャイルドのそういうところが気に入ったのだ。

昼食後ラスロップは、自制心を欠く兵士がロマ民族に魅せられて許嫁を捨てるフランスのオペラ『カルメン』を観ようと言った。オペラは午後九時に始まり五時間続いた。その間フェアチャイルドにとっては、舞台の役者よりも、ラスロップが物語の展開の折々に訳知り顔で溜息をつくことの方が面白かった。

二人がフェアチャイルドの家に着いたのは午前三時だった。馬車の中でフェアチャイルドは、ラスロップが前回ナポリに来たときのことを話し終わるのを待った。ラスロップは一風変わった男だった——次から次へと移ろう意識のままに流れるように話し、相手が自分の話に興味を持っているかどうかにはお構いなしなのだ。

フェアチャイルドはラスロップに礼を言い、馬車から道路に降りた。

「私の住所を知っていた方が良くはないかね？」とラスロップが後ろから声をかけた。

金を受け取らなければ。フェアチャイルドは、品の良い、従順で礼儀正しい人間らしく振る舞おうとして、金のことを失念していたのだ。彼は赤いノートを取り出し、ラスロップが言うままに彼の住所を書き留めた。バーバー・ラスロップ、エスクワイア。バンク・オブ・スコットランド、ビショップゲイト・ストリート・ウズィン一九番地、ロンドン、E、C、ピリオド、ピリオド。

一度目よりは長かったが、ラスロップとの二度目の邂逅はフェアチャイルドをさらに混乱させた。ラスロップが実際にデヴィッド・フェアチャイルドを気に入っていたのか、それとも単に、豪勢だが退屈な生活を紛らわせるのに利用できると思っただけなのか、はっきりしなかったのだ。そして金のことがあった——プレゼントでも慈善でもなく、利益につながることを期待しての投資である、とラスロップが念押しした金だ。

どうやって利益につなげるのかは彼は何も言わなかった。わからなかったからだ。だが大金持ちである彼にとって、それは後でわかればよいことだった。この取引が、二人にとってもアメリカという国にとっても正解であったことはやがて明らかになるのだが、そのことは二人とも、随分時間が経つまでわからなかった。フェアチャイルドが家の扉に向かうと後ろでラスロップが「行け」と大声で言うのが聞こえ、御者が鞭を鳴らす音が聞こえたかと思うと、馬車は姿を消した。

3章　スエズ運河の東で

外国の消印のある手紙が送られてきた。ケープタウン、シンガポール、香港、オアフ。どの手紙にもラスロップは、自分が投資した若者がジャワに行くのになぜこれほど時間がかかっているのか理解できないと書いていた。フルダ号の上で会ってから一年以上が経っていたし、ラスロップが取引の仔細を相談するためにナポリのフェアチャイルドの前に現れてびっくりさせた日からも一一か月が過ぎていた。毎年地球を周遊するほど落ち着きのないラスロップにとって、フェアチャイルドのもたつきぶりは、よく言っても苛立たしかったし、悪く言えば侮辱的だった。

フェアチャイルドはラスロップからの手紙を受け取ったが、早くジャワに行けというあからさまなプレッシャーにもかかわらず、一年間、自分にはまだジャワに行く準備ができていないと自分に言い聞かせていた。ラスロップの申し出ほどの大きなチャンスを、準備不足のせいで無駄にするわけにはいかない。「勉強不足のままジャワに行くのは愚行だ」とフェアチャイルドは書いている。どんなことをしてでもマレー諸島を見たい、という子どもの頃の夢は、自分には南アジアのために役立てることが何もない、という事実に気づく分別に取って代わられていた。だから自分に準備ができるまでは、ラスロップの申し出と金は保留にしておくのだ。

フェアチャイルドにはラスロップの振る舞いは不可解だった。年長のラスロップは確かに気前が良かったが、自分は親切でこれをやっているのではないと明言していた。彼はフェアチャイルドへの金を商取引と呼んだが、フェアチャイルドには、彼がその投資の見返りとして何を期待しているのかがわからなかった。ラスロップのフェアチャイルドに対する関心はもっと個人的なもので、彼のことを弟子、息子、あるいはそれとはまったく違う何者かの世話を引き受けているかのようにも見えた。二二歳という年齢の差も興味深かった。年齢がもっと近ければ対等な立場になったかもしれないし、もっと離れていれば親子と呼べたかもしれない。ほとんどの人は同じように感じると思うが、年上の男性から突如としてこんな風に積極的に関心を持たれたことにフェアチャイルドは驚いていた。

彼はラスロップへの返事に、ナポリでの新しい職場のこと、知り合う機会のあった偉大な科学者たちや、彼らが行っている貴重な研究のことを書いた――手紙を書くたびに、ラスロップが提供を申し出た金は、まだ一銭も支払われないうちにすでに成果を上げている、と彼を納得させようとしたのだ。だがフェアチャイルドは、手紙を投函する前には必ず躊躇した。手紙の内容がラスロップを怒らせ、一切の申し出を取り消しはしないかと心配だったのだ。

シトロンへの貢献

フェアチャイルドに自信がついたのは、シトロンを求めてコルシカ島へ行った後だった。ナポリにいたときに、農務省の果樹研究員助手であるW・A・テイラーが、農務省長官の承認を得て、コルシカ島へ行って接ぎ木用のシトロンの枝を手に入れるようフェアチャイルドに依頼したのである。シトロンの果実がほとんどのレモンよりも大きくて味が濃いのは、シトロンの方が先にあったからだ。シトロンは、ザボン、マンダリンオレンジ、パペダと並んで、柑橘系果物の祖先種である主要な四種類の果実の一つなのである。この四種類の遺伝子が混ざり合って、現在のオレンジ、レモン、グレープフルーツが生まれ、やがてそのそれぞれが膨大な数の実を結んだ。未来の考古学者たちは、柑橘系果実が人間の食べ物の中で最も人気のあるものの一つであったことを発見するだろう――他にはなかなか類のない、甘さと酸っぱさと贅沢さが混ざりあった果実は、アメリカ流フルーツサラダのメインの材料となり、朝食に飲むジュースとなり、そしていかにもアメリカ的なレモネード売りの屋台にも欠かせない。そして誰も、アジア原産の逞しい祖先種をありがたがろうとはしないのだ。

一八九〇年代のアメリカ人にとってシトロンはおなじみの果物だった。アメリカという国は少しばかり大きくなっていて、海外から毎年一〇〇万キロのシトロンを輸入していたのである。シトロンをアメリカに伝えたのはフェアチャイルドのような冒険家ではなく、植民地制度だった。何千年もかかって、原産地である南アジアからイタリアとスペインに伝わり、それからスペイン人入植者がアメリカに持ち込んで、最初のシトロン果樹園をカリフォルニアに作ったのである。だが一八九四年、カリフォルニアの農家の果樹はすっかり古くなっていて、彼らは連邦政府にもっと良質な種子を求めていた。こうした単発の仕事の適任者としてテイラーが思いつくのは、ただ一人、ヨーロッパにいるフェアチャイルド以外になかった。

フェアチャイルドが短時間拘束されたことを考慮しても、コルシカ島への旅は成功だった。釈放され、ロバに乗って無事に山を下り、シトロンの枝を入手してジャガイモに挿した彼は、その後は何の問題もなくコルシカ島を後にした。シトロンの枝は数週間後にワシントンDCに到着し、それから数か月後、彼が送ったシトロンの枝はアメリカの柑橘類栽培農家にとって「非常に価値があった」との報告が届いた。これらの苗木はその後二〇年にわたってカリフォルニア州の柑橘類市場を活気づけ、その間にシトロンの木は二万本から一〇〇万本以上に増えた。後にカリフォルニアでシトロンの人気が衰えたのは皮肉なことだ――なぜなら、シトロンに取って代わったのは競争相手の他の果物ではなく、シトロンと同じ柑橘系の果物だったからだ。底におへそのような奇妙な空洞があるブラジル産のオレンジである［訳注：ネーブルオレンジのこと。英名navel orangeのnavelはへその意］。

遠のくジャワ行き

一方フェアチャイルドは、二五歳の青年にしては珍しい、現実的な物の考え方をするようになっていた。コルシカ島での経験は彼の自信を強めはしたが、同時に警官との遭遇によって彼は、植物をこっそり入手するのが危険な行為であることに気づいたのである。それに、ドイツの研究所では非常に興味深い研究が行われており、注目に値する一流の科学者たちがいた。たとえばその一人、テッド・ニコルズは、光線の圧力を研究し、後にラジオの発明に欠かせない知識を提供した。レントゲンという男は電磁放射線を使って、ぼんやりとした鍵と財布の写真を撮った――後にX線写真として知られることになるものの初期の技術だ。フェアチャイルドがとりわけ興味を持ったのは、オスカル・ブレフェルトという隻眼の菌類学者だった。ある日ブレフェルトの従者は、大皿に山盛りの馬糞を、まるでケーキを運んでいるかのように誇らしげに持ってきた。

それから三週間、ブレフェルトは馬糞のそばを離れず、見える方の目を顕微鏡に押し付けて、馬糞を覆っていくカビを一つひとつ調べていった。フェアチャイルドは時折休憩して胸がむかつくのを堪えなければならなかったが、顕微鏡で見るカビには人を夢中にさせる美しさがある、と認めないわけにはいかなかった。「信じられないかもしれないが、最初の嫌悪感が収まると、次から次へと現れる非常に興味深いカビを研究しながら、私の人生で最も楽しくて勉強になる三週間を過ごした」と彼は書いている。

フェアチャイルドは、夜になると手紙を書いて好機を窺った。まずはワシントンDCの知り合いに、それからふと思いついて、ジャワにある植物園に宛てて一方的に書簡を送った。おずおずと、細菌学者になるべく勉強中のアメリカ人がお役に立てる方はいないだろうか、と問い合わせたのである。

数か月後に封書が届いたとき、フェアチャイルドは、誰かが返事をくれたということに何よりも驚いた。間もなくフェアチャイルドと、園長としてジャワの植物園を世界でも最も尊敬される植物園の一つにしたオランダ人、メルヒオール・トロープは、盛んに書簡をやり取りするようになった。

このとき二六歳だったフェアチャイルドが、マレー諸島には結局行かずじまいになる可能性もあった。自信のなさとか怠惰さのせいではなく、ものごとをついつい先延ばしにする力というのは凄まじいのだ。彼の目の前には、野心的な研究目的を掲げる偉大な科学者たちがいた。ジャワに行くのは素晴らしい経験かもしれないが、同時に勉強の妨げになるかもしれなかった。約束された一〇〇〇ドルの提供は、「どうやって」ジャワに行くかという問いの答えにはなったが、たとえ一〇〇万ドルあったとしても、「なぜ」ジャワに行くのか、その答えは見つからなかった。ラスロップが苛立っている様子を想像すると何とかしなければと思ったが、とは言えラスロップと会ったのはたったの一度――船上でほんの一瞬会ったのを入れても二度――であり、フェアチャイルドは、この短気な支援者の欲求を満たしたいとは思ったものの、ラスロップの願望を叶えるために自分の人生の道を踏み外すつもりはなかったのだ。

だがフェアチャイルドは一通の手紙でうっかりと、彼の東インド諸島行きのために大金を出すとある金持ちが約束してくれたことをトロープに漏らしてしまった。一八九六年の初頭、トロープからの返事には、自分は間もなくヨーロッパに行くので、ジャワに戻るときにはフェアチャイルドに一緒に来てもらいたいと書かれていたのである。

スエズ運河を渡る

スエズ運河は、地中海と紅海を結ぶ感嘆すべき技術の結晶である。と同時に、海事的には西洋と東洋を公式に隔ててもいる。それゆえ、オランダ籍の汽船の船上では、洋の西と東で女性に許される服装について厳格な決まりがあった。船がスエズ運河の東側に出た最初の朝、フェアチャイルドがそれと知らずに甲板に上ると、サロン［訳注：腰に巻く長方形の布］を纏った裸足の女性が日光浴をしているのが目に入った。こんな早朝に男が甲板に来てはいけないんだな、と彼は思った。だがそうではなかった。その女性は、船長の許可が出るや否や、母国ジャワの、より露出度の高い服に着替えただけだったのである。そのことを知ったフェアチャイルドは、次にはカメラを持って甲板に戻った。

一九世紀後半、スエズ運河を渡るというのは誰にとっても新しい経験だった。何しろ運河ができたのが一八六九年のことだったのである。エジプトの一番幅の狭いところを通る一六〇キロの運河は完璧に水平で、水門を造る必要もなく、貫通すると、それまでは喜望峰を迂回していた船の旅は六〇〇〇キロ短縮された。

この運河の世界的な重要性を世に示すため、フランスの彫刻家フレデリック・オーギュスト・バルトルディは、長い衣を身に着けて頭上に松明を掲げ、東洋からやってきた旅人を地中海に迎え入れる、高さ三〇メートルのアラブ人農民女性の像を建てさせてくれとエジプト政府に要請した。費用がかかりすぎるという理由でエジプトがこの申し出を却下すると、バルトルディはこのアイデアをフランスに持ちかけ、フランスはその費用を提供した。ムスリム人だった女性はローマの女神に作り変えられ、フランスはそれをアメリカ合衆国に寄贈し、女性は、ニューヨーク港に入港する移民たちの自由の象徴となった。

その後の一週間、フェアチャイルドは熱帯地方へのゆっくりとした船旅を大いに楽しんだ。気候は温暖になり、海はより碧く、鳥や、ときにはサメも含む魚に溢れていた。そしてある日、甲板の手すりに寄りかかったフェアチャイルドは、マレー諸島が近づくのを目にしたのである。「ジャワに近づくとき、人は、何もかもが美しくて愛すべきものだという気持ちを覚える」と彼は書いている。フェアチャイルドはまず、その緑の豊かさに感心した。熱帯地方に関する初期の印象を綴ったエッセイで、彼はverdure（新緑）という言葉を五回使っている。

最初の夜から、フェアチャイルドはすっかりジャワに魅了された。ジャワ島の西端にあり、後にジャカルタ

1896年。暖かな陽光、飛び交う虫の羽音、草を踏む静かな足音を立てる裸足の人々――ジャワ島は「夢のようなのどかさ」だった。

と呼ばれるようになるバタビアは、隅から隅までヤシの木と竹に覆われていた。夜になると、大きな羽音を立てる昆虫が、ワシントンDCの誰も聞いたことのない、「夢のようにのんびりとした」サウンドトラックで大気を満たした。上品なホテル・ベルビューの中庭で彼は、巨大なガジュマルの木の下に座り、人々が両端にバケツを下げた竹を肩に担いで行き交うのを眺めた。靴を履かず、道路は舗装されていなかったので、人々は足音を立てなかった。裸足の人々は、磁器のようにカチャカチャと音を立てない木の器から米と魚を食べた。やわらかでリズミカルなその言語さえもが、静かな歌の旋律を奏でているかのようだった。

熱帯を初めて訪れた彼にとって、その自然の素晴らしさはまるで夢の世界のことのようだった。木の根が地上にむき出しになり、まるで地面を歩いているように見える。あたかも彼の到着に備えていたかのような、完璧で鮮やかな何千個ものオレンジ色の花をつけたタイガーオーキッド。初めてマンゴスチンの紫色の皮を剝いたときにはぎょっとしたが、ドリアンの匂いを初めて嗅いだときはもっとひどかった。ドリアンの甘い実とは裏腹にその匂いは強烈で、食べた後何時間も唇に残って消えないのである。彼は服にまとわり付いてくるラタンヤシのジャングルの中を歩き、ときには一日三〇センチも伸びることがある竹の成長の早さに目を見張った。

オランダの支配下にあったため、外国人のための食べ物にも事欠かなかった。ホテル・ベルビューでは誰にとっても——熱帯の味を何から何まで味わいたかったフェアチャイルドにとってはとりわけ——食事は一番の楽しみだった。昼食には山盛りの白飯を皿に取り、それからイワシ、卵、ときには熱い油のしたたるバナナを盛り付ける。ビュッフェには、小さいトウモロコシやローストしたココナッツが並んでいた。この地域にはインド人も多かったので、チャツネやカレーは、フェアチャイルドの言葉を借りれば「液状の炎のように」辛かった。辛さの後にはひどい胸焼けが起きたが、味の代償と思えば痛みにも耐えられた。昼食のコースの仕上げは食べ物ではなく昼寝だった。スペイン人が持ち込んだ熱帯流の習慣で、ホテルは午後二時から四時の間は静まり返った。

シロアリ研究に没頭

それまでフェアチャイルドは召使いを持ったことはなかったが、植民地に暮らす白人科学者として、彼にはマリオという名の召使いがあてがわれた。フェアチャイルドは昔から奴隷制度を嫌っていたし、人種に基づいて従属を強いるのも嫌だったが、二人は言葉の壁をものともせずに、この辺りの女の子の話や耐え難い湿度の話をした。フェアチャイルドはマリオに、一八九三年の万博がどんなに素晴らしかったかを話して聞かせた――自由の鐘の複製が二つ展示してあって、一つは押しオート麦で、もう一つはオレンジでできていたことなどを。

フェアチャイルドが、長い船旅をする価値があるとようやく判断したジャワでの仕事というのは、シロアリがどのようにコロニーを作るかを研究することだった。フェアチャイルドには、目が見えず獰猛で好戦的でありながら同時に優美な巣を建造するシロアリは、皮肉な生き物に見えた。だが、他の生き物には真似できない複雑なシロアリのコロニーがどのように機能しているかについては、少なくともフェアチャイルドの知る限り、誰も答えを知らなかったのである。シロアリは地下のコロニーで生まれ、羽が生えると暗い巣穴から外の世界に姿を現す。そして白昼堂々と二匹ずつがつがいになったかと思うと、家庭を作る喜びに酔い痴れながら、羽を落として地中に潜り、新しいコロニーを作るのである。コロニーでシロアリは菌類を育てるのだろうか、それとも初めからそこにあった菌を食べるのだろうか?

シロアリはその秘密をなかなか教えてくれようとはしなかった――身のすくむような日光に晒されてはなおさらだ。そこでそれを調べるためには、何千匹というシロアリを殺して腹を裂かなければならなかった。ある

1896年。ジャワの入植者に倣って伝統的なオランダ式の白いスーツを着たフェアチャイルド（中央）。彼は島に住む西洋人と友人になり、ココナッツその他の奇妙な熱帯の果実を初めて味わった。

日の午後、フェアチャイルドはコロニーの一つを分解した。土がガチガチに乾いて固まっていたのをハンマーでようやくこじ開けると、中には働きアリは一匹もおらず、王白アリと女王白アリがいるだけだった。ふっくらした二匹の体は、邪魔されて動揺しているかのようにじっと動かなかった。

二匹のうちの大きい方である女王アリは、フェアチャイルドの親指ほどの大きさがあった。彼は女王アリをつぶさに観察した後、丸々としたその胴体をすぐには解剖せず、卵を産むスピードを計測した。産卵は一秒に一個のペースで行われた。一日になんと八万五〇〇〇個である。フェアチャイルドの計算によれば、この女王アリは通算三〇〇〇万匹以上の子どもを産むことになる。フェアチャイルドは数字の確認のため計算を二回行った。それは孤独な作業で、誰かの役に立つと言うよりも個人的な充実感を覚えるものではあったが、フェアチャイルドは自分が何か新しいことを発見していると確信していたし、シロアリの研究には何十年もかかるだろうと思っていたのである。

ラスロップという男

ボゴールからジャワ島の北岸にあるタンジュンプリオク港への移動には二時間かかった。一八九六年一一月二六日、フェアチャイルドにはその一分々々が惜しかった。

一連の出来事は、シカゴからの一通の手紙が届いたことから始まった。そこには、その手紙の送り主であるバーバー・ラスロップが、彼の兄とその妻、そしてキャリー・マコーミックという名の、フェアチャイルドと同じくらいの年齢の女性を伴って、間もなくジャワに到着すると書いてあったのだ。シカゴからジャワ島までの船旅は一か月かそれ以上かかるかもしれないが、ラスロップがその手紙を投函したのは彼がシカゴを出発するほんの数日前で、かろうじてラスロップの到着よりわずかに早く届いたのである。手紙にはまたはっきりと、フェアチャイルドに一行の案内役を務めるようにと書かれていた。

ラスロップからフェアチャイルドに何らかの要請があったのはこれが二度目だったが、どちらのときもほとんど抜き打ちだった。ラスロップは絶えず旅行をしていたが、アメリカからジャワ島に直行する船旅はうんざりするほど長く、羨む者もほとんどいなければましてや実際にそんな船旅をする者はもっと少なかったのだから、世界中で出会った数々の人のうち、なぜか彼が興味をそそられたこの若者に彼が会おうとするのはなぜなのか、その真意は謎だった。

フェアチャイルドは港へと急いだ。彼が息を切らして一行に近づいたのは、ちょうどラスロップが何か冒険譚を話して聞かせている最中だった。

ラスロップはフェアチャイルドの全身を眺め回し、ことに彼が着ている、顎までボタンをかけたオランダ風の白いスーツに目を留めた。数か月熱帯で汗をかいたフェアチャイルドは痩せて、ほとんどやつれていると言っていいほどだった。ラスロップは彼の様子を見て「ショックだ」と言った。あれほどの大金をやったのにこれはどういうことだ。

ラスロップと兄のブライアン・ラスロップはあまり仲が良くなく、この旅行に同意したのはブライアンがそれを懇願したからだった。バーバーにとって、他の人間と旅行をするのは煩わしいことだった。人数が多ければ意見もさまざまで、妥協を余儀なくされる。金の問題ではなかった。父ジェデダイア・ハイド・ラスロップが銀行業という儲かる仕事をしていたおかげで、ラスロップ兄弟には金はたっぷりあったのだ。父親はいくつもの賢い投資をしたが、中でも一八七一年のシカゴ大火の後に不動産に投資したのは賢かった。儲かるのはわかりきっていた――この大火で、アメリカ史上最大の再開発の機会が生まれたのだ。

バーバー・ラスロップは、著名なバージニア州知事ジェームズ・バーバーの孫という自分の出自には満足していたが、父親とはずっと仲が悪かった。ジェデダイアは息子にハーバード大学法学科に進むことを強要し、バーバーはそれに従ったが、卒業すると、自分は弁護士にはなれないと確信した。なぜなら、バーバーの見たところ、「弁護士というものは真実を口にできない」からだった。父親は激怒し、若かりし日のバーバーに、今後一切金はやらないと言った。バーバー・ラスロップが語るところによれば、彼はこの最後通告を気に留めなかった。

二十代前半は金がなかったので、ラスロップはその鋭い知力と大げさなことへの情熱を携えて、まずはニューヨークに住んでみたが長居はせず、できてからまだ日の浅い、野望渦巻くカリフォルニアに移った。一八七〇年代のアメリカ西部は新開地で、東部に残る奴隷をめぐる分断に邪魔されないフロンティア精神があった。一八四〇年代と五〇年代には、金の採掘で一攫千金を夢見る者がカリフォルニアに集まった。一八七〇年代になる頃には、人々が夢中になっていたのは銀の採掘、あるいは変動するその価格を予測することだった。サンフランシスコでは、誰かが新しい銀脈を発見したという噂が立つと、鉱業株が一気に一〇〇〇パーセント上昇し、一夜にして富が築かれた。ある歴史家はこの時代について、「数週間前まで働いていた下宿屋を買った女中の話や、溝掘り人だった男が、近頃金持ちが集まるカーニー・ストリートを豪勢な馬車で走っていった、といった話が街中を飛び交った」と書いている。ラスロップは金を儲けることよりも、名を成したいという気持ちが強かったので、まずはサンフランシスコ・モーニング・コール紙の新聞記者になった。そして、重要な出来事の数々を最前列で目にしたのである。高級スーツに帽子を被った姿は彼の野心を表していた。彼ほどの社会的地位にいる人間ならいつか必要になる、と言って――それは当たっていたわけだが――彼の自負心をくすぐったセールスマンからリボルバーも買った。

父親の最後通告が有効だったのは彼が生きている間だけで、死ぬと効力を失った。一八八九年にジェデダイアが死ぬと、三人の子どもたちは一夜にして億万長者になった。金はバーバー・ラスロップをたちまち変えた。彼は新聞社の職を辞し、贅沢をするようになった。彼は毎日、サンフランシスコのユニオンスクエアにほど近いレンガ造りの背の高い建物、有閑階級の男性しか入れない「ボヘミアンクラブ」で過ごした。ここにはラスロップの同類が集まった――裕福で権力があり、芸術を愛好し、もっぱら男性とのみ交流をしたがる男たちである。作家、音楽家、芸術の後援者などと賑やかに会話しながら、ラスロップはバリトンの声で笑い、悪ふざけを仕掛けた。たとえばあるときは、髪が薄くなった男に、ティンブクトゥの人たちを真似て、ジンに浸した生のタマネギで頭皮を刺激しろと説き伏せた。ラスロップは「どんちゃん騒ぎの王様」として知られるようになった。

四三歳のラスロップは、家を持ち、結婚し、たくさんの子どもを作るという、同年代の男たちのほとんどが進む道に興味がなかった。彼はボヘミアンクラブの最上階に部屋を借りていた。親しい友人と言えば、ダイニングルームや喫煙室やサンフランシスコの路上で知り合った男たちだけだった。社交クラブで交わされる噂話は彼を面白がらせたが、やがて当然ながらそれにも飽きると、次に彼は旅に出たくてたまらなくなったのだった。

二人旅の始まり

フェアチャイルドがジャワ島の案内を始めて四日目になると、一行には限界が訪れようとしていた。ブライアン・ラスロップはアメリカから東に旅をするのは初めてで、蒸し暑さに慣れておらず、弟相手に外国旅行の嫌なところを言いつのって口論し、バーバー・ラスロップの神経を逆なでした。一方ブライアンの妻は、手当り次第に質問をしてみなをイライラさせた。

フェアチャイルドは動じなかった。彼は若きキャリー・マコーミックをボートに誘い、コウモリがたくさんいる島の近くに連れていった。彼女が由緒あるマコーミック家――農業の歴史の中でも最も偉大な農機具の一つである自動収穫機を発明したシカゴの大立者、ロバート・マコーミックの一家——の一員であることを知っていたなら、ボートを漕いでいる男に、オールを思い切り大きな音を立てて打ち鳴らしてくれと頼むのはためらったかもしれない。その大きな音に、コウモリたちは一斉に飛び立って頭上の空が真っ黒になった。フェアチャイルドには大喜びのその風景は、このうら若き女性をその後何日も震え上がらせた。

一方ラスロップはと言えば、落ち着かず、孤独で、我慢の限界が近づいていた。フェアチャイルドがマレー語が達者でなかったこと、またある日、ひどい匂いのするドリアンを食べたフェアチャイルドをホテルから追い出したことも状況を悪化させた。

「フェアチャイルド、俺はこうやって大人数で旅行するのは好まんね」。ある夜、バンドンでラスロップが言った。「慣れておらんのだ。みな俺と好みが違うし、一緒にいることに何の意味がある?」彼はそろそろ、みなを置いて一人で先に進んでもいいだろうと感じていた。そしてフェアチャイルドに、一緒に来ないかと誘った。「シロアリなんぞつまらんじゃないか。そんなものは放っておいて、俺と一緒に来いよ、世界を見せてやるから」

フェアチャイルドはおずおずと、ジャワ島を離れるわけにはいかない、研究は始まったばかりだし、まだこの島に来て八か月なのだ、と答えた。だがラスロップはその言い訳を、いつもの彼らしく無視した。

「働きすぎだ、変化も必要だぞ」とラスロップは言った。

トロープ博士が彼のために用意してくれた職を離れると思うとフェアチャイルドは気が咎めた。だがラスロップは、費用は全額持つし、放棄することになる給料は払うと約束した。さらにラスロップは、船の手配ができ次第、一緒にスマトラ島の雨の多い側に行こうと約束してフェアチャイルドを魅了した——そこは鉱物や果物が豊富で、ほとんど白人の目に触れたことのない民族がいるのである。断ることができず、断ってもラスロップはそれを拒否するに違いないと思ったので、フェアチャイルドは誘いを承諾した。

ラスロップは、兄夫婦とキャリー・マコーミックがアメリカに戻るための汽船を手配した。そして一行が出発するやいなや、今度は自分とフェアチャイルドのための手配を整えた。

二人を乗せた船はバタビアを出港し、スンダ海峡を通って西へ進んだ。スンダ海峡では乗客が甲板に集まって、有名なクラカタウ火山を眺めた。一〇年ほど前にクラカタウが起こした爆発は巨大で、三か月後、ニューヨーク州とコネチカット州の役人が、遥か彼方の噴煙を染める夕日を大火事と見誤って消防車を発動させたほどだった。

船は進路を北に変えて、スマトラ島西岸のパダン港に向かった。陸が近づくにつれ、舳先に立つフェアチャイルドには、無限に広がる森が近づいてくるのが見えた。手つかずの緑。一連の火山が、まるで眠っている恐竜の背骨のように地平線に並んでいた。

船が港に着くのを待つ間、フェアチャイルドはカンザス州にいる母親に手紙を書いた。一九世紀には、典型的な若者なら結婚するまで両親の家に住んでいたものだ。だがシャーロット・フェアチャイルドの息子は、家を出たばかりか、母国を後にし、カンザスからこれ以上ないほど遠いところから手紙を書いているのである。フェアチャイルドは、バーバー・ラスロップのこと、彼の個性の強さと潤沢な財産のこと、そして突然ジャワ島を離れてスマトラ島に上陸しようとしていることを母親に書き送った。そして、海外に暮らすようになってから一度も重大な事件には遭遇していない、と母親を安心させた。

運命とは皮肉なものだ。その手紙に封をしているまさにそのとき、悲鳴が聞こえた。

乗客の一人であるマレー人の男が、通路でウェイターと取っ組み合っていた。一人は斧を、もう一人は短剣を持って、ともに腕を振り回している。二人は互いに相手に襲いかかりながら通路で揉み合っていたかと思うと取っ組み合ったままラスロップの船室に倒れ込み、彼のトランクに血が飛び散った。

ラスロップは大声で叫んで二人を追い払おうとした。彼と船長は二人を引き離そうとし、一分後、二人は取り押さえられ、滴る血で真っ赤な血痕を残しながら兵士に引きずられていった。

手紙の封をした糊はまだ乾いていなかった。フェアチャイルドは封を開け、手紙に追伸を書き加えた。

4章　客と愛弟子

東洋を旅するアメリカ人にとって一番予測ができないのは、どんな人々と出会うのか、そしてその人々が友好的かどうか、ということだった。色とりどりの衣服を身に着けたスマトラ島のマレー系民族は、ジャワ島の、もっと厳粛な人々に比べて愛想が良かった。一番印象的だったのは女性たちのイヤリングで、それは装飾品と言うよりも耳にボタンを付けたように見えた。よちよち歩きの女の子たちは、耳に小さな穴を開けた後、その穴を大きくするためにバナナの葉を丸めたものを穴に差し込む。妊娠できる歳になる頃には、穴は直径二・五センチほどになる。初めての子どもが生まれるとようやくイヤリングを外し、長く伸びた耳たぶはパタパタと頬に当たるのだった。

ラスロップと自分がいつまでパダンにいるかわからなかったので、フェアチャイルドは何か面白い植物はないかと付近を歩いてみた。黄色いラズベリーが目に止まり、枝から取って食べてみた——それは酸っぱくて、パサパサしていた。

そのすぐ後には、これまで見たこともなかったような、背が高くて太い竹に出くわした。幹にあたる部分は高さが一〇メートルもあって深い緑色をしていた。竹は樹木ではなく、大きくなりすぎた「草」である。フェアチャイルドは強度を試すために竹を揺らしてみた。がっしりした節にひびが入り、竹は二つに折れてフェアチャイルドの横に倒れ、ツーバイフォーの木材ほどの重さが、あわや頭にぶつかるところだった。後年、フェアチャイルドは竹のことを「最も美しくて有用な植物」と呼ぶのだが、このときは、彼は竹を放っておくことにした。

旅の道連れとして、この植物学者とプレイボーイはまさに好対照だった。ラスロップの身だしなみは常に完璧で、襟ボタンはかけず、口髭がふさふさとしていた。それに比べてフェアチャイルドときたら、サイズの合わないぶかぶかのズボンを穿き、ネクタイはきちんと結ばれていたためしがなかった。ダンスもできなかったし、世間話も苦手だった。二人はほとんど口をきかないこともあった。

忍耐の日々

この二人の長旅は段々に苦痛なものになっていき、いつものことながら、ラスロップが旅の伴侶に苛立ちをつのらせるのに時間はかからなかった。この長身の金持ちはゆっくりするということができず、一方真面目で不器用なフェアチャイルドは素早く動くことができなかった。「ラスロップはせっかちな旅人だったし、私は緩慢で慎重な収集家だった」と後にフェアチャイルドは回想している。「彼はこの、熱病の蔓延する島の沿岸に一生暮らす気はなかったし、私はと言えば、植物をちらりと見るだけで収集する時間がないのではいるだけ無駄だと思っていた」。もっとアメリカに近いところにいたのだったら、この時点でおそらくラスロップは、一緒に旅をするということ自体が馬鹿げていたと認めてフェアチャイルドをアメリカに帰したことだろう。

ラスロップは、探検隊というものにリーダーは一人しかいてはならないと考えていた。そしてそれは彼のことだった。どこへ行き、どこに泊まるか、そういった主要な意思決定はすべて彼が行った。彼は苛立ち、大きな溜息をついた。だがフェアチャイルドは、ラスロップの気分の変動を一通り経験すると、彼の説教はフェアチャイルドに何かを指示するためというよりも自身の精神的健康のためのものだということに気づき、ラスロップのきつい言葉もこたえなくなった。彼は聞き流すことを覚えた——少なくとも、ラスロップが怒りを爆発させるたび、その後数時間は静かになることがわかったからだ。

ラスロップはバージニア州アレクサンドリアの出身だった。文化的な洗練とものごとの正しいやり方を重んじ、それに反することは何でも「公衆道徳」を危うくするとして非難の対象となる類いの町である。フェアチャイルドが育った、風の吹きすさぶカンザスの平原には、文化や芸術に貢献できるものは何もなかった。入れ代わり立ち代わりやってくる客員教授たちがフェアチャイルドの実家に立ち寄る以外は、フェアチャイルドの両親は社交界の名士と言うには程遠かった。こういう育ち方をしたことが、フェアチャイルドの騙されやすさや、ラスロップと、また集団で旅をすることに対する戸惑いの理由の一因であったかもしれない。ラスロップが何か冒険譚を語るときは、フェアチャイルドは彼の近くに立って、他の人たちが笑えばそれに合わせて笑ったが、それ以外は黙っていた。ある日船上で、カメラを持ったある乗客が、写真を撮っていいかと尋ねた。写真のラスロップはカメラ目線だが、フェアチャイルドは横を向いている。その様子でわかるように、彼は身を縮ませて遠慮していた。

ほとんどの場合、彼は単に、何を言っていいかわからなかったのだ。ある朝、朝食の間中ずっと一方的にしゃべっていたラスロップが、食後に立ち上がって布ナプキンを投げつけた。「何だ、お前はしゃべれないのか？」そう叫ぶと彼は怒ったように出ていってしまった。

それでもなお、フェアチャイルドのラスロップに対する崇拝の思いはあまりに深く、その中で溺れそうなほどだった。「私はアメリカが生んだ最も偉大な旅人であり最も優れたインタビュアーの一人である彼の、客人であり弟子でもあったのだ」——ラスロップの魅力について、彼はそう書いている。

フェアチャイルドがラスロップに対してへつらわんばかりに従順であったことを考えると、彼がなぜ旅を続けたがったのかも説明がつく。だが、自信たっぷりの資産家であるラスロップが妥協したのはなぜなのか？ラスロップはほとんど何も書き遺していないので、分析するのは難しい。けれどもラスロップは以前から、育ちの良い若者が好きだった——躾の良い、それでいてまだ人格形成の途上にある若者が。ラスロップが助手を

1896 年のクリスマス。スマトラ島西岸に停泊中の蒸気船上で、バーバー・ラスロップ（左）とデヴィッド・フェアチャイルド。

雇ったのはフェアチャイルドが初めてではなかった。フェアチャイルドの前にも二人そうした若者がいたのだが、いずれも短い期間の後、一人は短気を起こし、もう一人はラスロップを苛立たせて解雇され、彼の元を去っていたのである。

ラスロップが自分の性的指向について口にしたという記録はないが、彼が体制的な社会のあり方を居心地悪く感じていたことを示す形跡は存在する。とりわけ、当時は当然のこととして求められていた結婚には彼は無関心だったし、あたかも逃げ切れない何ものかから逃れようとでもするように、熱心に慌ただしい旅を続けた。ラスロップは自分を「ボヘミアン」と呼んだ——それは彼の一風変わったライフスタイルと、同調を嫌う性格を表していた。

彼の住まいについてもそれで説明がついた。ラスロップの唯一の定住所であったボヘミアンクラブには、彼の他にも自らをボヘミアンと名乗る男たちが溢れていた。それは当時まだ呼称のなかったあるものを隠す言葉だった。ニューヨークやサンフランシスコの、いわゆる「陽気で艶やかな九〇年代［訳注：英語ではGay Ninetiesで、Gayには同性愛者という意味もある］」とは、必ずしも男性と交際するという意味ではなく、単にその妙な気分を楽しむということだった。性的指向を表すのに「同性愛」という臨床的用語ができたのは一八九〇年代のほんのちょっと前のことで、九〇年代に入ってようやく男たちは、アメリカ東西両岸の定評ある喫煙倶楽部で、説明し難い魅力に惹かれる男性とともに過ごすことを、用心深くではあるが大胆に試み始めたのである。

ラスロップが実際に男性に魅力を感じたのだとしたら、そのことに触れたがらなかったのももっともだ。性的指向が一般と違うということには不名誉の烙印が押され、社会的に追放される危険が大きかったのである。同性愛者のためのバーや社交クラブの禁止は、性に関する事実上の規制であり、上流社会において許される話し方、服装、振る舞いというのが決まっていた。性の取り締まりと称して街中でリンチが行われ、同性愛者と思われる男性は、殴られ、野次られた。社会的な制裁はもっとひどく、仕事や家族、そして社会的な尊厳も失われた。そのような事態を避けながら同じ性向を持つ男性に自分もそうであることを知らせるというのは大変に困難なことであり、その不安から、社会に同調しながら同時に目立つための創造的な方法が編み出された。つまり、同性愛の男性は、そのことを互いに知らせるために、赤いネクタイをし、髪を脱色したのである。一番良いのはいくつものアリバイを作ることで、そのため同性愛者の男性のほとんどは虚構の人生を生きることになった。

ラスロップが生きる世界は、あらゆるものが二重の意味を持ち、人々は秘密を抱えていた――そうする必要があったからだ。彼はその世界で、比較的やすやすと暮らしているように見えた。彼が絶えず旅をしていた理由の一つは、遠い旅先には、彼のことを非難できるほど彼をよく知る人がいなかったからなのかもしれない。

旅の目的

「採集旅行だよ」。ある朝、新聞から目を上げたラスロップは事もなげにそう言った。「いろいろ採集するんだ」

フェアチャイルドが、勇気を振り絞って、自分たちはこの旅で具体的には何をするのか、とラスロップに尋ねたのだ。フェアチャイルドは、未開の地への贅沢旅行という約束に惹かれたのだったが、手紙を書こうとすると、なぜジャワ島を離れたのかをうまく説明できなかった。自分たちが次にどこに向かっているのかさえよくわからなかったのだ。

旅が目新しさを欠き始めるにつれて、フェアチャイルドとラスロップの冒険旅行は車輪を失くしたかのようだった――初めに車輪があったとしての話だが。実質的な目的よりも大げさな言葉ばかりが先に立ち、二人は文字通り宙ぶらりんだった。ラスロップの高飛車な傲慢さが、実はこれが当てずっぽうでやっていることだという事実の隠れ蓑になっていた。

ラスロップほど世界の隅々まで見たことのある男は世界にもほとんどいなかったが、長年にわたる彼の一人旅には目的がなく、それどころか方向性というものさえ欠けていた。港に着くたびに彼は何かしら見つけたが、それらは旅人として眺め、そして後にするだけのもので、「こういう奇妙なものを持ち帰ってはどうだろう?」と考えたことがあるのがせいぜいだった。全部合わせても数人で抱えられるくらいの量の、あちらこちらで見つけたちょっとしたものを、彼はアメリカに持ち帰っていた。何を、誰のために持ち帰るのかは重要ではなかった――重要なのは、ラスロップの個人的な楽しみを、慈善という行為のために再利用するということだったのだ。

それが効果的であるためには、それを科学的に行う必要があるということにラスロップは気づいていたに違いない。そして科学的であるためには科学者が必要だった。ラスロップは弁護士として開業したことはなかったし、記者としての経験も短かった。彼の計画を実行に移すには、植物学者を雇うことは彼にとって、希望と言うよりも必要だったのだ。

できたばかりの西スマトラ鉄道の終着駅である港町パダンに着くと、二人の関係はますます希薄になった。フェアチャイルドとラスロップは押し黙ったまま、歯車を用いたシステムで山の急斜面を登る世界初のラック式の汽車に乗った。線路の両脇は沼が点在するジャングルで、ところどころにニッパヤシの小さな群生が、ジャングルの地面から羽のような葉を大きく広げていた。時折ジャングルが開けて、滝や蒸気の上がる川底が見える。その底の泥はまさに熱帯のスープで、ヘビ、ヒル、無数の昆虫の棲みかだった。

話すのも嫌だったし言うべきこともなかったフェアチャイルドは、植物に魅了されて何時間も窓の外を眺めて過ごした。アメリカ中西部出身の青年には、植物の一つひとつがそれぞれの理由で驚嘆に値した。アメリカ

1896年。スマトラ島で。フェアチャイルドとラスロップの緊張した関係は悪化し、やがて本格的な嫌悪に変わって、2人の取り決めはもう少しで取り消しになるところだった。2人はヤシの木が聳えるゲストハウスに滞在していたが、口をきくことはほとんどなかった。

の風景を白黒のスケッチ画に喩えれば、スマトラ島のそれは陰影豊かな水彩画だった。

翌朝、ホテルではラスロップがすっかり荷造りされたトランクの横に立ってフェアチャイルドを待っていた。彼が何も言わなくても、フェアチャイルドには彼がスマトラ島を出発しようとしているのがわかった。この島には、採集すべき植物が何千種、いや何百万種もあった。フェアチャイルドはここに、一か月、いや許されるならば三か月でも滞在したかった。けれども彼はまた、ラスロップがいったんこうと決めたらそれを覆すことはできないということも知っていた。フェアチャイルドのトランクはラスロップのトランクと一緒に馬車に積まれ、二人は再び列車に乗った。植物を一切採集しないまま、二人は山を下りてパダンに戻り、待っていた蒸気船で沿岸を北に向かった。

北に進む船の中で、フェアチャイルドとラスロップはそれぞれ自分の船室に籠もったままだった。ある夜、数名のオランダの役人と喫煙室で冗談やゴシップに花を咲かせていたラスロップは、喫煙室をそっと抜け出してフェアチャイルドを探しに行った。フェアチャイルドはロウソク一本の灯の下で身をかぶせるようにして報告書を書いていた。ラスロップは部屋の入り口から、それまでで一番褒め言葉に近い言葉をかけた。

「君は働き者ではあるな。他に取り柄はないが」

翌日、滝や灰白色の断崖の多い地域であるフォートデコックに着くと、フェアチャイルドは採集に出かけた。地面は硬く、大気は乾燥していて、シロアリには理想的な環境だったからだ。

だがこれは判断ミスだった。フェアチャイルドが四つん這いになって地面を掘り返しているのを見たラスロップは文句を言った。ラスロップはこれまで一度たりとも、ミミズの消化管を通過した汚らしい土の上でそんな格好をしたことはなかったのだろうし、彼ほどの身分の人間には、なぜこれほどみっともない真似をしたがる人間がいるのかも理解できなかったのだ。

新しい作物を探せ

膝を丸く泥で汚したフェアチャイルドは立ち上がり、初めてラスロップに口答えをした。動植物を採集するのなら、まずは採集する対象を理解しなければならない、と彼は言った。手当り次第にでたらめに植物を集めただけでは、有用なものを採集することはできないのだ、と。

ラスロップはしばし無言だった。

「俺と一緒に来るなら世界を見せてやる。だが一々立ち止まって標本集めをしていたのでは、旅をしている国の全体像は摑めんぞ」。そう言うと彼は立ち去った。

フェアチャイルドはこの会話に気まずい思いをしたが、同時に勇気づけられもした。この調査旅行で科学者の役割を果たすのが自分であるならば、科学者らしく振る舞うようにしなければならない——まずは、ラスロップに対等の立場で口をきくことからだ。

泥の中での口答えで自信をつけたフェアチャイルドは、その夜、ラスロップに会いに行った。ラスロップはホテルの部屋で、片手に本を持ち、片手に桜材のシガレットホルダーを持って小説を読んでいた。自分がドイツでのやりかけの研究を止め、ジャワ島での未完の研究も止めたのは何のためなのか、とフェアチャイルドは詰問した。自分は何のために、見知らぬ土地に旅をし、見知らぬ人々に会うことにしたのか？ ラスロップには観光だけで十分だろうが、フェアチャイルドにとってはそうではなかった。彼はすっかり気落ちし、不安でうつろだったのだ。

「そうだな」——フェアチャイルドが根性を見せたことに少しばかり感心したラスロップが言った。「君は何を採集すべきだと思うのかね？」

フェアチャイルドは、自分はアメリカの農家のために、作物が罹る病気について研究していた、と答えた。

だが、世界の反対側にあるものが、ミネソタ州のナシ農家が抱える問題の解決に役立つはずがない。異国情緒溢れるインド洋の魅力に触れるのは楽しいが、自分が母国で助けを必要としている農家の役に立っているとは思えないのだと。

ラスロップはじっと聞いていた。

フェアチャイルドはさらに、万博のこと、彼がナシの胴枯病について行った実演説明を聞きに来た農家のことを話した。彼らは田舎者で困窮しており、自分たちの農園が抱えている問題のことで頭がいっぱいで、はるか遠い国の物珍しいもののことなどどうでもよかった。もしかしたら生物学者は、彼らの農園にいる害虫を食べる外来の天敵を見つけることで彼らを助けることができるかもしれないが、それは偶然に頼って無計画に事を進めるのではなく、目的を定めて慎重に行われるべき作業である。

フェアチャイルドの一人語りが一段落すると、カトリックの神父が入り口に現れた。乗客の中に植物学者がいるということを聞きつけてきたのだった。フェアチャイルドは少々面食らいながらも座るよう勧めた。

室内に流れる緊張感に気づかない神父は、自分が集めた大量のランのコレクションについて話し始めた。新種の植物や希少な花を集めて自分で植物園を作ったと言うのである。

神父の話は数時間にわたり、彼は植物に宿る驚異について、また、北米やヨーロッパの温帯気候帯に暮らす人々が、地球が持つ多様性についていかに何も知らずにいるかについて語った。神父の話はラスロップには退屈だったが、同時にそれは彼にあるアイデアを与えた。

神父が去ると、ラスロップはフェアチャイルドに、初めて食べたバナナの味を覚えているか、と訊いた。グレープフルーツはどうだ、あるいはドリアンの味は？　もちろん答えはイエスだった。植物学者にとって、新しい植物を初めて食べるというのは初対面の人に会うようなもので、その味を思い起こせば、それがどこで起こったか、どんな味を期待していたか、実際にはどんな味がしたか、という記憶が鮮やかに蘇った。ラスロップは、バナナの甘さとねっとりした質感が記憶に残りやすいのは、それが初めての味だったからだ、と説明した。

旅の経験が豊富なラスロップは、世界にはアメリカの農家が見たことのない何千種類、いやもしかしたら何百万種類という野生の植物があるということを知っていた。「俺が植物学者で、旅をする機会があったとしたら、各地に自生する野菜や果物を収集するね。薬として病気を治すのに役立つ植物もあるし、まだアメリカでは知られていない有益な植物はいろいろある」

今のところ、その一番良い例が、フェアチャイルドのコルシカ島での顚末だろう――ラスロップはこの出来事を引き合いに出して、同じことを他の作物でもできると言いたいらしかった。それは農民から要請されたものかもしれないし、そうではないかもしれない。ラスロップは立ち上がると、自らの崇高な考えを高らかに宣言した。「植物学者である君なら、農家が今作物に抱えている問題を解決するのを助けたり、新しい作物を――競争力のある産業を育てるための種を持ち帰ることもできるだろう」

耕作地とビジネスの拡大

それは昔からある考え方だった。そしてそれはまた、一八九〇年代のアメリカでは珍しくない野心を示していた。ラスロップは、植物、とりわけ経済的な価値のある外来作物こそが、将来の成功の鍵である、と言っていたのだ。

アメリカ建国後の一〇〇年余り、その歴史の大半において、農業は自給自足のための行為であり、また西部においては、原住民の土地に根を下ろすための手段だった。一九世紀の初期には何度も大掛かりな土地取引が行われてアメリカは膨らんでいった。そのうち最大のものが一八〇三年に行われたフランス領地の買収で、ルイジアナ領地のうち二六〇万平方キロメートル近い土地が、たった一一〇〇万ドルという破格の値段でアメリカのものになった。さらに合衆国にとって幸運なことに、一八四八年にはメキシコが、四〇万平方キロに及ぶのんびりしたカリフォルニア領を、現在のアリゾナ州、ネバダ州、ニューメキシコ州、ユタ州、さらにコロラド州とワイオミング州の一部にあたる土地とともに、北の隣人に譲渡したのである。

カリフォルニアにはスペイン人が七〇〇〇人余り住んでいるだけで、後にアメリカの州となるところはもっと人が少なかったので、それは大きな損失ではなかった──ただし、この合意書が署名される九日前に、ニュージャージー州から来た一人の大工がカリフォルニアの小川の底に金を発見したことを除いては。彼は秘密にしようとしたが、この発見は国際的なニュースとなった。時が経ってゴールドラッシュは下火になったが、その後、太平洋に面した肥沃で水も豊富なこの土地がますます有名になったのは、ここが地球上で最も農業生産力の高い土地であるとわかったからだった。

南北戦争直前の緊張の中、アメリカの連邦議会は国民に対する大規模な土地の譲与を検討し始めていた。経済の成長と、アメリカが新たに手に入れた土地をアメリカのものにしておくことが目的だった。ホームステッド法によって、アメリカの敵として戦いに参加したことのある者を除き、その土地に住むことを確約する者なら誰でもが、二〇万坪近い土地の所有を申し込むことができた。そしてそれはつまり暗に、インディアンからその土地を守るということを意味していた。その他にもう一つだけ条件があり、そこに五年間住んだ後でなければその土地の所有者にはなれなかったのだが、西部で新しい生活を始めようとしているほとんどの者にとっては、それは何の問題でもなかった。

一八六五年に南北戦争が終結すると、奴隷だった者たちでさえ土地を申請することができたし、それから程なくしてネイティブアメリカンにもそれが可能になった。大きな民族や居留地を分散させるために、家族単位で土地を与えたのだ。その後の三〇年間でアメリカ政府は、二〇〇万件の申請に許可を与えた。政府が所有する土地の一〇パーセントが、初めて土地を所有する人々に譲与されたが、そうした人々の多くにとって、土地の使い方には農耕以外に選択肢がなかった。

その結果、大量の小麦、牛肉、そして柑橘類が東部に送られ、供給が需要をはるかに上回った。一八九三年、シカゴ万博がアメリカの明るい未来を示して世界の注目を集めたのと同じ年、アメリカの農業は初めての不況を迎えた。食物の生産は、生き残るための手段からビジネスへと変貌していた。農家は競争力をつけねばならなかった。

この競争は、農業の多様性には役立たなかった。近隣の農家を出し抜くために新しい作物を栽培するというのは、環境的な不確定要素が大きいがために、目新しいことよりも慣れ親しんだことをする方が都合の良い農業においてはあまりにもリスクが高かった。一八八〇年代前半、「作物栽培に関する国内最高権威」と褒めそやされたアメリカ人ジョセフ・L・バッドが、ロシアからリンゴの新種を輸入しようと試みたことがあった。もしも農務省のような政府機関や農業大学の一つが担当当局として種子バンクの役割を担い、農家の抱える問題の解決を助けることができていたら、この計画はうまくいったかもしれない。だが、胴枯病が早生のリンゴを枯らし、アメリカの湿度の高さはロシア原産の木にストレスを与えた。しかもリンゴの生殖は極端なヘテロ接合型で、同じ二本の木からどんな木が生まれるかは（人間と同様に）まったく予想ができない。つまり、安定した果実を実らせるためには木をクローンで増やすしかないのである。トウモロコシや綿花の栽培ばかりしてきた農家の大半はリンゴのことなど知らず、外国からやってきたこの新しい果物は完全に無視されたのだった。

ラスロップには、自分とフェアチャイルドならもっと賢くやれるという確信があった――それも単にリンゴについてだけではなく、何千種類という作物についても、である。旅をすることで彼らは新しい果物を目にする機会があったが、それ以上に、それらの栽培方法について合理的に理解し、それを母国の農家に伝えることができたのだ。

これはひょっとすると、アメリカの農業に新時代をもたらすことのできるアイデアだった。バナナはフロリダで、マンゴーはカリフォルニアで育つだろう。アメリカ西部の雨の多い沿岸地域ではもしかしたらアボカドが育つかもしれない。赤ん坊の拳くらいの大きさしかない、丸くて紫色をしたマレー諸島原産のマンゴスチンだって、アメリカ南東部の肥沃な土地なら育つのではないか。北米大陸で栽培されたことがなく、ほんの少数の恵まれた者しか味わったことのない果物が、新天地で芽を生やすのだ。

計画の骨子はできたが、それを実行に移すためにはまだ解決しなければならない問題があった。フェアチャイルドを含め、アメリカに種子を送ったことがある者なら誰でも知っていたことだが、生きた植物を送るにはそれを受け取る者が必要だった。長い航海の後、種や挿し木用の枝は、それらがよく育つ環境にできる限り近い条件の下ですぐさま植え付けなければならない。熱帯地方からワシントンDCに到着した種や枝は、サウスカロライナ州や、さらに南の、住民がほとんどおらず何の作物も栽培されていないジョージア州、フロリダ州などに届けなければならなかった。送り出してから到着まで、速くても二か月はかかる道程だ。

さらに、種や枝が到着したらどうなるのだろう？　どうやって世話をしたら良いかは誰が知っているのだろう？　農務省に勤める寄せ集めの植物学者たちは、既存の作物の研究に忙しく、新しい作物の研究などしていない。しかも農務省は、重要視されていないことを反映して最も予算の少ない機関の一つだった。フェアチャイルドとラスロップが自ら進んで、探索と選択という大変な作業を無償で行っても、母国では、おそらくはマンゴスチンを食べたこともなければドリアンの悪臭を嗅いだこともない誰かがそれを繁殖させ、流通させ、最終的には販売促進というプロセスを完遂しなければならなかった。

　だが詳細を決めるのは後日にしよう。夜は更け、その瞬間、世界は他のことで忙しかった。それは一八九六年一二月三一日のことで、ほぼ正午のニューヨークでは、ブロードウェイの南端にあるトリニティ教会の周りに、真夜中に鳴る鐘を待つ人々が集まり始めていた。新年とともに新しい日がやってくる。だがその前に、まずは騒がしい夜が待っていた。

　その瞬間、フェアチャイルドとラスロップは、暗闇の中、シンガポール近海に浮かぶ静かな船の上にいた。夕刻に始まった会話は深夜まで続いた。二人が辿り着いた結論は曖昧で、フェアチャイルドには中途半端なものに思えた。けれども彼らはようやく、双方が満足できる共通の理解とビジョンを持ったのである。

　インド洋を漂いながら二人は、人類にとって有用な植物を研究すること、一人が資金を、一人が知力を提供して、それらの植物をアメリカに持ち帰る方法を見つけることに合意した。大海の真ん中で夜中に二人がそんな会話をしている間に、船内の時計は午前零時を打ち、一八九七年が始まった。

5章　太平洋の憂鬱

空いていた最後の客室にはラスロップが泊まることになったので、あとは宴会室しか残っていなかった。そこはだだっ広くてものすごく暑かった。一八七九年に、エジソンという名のアメリカ人が熱を発するガラス球を商品化していたのだが、その技術が最近になってバンコクにも持ち込まれ、ホテルのオーナーは大喜びだった。あまりの嬉しさにオーナーは昼も夜も電球をつけっぱなしにし、電球はジージーと音を立てながら煌々と輝き、熱を発し続けたのだ。ホテルが寝静まると、フェアチャイルドはテーブルと椅子を高く積み上げ、その上に登って大きなシャンデリアの電球を一つずつねじって消していった。真っ暗な中で彼は床に下り、積み上げた足台を解体すると、床を這い回るゴキブリのシャカシャカという足音の中で眠ってしまった。

新年早々、フェアチャイルドとラスロップには驚きが待っていた。アメリカ政府には熱帯植物の挿し穂を受け取る用意ができておらず、仮にできていたとしても、猛暑と厳寒が交互にやってくるチェサピーク周辺の土地は、常に温かい気候に慣れている植物の栽培には不向きだった。フェアチャイルドはあることを思いつき、ラスロップもすぐにそれに同意した。つまり、二人の植物採集旅行は熱帯に拠点が必要だったのだ。

ハワイへ進出

地図を眺めれば、ハワイほどそれに最適な場所はなかった。太平洋に浮かぶハワイ諸島は、都合良くアジアと北米の真ん中に位置しており、一八九七年にはすでに、少なくとも法律上はアメリカ領になっていたのである。

アメリカ合衆国は、ハワイ王国にとって、その最も豊富な生産物である砂糖の最大の貿易相手国になっていた。アメリカが砂糖を無税で輸出する権利を与えたのと引き換えに、ハワイの王族は一八七六年、島の南部にある真珠湾という小さな入り江にアメリカ軍の基地を置くことを許可していた。四万人弱いたハワイの原住民は、少しでも妥協を許せばハワイにおけるアメリカの存在の拡大につながるだろうと心配し、この協定に抗議した。そして彼らは正しかった。米海兵隊は抗議活動を鎮圧し、一九世紀が終わる頃には、ハワイ諸島の中央に位置して首都が置かれているオアフ島に一般のアメリカ人が住むようになった。一八九三年一二月、政権の二期目だったグローバー・クリーブランド大統領は、ハワイの合衆国への併合を公式に検討し始めた。それは難しいことではなかった（最終的には彼の次の大統領となったウィリアム・マッキンリーがそれを実現した）が、政府がそれを検討している、というだけで、事実上、アメリカ人が考え付くあらゆるビジネスにハワイという市場が開かれたのだ。

フェアチャイルドとラスロップは、それからの一か月、オーストラリアのように大きな島からフィジーのように小さな島まで、南太平洋のあちらこちらを見て回ることにした。採集する価値のある植物を探し、その枝や種を集める。だが一番の目標は、南国の拠点を見つけることだった。ハワイなら、土地の所有者を説得して、実験用の農園のために土地を寄付してもらえるのではないかと二人は想像した。寄付してもらう、というのが肝心だった。もちろんラスロップには土地を買うこともできたし、もしかしたら島ごと買うことも可能だったかもしれない。だが、現在の土地の持ち主は事実上、二人が送る植物の受領者だ。世界中から届く包みを快く受け取り、外国の植物を輸入するという、壮大だが曖昧な計画に加担しなければならない。

ラスロップとフェアチャイルドの間にあった緊張は、二人が互いの感性に慣れるにつれて、毎日少しずつ、ゆっくりと解けていった。ラスロップが苛立ちを爆発させる頻度は減っていき、フェアチャイルドは日々自分に、ものごとをてきぱきと決めるよう言い聞かせた。ラスロップの行動は予測がつくようになり、フェアチャイルドは、ひっきりなしの自分語りも含めて、ラスロップの振る舞いに敬服するようになった。

「バーバー叔父さんは優れた談話家だった」――太平洋でともに過ごした最初の頃のことを、フェアチャイルドはそう回想している。「船上では彼は必ず船長と同じ食卓に着いたし、彼のいる食卓はいつでも、愉快で知的な会話で生き生きとしていた。彼の話は常に品格があって、下ネタを持ち出すことは決してなかった。よく覚えているが、あるとき喫煙室で見知らぬ乗客が、『ご婦人のいるところでは話せませんが』と前置きして口を開こうとしたとき、皮肉たっぷりに男を叱りつけたことがあった。彼はそんな低俗な言い訳をせずとも聞く者を引きつけることができたのだ。私とそういう話をしたことは一度もなかったし、性を売り物にした話はしたことはなく、耳を傾けようともしなかった。

「当時、旅行に関連することの改革者として彼に勝る者は世界のどこにもいなかった。そして、出会った人が誰であろうと、隠れて不正を行ったり嘘をついていると思えば、金に糸目をつけず、とことんそれを暴いた。客室係や乗務員統括責任者に不誠実な行為の疑いがあれば、どんなことをしてでも彼らをクビにさせた。とにかく、それが社会に対する彼の務めだと思っていたのである」

フェアチャイルドがラスロップから学んだ有用なことの一つが、ただ無闇に探すのではなく、人にどんどん質問をした方が植物が見つかりやすい、ということだった。ある夜、バンコクに暮らすアメリカ人医師が主催したディナーパーティーで、フェアチャイルドは同席の人々に、「シャム〔訳注：タイの旧称〕で一番素晴らしい果物は何ですか？」と書いた名刺を回した。

裏に走り書きされて戻ってきた名刺を、彼は生涯手放さなかった。そこには「ワンピですね」と書かれていた。

こうしてフェアチャイルドのワンピ探しが始まった。色が薄くてザラザラした皮を持つ小さな柑橘類で、木になるのでなかったら、黄色いブドウのようにも見える果物である。二時間経たないうちに、フェアチャイルドはワンピの果樹園を見つけ、ポケットいっぱいの枝を採取した。今回は先に許可を求めず、見つかったら謝るつもりだった。この作戦のおかげで、やがてワンピはカリフォルニアとフロリダに育つことになる。ただしアメリカで市場占有率がより高くなったのは、土壌や水について我儘を言わない近縁種のキンカンだった。

訪れる先々で、フェアチャイルドは故郷の友人たちに手紙を書き、ラスロップの奇妙さを面白おかしく描写し、遠く離れた土地の様子を伝えた。そんな手紙の一通で彼は、バンコクで起きたある「理解できない」出来事について書いている。彼は、一人の男が川に落ち、泳げないため狂ったようにもがきながら、岸にいる人々に助けを求めるのを目撃した。フェアチャイルド自身は遠すぎて助けることのできないところにいたのだが、その男の生命を救うことのできる場所にいた誰もがそれを拒んだのである。当時の仏教哲学によれば、その男を助けた者は彼のそれ以降の行動に責任を持つことになり、その中には、彼が犯すかもしれない犯罪も含まれていた。彼を救うのはあまりに大きなリスクが伴う行為だったのだ。そうして数分後、男は溺れて死んだ。

オーストラリアからフィジーへ

一八九七年においてさえ、シドニーは驚異的な大都会だった。オーストラリアは東半分の全体が冬季の干ばつでカラカラに干上がっていたが、春になると大雨が降って埃っぽい土地に緑が生い茂り、港の深い青との対照でその緑はますます鮮やかだった。ラスロップとフェアチャイルドはノースジャーマンロイド社が運航する遠洋定期船でオーストラリアに上陸した。非常に豪華で、マーク・トウェインが「最も素晴らしい」旅の手段というお墨付きを与えたこともある航路である。

二人が乗った蒸気船スマトラ号には、男性用の喫煙室と女性用の応接間があり、非常に堅固に建造されていたため、干潮で船底が水底の泥を擦っても傷つくことなく航行を続けることができた。ラスロップはこのことを知っていたが、フェアチャイルドは知らなかった。ある夜、船が振動していて沈没するに違いないとパニックを起こしたフェアチャイルドがラスロップを揺り起こすと、ラスロップは寝返りを打ち、「まさか、そんなはずないだろう。砂州を越えるところだから水が浅いんだよ、ベッドに戻りたまえ」と寝ぼけ眼で彼は言った。

オーストラリア人は口数が少ない。質問に何と答えていいかわからなければ、そっぽを向いて行ってしまう。かつて英国が罪人の流刑地として使ったこの広大な土地で、その存在をフェアチャイルドが確信している唯一の植物であるユーカリの木立ちを見つけるには、かなりの時間がかかった。ユーカリの木は彼が想像したより大きく、アメリカ西部のセコイアにも負けない背の高さだった。彼が見上げていると、孔雀のような尾をしたコトドリが横切った。フェアチャイルドは立ち止まり、あっけにとられてその鳥を見つめた。

ラスロップが日々、ホテルで読書をしたり最新の危機一髪の冒険譚で訪れる人を楽しませたりしている間、フェアチャイルドはあちこちを探索した。彼は数種のユーカリ（ユーカリの種類は五〇〇以上あった）の枝から挿し穂を切り取った。アメリカのどこかで育つかどうか興味があったのだ。ユーカリの木は木陰を作るだろうし、北米には天敵がいないはずだった。

ある日一人の男が、フェアチャイルドの話し方に注意を引かれて彼をじっと見つめた。ネイサン・コッブもまたアメリカ人だったが、アメリカから遠く離れたこの土地では、同郷であるアメリカ人を見かけることはめったになかったのだ。コッブは線虫類の専門家で、新設されたばかりのオーストラリア農務省の誘いを受け、より良い小麦の栽培方法を研究するためにやってきていた。開発途上の政府、とりわけオーストラリアのように宗主国から金を与えられている国では、より効率的に食物を育てようと考え始めていたのである。

アメリカ人としても、科学者としても、コッブはフェアチャイルドとラスロップの計画を素晴らしいと思った。彼はフェアチャイルドに、これまでに行ったすべての場所についてあれこれ尋ねた。それからフェアチャイルドを自分の研究所に連れていき、木製の台の上の、回転する円盤を見せた。その円盤は、鋭く尖った歯科用のピックで固定された小麦の粒を中心にして水平に回転するようになっていた。一台のカメラが八つの異なった角度から小麦の粒の写真を撮り、それらは現像されたのち目録化されて、農家がより優れた品種を判定できるようにするための研究が行われていた。

当時、小麦についてはわかっていないことが非常に多かった。またこれほど細密な研究はかつて行われたことがなかった。あらゆる穀物の中で、小麦、ライ麦、オーツ麦はパンを作るのに使えるのに、米やトウモロコシや雑穀は焼いても膨らまないのはなぜなのか、誰にもわからなかったのである。コッブは小麦の粒の殻を分析した。すると、焼く前のパン生地を膨らませる炭酸の気泡を保持する役目を果たすタンパク質が見つかった。こうしてコッブはグルテンの発見者となったのである。

コッブを夕食に招かなければ失礼にあたるので、フェアチャイルドはラスロップに、夕食時にコッブがホテルにやってくると告げた。オーストラリア人は、特別なことがあると、羊肉のミートパイ、カレー、ラムチョップを食べた。三人は湯気の立つ料理とたっぷりの酒を囲み、このときだけは、フェアチャイルドが会話を仕切り、ラスロップは黙って聞いていた。

フィジーの人々は氷を見たことがなかった。人類誕生以来ほぼずっと、凍った水というのは冬にだけ起きる忌まわしい現象とされ、赤道に近いところにはほとんど存在したことがなかったのだ。一九世紀になって、ボストン出身のチューダーという男が熱帯に氷を持ち込んで大金持ちになった。だが、涼しい風が世界中のどこよりも気温を快適に保つフィジー諸島には、彼の足跡は届かなかったのだ。

フィジーの戦士の一群に初めて氷を届けたのはデヴィッド・フェアチャイルドだった。彼は船の冷蔵室から、友好の印として氷を運んだのである。

「カタカタ!」と首長が叫んだ。フィジーの言葉で「熱い」という意味だ。彼は氷の塊を落とし、さかんに促されてようやく拾い上げた。熱いのではない、と彼は気づいた。とても冷たいのだ。それを口に入れてみては、と誰かが言うと、言われた通りにした彼はにっこりして、だんだん小さくなる氷の塊を居並ぶフィジーの男たちに回した——男たちは一人ずつ、氷を舌の上に置いては次の人に渡したのである。誰もが笑顔になった。クスクス笑い出す者もいた。

フィジーには「人食い人種の島」というあだ名があるが、その理由は文字通りのものである。それは少しも恥ずべきことではなく、人間を食べることはこの国の、数ある文化的特徴の一つとなっていたのだ。長い航海の末、ポリネシア諸島に定住した人々は、必要に迫られて人肉を食べるようになり、後にフィジーと呼ばれるようになる諸島に達したときにもその習慣が続いた。人肉を食べることは、優れた陶器や木彫りを作ることと同様に、フィジー人なら当たり前のことだったのだ。戦いに負ければ、敗者の骨は勝った者の家の床下に投げ込まれ、王を怒らせれば、その胃の中に収まることにもなりかねなかった。

人食い、すなわちカニバリズムの風習についてのフィジー側の言い分——どうやってそれが始まり、他の初期文明と比べてずっと長い間それが続いたのはなぜなのか、という口述による歴史——は、歴史の中で大方失われてしまった。カニバリズムに関する最も鮮明な記述は、カニバリズムの最盛期であった一九世紀にフィジーを訪れ、その文化と島人を悪魔であるかのように扱うことが楽しくてたまらなかったらしい数人の西欧人によるものである。

「彼らは殺人を紳士的な功績と捉え、若者は、少なくとも一度は殺人を犯さなければ社会的に認められない」。一八七五年六月、サクラメント・デイリー・ユニオン紙はそう報じている。人肉を食べることが最も多かったのは裕福な者で、一般の人々は時折、バカロと呼ばれる、頭や腕の肉の小片の相伴にあずかった。人肉は大変な人気で、「バカロみたいに美味い」というのが料理の最高の褒め言葉だった。

歴史上この時点ではすでに、ほとんどの文化においては、他にどうしようもない状況を除いて他の人間の肉を食べるという行為は行われなくなっていた。だがフィジーだけは違ったのだ。このことは、食の傾向がいかに文化的なものであり、倫理観と深く結び付いているかを物語っている。当時、世界の大方がフィジーに対して、倫理観から激怒するのではなく一種諦めを伴った非難をするに留まったのは、カニバリズムがあるから島社会が安定している、という仮説があったからだ。限りある土地で人口が増えることによる問題に対処するには極端な解決法が必要なのだ。かつては食料の不足が原因だったカニバリズムは、フィジーの文化が、限られた資源——もっとあからさまに言えば、女性——をめぐって年長の男性と若者の間に起こる緊張を和らげる手段となったのである。

一八八三年にフィジーを訪れた探検家、アルフレッド・セント・ジョンストンは、フィジー人は実際に人肉の味を好むようだ、と世界に向けて発信した。聞いたところでは、ちょっと豚肉に似ているが、もっとやわらかくて味が濃いようである。男性は妻に対して絶対の権威があり、従って妻を殺して食べることもできた。新しいカヌーの命名といった式典の際には、新しいカヌーに使われる厚板一枚につき少年一人が生贄にされ、カヌーを進水させる際にはさらに生贄が必要だった。そしてそれは娯楽になった、とジョンストンは書いている。


かつては定期的に、見物人が座るための一段高くなった石で囲まれた円形の広場で殺戮が行われた。この円の中には、頭を叩き割るための大きな岩が置かれており、次のようにして使われた——すなわち、二人の屈強な男が犠牲者を捕まえ、それぞれに片手と片足を持って持ち上げ、頭を進行方向に向けて全速力でその岩に向かって走る。犠牲者の頭が岩に叩きつけられて脳が飛び散るのを見て見物人たちは打ち興じるのである。

岩に叩きつけるのは、普通なら——赤ん坊なら確実に——一度で十分だったが、成人の場合、何度も行われることもあった。死体の皮を剝いだ後、男たちは剝いだ皮の中に熱した石を入れて均等に焼く。一番人気があるのは親指と手の平のようだった。

だがフェアチャイルドとラスロップがこのような目に遭う可能性はほとんどなかった。英国人がフィジーに上陸し、キリスト教的倫理観によって文化批判をするようになり、殺人、恥、悔恨の念といった概念を事実上初めて持ち込むと、文化的行為としてのカニバリズムは衰退していったのである。一八九〇年になる頃には、カニバリズムの風習はほとんど消し去られていた。例外は人肉の味が忘れられない少数の長老たちだったが、彼らはフェアチャイルドの肉には興味がなかった。フェアチャイルドのように白い肌は、不味いし、病気になる可能性があると考えられていたのだ。

フェアチャイルドとラスロップは、幅三三〇メートルのバウ島で、フィジー最大の民族の一つの王と謁見した。伝説によればこの島は、フィジー人女性たちが、瓦礫を入れた籠を何十年間もサンゴ礁の浅瀬に投げ入れ続けて人工的に島の幅を広げたのだという。通訳の混乱のせいで王は、ラスロップはアメリカの大統領でフェアチャイルドはその秘書官だと思い込んだ。笑うと裸の腹が揺れる王はこの謁見を大層光栄に思い、数人の女性にカバセレモニーの準備をするように命じた。飲むと口の中がピリピリして麻痺する飲み物を客人に振る舞おうというのだ。

女性たちが輪に加わった。女たちは乳房を揺らしながらカバのつるを刻み、それから根を噛んで繊維状にする。フェアチャイルドの興奮は嫌悪感に変わった。「女たちは一人ずつ、自分が噛んだものを水の入った大きなボウルに入れて歩き去った。セレモニーを仕切る者がそれを手で掻き混ぜ、ココナッツの繊維をその中にくぐらせて、不純物の一部を取り除いた」とフェアチャイルドは回想している。フェアチャイルドは律儀にその液体を飲んだが、後日、ラスロップが自分に注がれたものを地面に捨てたことを知った。

小型のモーターボートでフィジーの島から島へと移動する二人の持ち物は、しばしば野生のブタに荒らされた。フェアチャイルドが自生のヤシの木から採った挿し穂は、腐ったり、慌ただしい移動の中で紛失したりした。この調査旅行における植物採集は今ではおまけになっていた。採集した植物を植える場所ができるまでは、そんなに一生懸命に採集する必要はない、とフェアチャイルドは自分を納得させた。

サトウキビとハワイ王国の崩壊

ホノルルまでは一〇日以上かかった。ラスロップは以前にも二度来たことがあったが、フェアチャイルドにとっては、西にも東にも、これほど遠くまでは来たことがなかった。

ハワイを最初に発見したのは、この島にあるサンダルウッドのジグザグに交差した木目に魅入られた中国人の船乗りたちだった。だがアメリカ人やヨーロッパ人は、もっと実用的な利益をそこに見出した——農作物、特にサトウキビだ。この発見によって、一〇〇年近く続いたハワイ王国の崩壊が始まったのである。

ハワイ王国最後の国王となった女王リリウオカラニには、アメリカ人を嫌う理由があった。リリウオカラニはわずかな兵力しかない軍隊を使ってアメリカ人を追い払おうとしたが、その試みは裏目に出た。一八九三年、アメリカ人とヨーロッパ人一三名からなる委員会は、クーデターを起こしてリリウオカラニを権力の座から追放した。ハワイはその農業における可能性を最大限に発揮していない、というのが彼らの言い分だったが、その本当の理由は、ハワイのすべて——土壌、気候、戦略的に重要な位置にあること——が、アメリカにとって有益だったからだ。さらに、マレー諸島やフィリピン諸島の好戦的な民族と違ってハワイの人々はおとなしかったので、アメリカがその支配下に置くことができたのである。

間もなく始まるシカゴ万博に世界中が夢中になっている頃、リリウオカラニの宮殿は包囲された。そしてその後間もなく、ハワイ王国はハワイ共和国となり、その最初の大統領にサンフォード・ドールが就任した。白い顎髭をカーテンのように真ん中から二つに分けたアメリカ人だ。ドールはその後約一〇年にわたってハワイを治める。彼の従兄弟であるジェームズは、世界最大のパイナップル製品の会社を作った。

フェアチャイルドとラスロップは、アメリカがハワイに進出していたため、ハワイでは何の問題もなく迎えられた。二人のハワイでの目的は植物を採集することではなく、土地と、植物学に理解のある有力者を見つけて挿し穂の受け取り手になってもらうことだった。計画では、ラスロップとフェアチャイルドがときどきその庭園の様子を確認しに来る。もっと良いのは、農務省から誰か他の者がやってきて、植物の状態を判断し、栽培に有力なものを農家に広めることだった。そうすれば、フェアチャイルドとラスロップは収集を中断せずに済む。

船がホノルル港に入る間、ラスロップはフェアチャイルドに作戦を説明した。ラスロップの裕福な友人たちを片端から訪ねる。彼らはもしかしたらラスロップと同じように、積極的な関心があるというよりは退屈しのぎにこの計画に参加しようと思うかもしれない。報酬を求められればラスロップはそれを聞き入れよう。だが彼らは頼み事をしていると言うよりも大義のためにそれをしているのだ。アメリカ合衆国を代表してそれを要求しているのだから。

二人が最初に訪ねたのは、禿げた頭と白い顎髭がチャールズ・ダーウィンを思わせるウィリアム・ブリガムだった。彼は地質学者で、ポリネシア諸島の遺物を収集しており、またたまた植物にも詳しかった。真珠湾のすぐ東にある彼の家で、フェアチャイルドは自分たちの計画を説明し、ブリガムが次々に浴びせる質問に答えた。アメリカの農家にはどうやって種を届けるのか？　誰が種を欲しがるのか？　農務省はこの計画を知っているのか？

フェアチャイルドには、仮定に基づいた答えしかなく、彼のコルシカ島での興味深い体験について再び語ることしかできなかった。

ブリガムは、五六歳という高齢であることを理由に計画への協力を断ったが、友人を紹介してくれた。同日、フェアチャイルドが会ったその友人とは、サミュエル・デイモンという政治家だった。だがデイモンもまた彼らの計画を気に入らなかった――あるいはただ面倒だったのかもしれない。フェアチャイルドらと会っている間、彼はほとんど二人と目を合わせることもせず、他人の利益のために土地を提供するよりも自分のランの世話をしたいと言った。

依頼する最後の人物は別の島に住んでいた。ハワイ諸島で最大で、諸島の名前にもなっているハワイ島である。フェアチャイルドは小さなボートで長い時間かかってそこへ行き、またしても目眩と吐き気に襲われながら這うようにして船を降りると、呻きながら木陰に何時間も横たわった。

彼は徒歩で、カリフォルニアでサトウダイコンを育てて富と名声を成したドイツ人園芸家、クラウス・シュプレックルスの家を訪ねた。シュプレックルスはまた、ハワイの王家滅亡の背後に働いた大きな力でもあった。彼自身がそのことに参画したわけではなかったが、ハワイの王家は彼に多額の借金があり、そのことが彼らを疲弊させていたのだ。

シュプレックルスがイエスと言うべき理由は山ほどあった。彼自身、熱帯の農作物、中でもサトウキビから利を得ていたのだし、アボカドやマンゴーといった珍しい果物など、ハワイで見られるようになりつつあった新しい農作物についても彼は非常に知りたがっていた。コーヒーもハワイの気候に合っているように思われた。だが、デイモンと同じく彼もまた、フェアチャイルドの申し出を面倒がった。ほとんど知らないに等しい旅人二人が緊急に送りつけてくる郵便小包を待つよりも、植物学的にもっと興味のあることが他にあったのだ。

遠征失敗

ハワイ島を去る前に、フェアチャイルドはオアフ島に戻る小型船に乗るのを少々延期し、タロイモの球茎をすり潰した、味のしないポイを食べてみたり、モロカイ島にあるハンセン病コロニーの管理人の男と話したりした。海岸を歩き、果てしのない水平線をじっと眺めた。最後に少々贅沢をして、馬車に乗ってマウナロア火山を見に行った。過去三〇〇〇年間にわたってほぼ五年ごとに噴火している世界最大の活火山だ。マウナロアの地下では、ハワイ諸島を形成したマグマが煮えたぎっていた。固まった溶岩の広がる風景を見回して立つフェアチャイルドは思った――これに比べたら、ベスビオ火山など大したことはなかったのだと。

ラスロップは黙ったままだった。言うことがなかったのだ。何人かの金持ちのうちの誰かから土地を確保するのは容易なはずだった。だがフェアチャイルドはそれに失敗したのである。ラスロップの名案は、フェアチャイルドが愚鈍なおかげで潰されてしまい、植物の探査という崇高な計画は、絵物語に毛が生えたようなものに過ぎないことが露見してしまった。

フェアチャイルドとラスロップは、ハワイを去る際の送別の儀式では花模様のシャツを着て、女性たちがプルメリアの花でできたレイを二人の首に掛けた。時折奏楽隊が物寂しい別れにアクセントを添え、船が港を出るときには、別れを歌うハワイの歌「アロハ・オエ」の、ゆっくりとしたやわらかなメロディーを奏でた。

ラスロップはしきりに帰国したがった。喜びも失望も長続きしない男なのである。彼は先のことしか考えず、自分の肖像画が壁に飾られているボヘミアンクラブに帰りたがった。サンフランシスコの北、レッドウッドの森の中で毎年クラブが行う夏の野営には間に合うだろう。面白おかしく披露できる新しい冒険談もいろいろある。

だがフェアチャイルドは自分の行末を思って暗かった。彼はナポリに行くためにワシントンDCでの仕事を辞め、ジャワに行く夢を叶えるためにドイツでの仕事を辞めていた。そして今、そのためにジャワでの研究を放棄した非現実な計画が泡と消えたのである。サンフランシスコに着くと、彼は数日間、失意のうちにラスロップと過ごしたが、西海岸の初夏ならではのサンドレスに目が行って仕方なかった（「生まれてこのかた、あの日のサンフランシスコほど、美しくて身なりの良い女性をたくさん目にしたことはなかった」）。ラスロップは、あたかも父親が息子を一日学校に置いていくかのように平然としてフェアチャイルドに別れを告げた。口にしたことはなかったが、ラスロップの態度には失望が表れていた。「ラスロップ氏は、ときに自分がした『投資』に疑念を抱いているのではないかと感じることがあった」とフェアチャイルドは書いている。計画が頓挫したのは金のせいではなく、遂行能力の不足だった。ラスロップは自分がそれを持っているとは一度も言ったことがなく、フェアチャイルドに求めたのがまさにそれだったのだ。

遠征が終わり、野望を打ち砕かれたフェアチャイルドは大陸横断鉄道に乗った。途中カンザスに立ち寄るつもりだった。アメリカを後にしたのは三年前であり、両親を最後に見てからはその倍の年月が経っていた。遥か彼方のジャワにいる息子から便りを受け取った両親には、彼が戻ってきたことが信じられなかった。

母親のシャーロットは初め彼のことがわからなかった。ジョージ・フェアチャイルドは、対等の仲間にするような握手で息子を迎えた。二人の生活は暗転していた。一〇年前、ジョージはカンザス州立大学の学長となったが、ポピュリズム（大衆迎合主義）と呼ばれる政治運動が、支配者層や企業が持つ権力に対する恐れを引き起こした結果、彼は職を追われたばかりか、放火によって家まで失ったのである。だがジョージは冷静で、我が身の不運にも動じなかった。彼はシャーロットとともに、ケンタッキー州に移って新しい仕事を見つける準備をしているところだった。

何度かの夕食でフェアチャイルドが、ジャワのドリアンという果物のこと、フィジーで現実にカニバリズムが行われていること、バーバー・ラスロップが変わった人物であることなどを話して聞かせた後、ジョージとシャーロットはともに、ワシントンＤＣに戻るよう息子に勧めた。カンザスは、見聞が広く、野心のある若者のいるところではない。努力すればきっと元の仕事に就き、政府内で出世ができるに違いない。

駅から離れていく列車から、フェアチャイルドは彼に手を振っている両親を見て微笑んだが、彼が両親を見るのはこれが最後になった。蒸気機関車は徐々にスピードを上げ、彼は自分の席に沈み込んで、首都で彼を待っている現実を思った。二つの川に挟まれている街、ワシントンＤＣに着くのは八月の、一番湿度が高い時期だ。ポケットの中にある金が全財産、住む場所もなく、そして何よりも、学歴のある二八歳の青年にとって辛かったのは、仕事がないということだった。

第2部

世界を股にかける

6章　大義はひとつ、国も一つ

ワシントンDCの、一一番街とペンシルベニア・アベニューが交差するところには、ハーヴェイズ・オイスター・サルーンというレストランがあった。首都であるワシントンDCは牡蠣が名物で、ハーヴェイズは貝類の名店だった。レストランの名前は、南北戦争の後、牡蠣の食べ方をいろいろと工夫した兄弟が付けたもので、彼らは牡蠣を蒸したり、ローストしたり、焼いたり、揚げたりしてみた後、薄い塩水で蒸して食べるのが一番美味しいという結論に達した。毎日荷車から溢れんばかりに届く牡蠣は、わざわざチェサピーク湾から仕入れられたものだったが、店のレイアウトも同様に、よく考え抜かれていた。一階は男性用フロア、二階は女性用、そして三階には金持ちのための個室が並ぶ。建物には四階はなく、左右の建物と高さを揃えるためにファサードだけがあった。

エイブラハム・リンカーンからフランクリン・ルーズベルトまで、すべての大統領がハーヴェイズで食事をした。一八九七年の夏にデヴィッド・フェアチャイルドがワシントンDCに舞い戻ったときに大統領だったのはウィリアム・マッキンリーで、マッキンリーが店に来ている、という知らせは、牡蠣の殻を載せた皿が給仕用エレベーターで三階から一階まで運ばれるよりも素早く伝わった。話し方が穏やかで口数も少ないマッキンリーは六か月前に大統領に就任したばかりで、話し合いによって合意を形成するというのが彼の施政のスタイルのようだった。彼は誰とでも――敵対する者とさえ――話し合いを持った。今日の敵は明日は味方かもしれないのである。だが人々は、大統領が牡蠣を食べているということの物珍しさにもすぐに慣れ、賑やかな会話に戻っていった。ネクタイを緩めた背広姿の男たちのがやがやという声はやがてピアノの音に掻き消された。

ワシントンDCに戻ったフェアチャイルドは、最初の幾晩かハーヴェイズで食事し、太平洋の土産話で友人たちを楽しませた。他のどんな話よりも関心を集めたのは、ウエストをキュッと絞ったドレスを着たサンフランシスコの女の子たちのことだった。

旧友ウォルター・スウィングルとの再会

ワシントンDCでの日々は、フェアチャイルドが思ったほど希望のないものではなかった。職も住む家もなかったにもかかわらず、彼にとってこの街はのんびりと平和に感じられた。一週間経たないうちに彼は、同じカンザスの平原育ちの旧友、ウォルター・スウィングルに出くわした。子どもの頃二人は、一緒にスウィングルの母親に勉強を教わったのだった。午後になり、スウィングルが、農家である父親が薪を割ったり放牧地から牛を連れ戻したりするのを手伝うときには、フェアチャイルドもときどき付いていった。爪を真っ黒にして働くそういう午後は、厳格な学者である自分の父親との生活からの息抜きになった。それはまた彼にとっては初めての、単なる理屈に留まらない、農業の実践作業でもあった。

成長してからもスウィングルとフェアチャイルドはほとんど同じ道を進んだ。二人とも農業大学で植物学を学び、それから農務省の試験場に職を得たのである。スウィングルを推薦したのは二歳歳上のフェアチャイルドで、スウィングルが若すぎたため、彼の両親は、彼にその仕事がこなせるということを特別に保証しなくてはならなかった。皮肉なことに、今、スウィングルには仕事があるのにフェアチャイルドは無職なのだった。

スウィングルはフェアチャイルドの話が、中でもバーバー・ラスロップについての話が大いに気に入った。フェアチャイルドが描く、信じ難いようなそのラスロップという人物には会ったことはなかったが、フェアチャイルドが言葉の引用や物真似で描いてみせる人物像が面白かったのだ。フェアチャイルドは、スウィング

1893年。ウォルター・スウィングルは、カンザスの平原からワシントンDCへ、フェアチャイルドと同じ道を辿った。農務省では、職務室、顕微鏡、さまざまな化学薬品が与えられ、農作物を害虫から守る方法を研究した。

ルの口髭や服や立ち居振る舞いを、ラスロップ風に批判してみせた。この四年の間に、ラスロップは二度――一度はナポリで、もう一度はジャワで――予告もせずいきなりフェアチャイルドの前に現れて彼を驚かせたことがある。そこである夜、ハーヴェイズでの食事中、スウィングルはいたずらがしたくなり、ウェイターに金を渡してワイングラスを三つテーブルに運ばせ、そのうちの一つは間もなく到着する「ラスロップ氏」のためだと言った。フェアチャイルドが青ざめたのを見てスウィングルは大笑いした。

フェアチャイルドとスウィングルは、カリフォルニア・ストリートに下宿屋を見つけた。若い青年にしか部屋を貸さない老人から、それぞれ一部屋ずつ借りたのである。一八九七年の後半には、最上階を二人で占領していた。二人は旅のこと、将来のことを夜が更けるまで話し合った。ボンとライプツィヒの古典的な研究所で学んだスウィングルは、フェアチャイルドとラスロップがインド洋で立てていたかつての計画に魅了された。

それは大いにうなずける計画だった――アメリカには新しい農作物が必要だ。スウィングルは、十代の頃からずっと、農業が経済の成長に大きく貢献できると考えていた。一八九一年にフロリダを訪ねた後、彼は生涯、柑橘類に憑かれたように熱中した。その年、まだ二〇歳だったスウィングルは、ある集会に集まった大勢の柑橘栽培農家に向かって、誰か若い人間が世界を、とりわけアジアを旅して回れば、素晴らしい新種を手に入れられるだろうと言った。何なら彼自身が行ったってかまわない――しかも経費さえ払ってもらえればほんの僅かな予算で。だが彼の提案はにべもなく却下された。旅行は高くつくし、効率が悪い。しかも決して楽ではない。そんな仕事をしたがる輩には、その技量はないはずだ。それに、それほどの時間と労力をかけて何になる？　何か有用な結果が得られるという保証はないではないか。

だが今彼の目の前には、その野心を実現した、いや、少なくとも、他の誰よりも実現に近いところまで行った友人が座っていた。フェアチャイルドは、スウィングルがかつて夢に見た一種の探検家として数か月間を費やしたのである。一方フェアチャイルドはと言えば、自分の専門知識が高まったことがいかにも嬉しそうだった。ラスロップとの旅は、彼に自信と落ち着きを与えていた。アメリカの首都である裕福な街で、フェアチャイルドは自分が誰よりも農業に詳しいことに気づいたのである。この種の仕事に適任者がいるとしたら、それは自分だった。

可能性に触発され、スウィングルは自分たち二人、あるいはもう一人加えて三人グループを作り、世界を旅して植物をアメリカに紹介するところを想像した。うち二人はフルタイムで植物を探し――その役は交代にしてもいいかもしれない――あとの一人はワシントンＤＣに残って、送られた挿し穂を受け取るのだ。二人は「農作物ハンター」という肩書きを思いついた。気まぐれだが、あまりにも容易に思いつきそうな名前なので、二人はそれを同時に口にしたのだった。

二人のブレーンストーミングは、単なる若者の無邪気な思いつきと言うよりも、必要な時間と金と労力を、熟考して見積もるというものだった。二人は交代で試案を手書きし、優先事項を決めていった。計画には秩序が必要だ。二人とも、世の中がどうやって動いているかを理解していたし、アメリカほどの強大な政府に後援されることの重要性もわかっていた。ただ当てもなく誰かを旅に送り出すのではなく、希望のみならず事実に基づいて意思決定を行わなければならない。植物学者同士、二人は、どういった植物種が最も運搬しやすいか、どれが最も早く新しい農作物たり得るかを議論した。

ある夜、スウィングルはエジプトについて書かれた本を読んでいた。「おい」と彼が言った。「ナツメヤシは実をつけるのに一五年かかるんだと。この本に書いてあることが本当なら、ナツメの実で商売できるようになる前に俺たちは年寄りだな」

フェアチャイルドは顔も上げずに、その本は間違っている、と言った。

新興国アメリカの台頭

一八九八年七月三日の夕刻、フェアチャイルドとスウィングルの部屋が面する通りには人が溢れて騒がしかった。新聞売りの少年が「スター号外！」と叫びながら売り歩く遅版の新聞には、フロリダの南沿岸で起きたサンチャゴ・デ・キューバ海戦が報じられていた。

アメリカ独立一〇〇周年の前夜にあたるまさにその日、アメリカ合衆国は、もう一つの一大植民地勢力と衝突した——スペインである。その四世紀前、クリストファー・コロンブスはキューバをスペイン王家のものと主張し、それによって最終的に、コロラド川からティエラ・デル・フエゴに及ぶ帝国が築かれた。だがその領地は徐々に、一片また一片と奪われていき、ついに西半球でスペインが有する領地はキューバとプエルトリコだけになってしまった。そして今、キューバは独立を求めていた。アメリカは、自由を求める植民地の人々に同情的だった。

アメリカがキューバの味方に付いたことは意外だったが、それは、キューバを支援することによって、アメリカに非常に近いところにあるスペインの勢力を制圧できる可能性があったからだった。アメリカにとってこの衝突は、誕生一〇〇周年を迎えて間もないうちに、長年にわたって国際的優位性を保ってきた雄牛と闘う最初の大きなチャンスだったのだ。この戦闘について賛否が分かれていたとしても、ジャーナリストたちは反対意見をあまり伝えようとはしなかった。シカゴ・トリビューン紙は毎朝、一面トップに、星条旗と「旗は一つ、大義は一つ、国は一つ」というスローガンを刻んだ銅板画を載せた。

一八九六年の大統領選に、国家間での争いは避けるべきという政治要綱を掲げて出馬し、敗北したウィリアム・ジェニングス・ブライアンですら、キューバ解放という大義を熱烈に支持し、彼を大統領選で破ったウィリアム・マッキンリー大統領に対して公の場で「貴殿の指揮に協力させていただく」と述べている。植民地の人々の側に立つことは、彼らの解放だけでなく、砂糖やタバコといった貴重な作物の貿易路を護るのにも役立つということを政治家たちは知っていた。

キューバで威光を示すため、合衆国政府は堂々たる戦艦、メイン号の建造を命じた。だがアメリカの造船技術はスペインのそれには遠く及ばず、頭でっかちで装備も不十分なメイン号はスペイン艦隊には歯が立たなかった。が、結果としてそれはどうでもいいことだった。キューバにおけるメイン号の役割はアメリカのイメージを強化することであり、言ってみれば、貧相なアメリカ海軍に肩パッドをあてがうようなものだったのだ。ところが、一八九八年一月にキーウェストを出港して間もなく、メイン号は窓ガラスも割れるような大音響とともに爆発してハバナ湾の底に沈み、それは違った意味でのシンボルとなってしまったのである。

その後起こったことは、アメリカに知恵がついてきたことを――とりわけ、どんなときでも（危機的状況のさなかは特に）金儲けはできる、という長きにわたる信念の形成を何よりも如実に物語っている。新聞界の大立者ウィリアム・ランドルフ・ハーストとジョセフ・ピュリッツァーは、ニューヨークで発行されている互いの新聞と激しく競い合っており、それぞれが新聞を使って民衆の戦争に対する熱狂を駆り立て、それを新聞の売り上げ増加に利用した。ニューヨーク・ジャーナル紙とニューヨーク・ワールド紙はどちらも、トップの大見出しに、キューバでの戦闘の息もつかせぬような記事が続いた。そこではありとあらゆる詳細が報じられたが、唯一、メイン号の爆発への関与をスペインがきっぱり否定したことだけは報じられなかった（その後スペインの主張は、現代的な科学捜査によって概ね裏付けられている）。こうした興奮状態は議会まで届き、議会は三一一票対六票でスペインへの宣戦布告を可決し、同時にマッキンリー大統領が好きなように使える予算五〇〇〇万ドルを計上した。その戦争が起こるべくして起こったもの、あるいは正当なものであったかどうかは結局どうでもよかった。ハーストはその後下院議員になり、ピュリッツァーの名前は優れたジャーナリズムと同義になった。

ワシントンDCでは誰もがみな、一八四八年のメキシコとの対決以来最大の対外紛争であるこの戦争に夢中だった。政治家たちは戦いの見通しを喜んだが——アメリカの外交官の一人はこの戦争を「すばらしい小戦争」と呼んだ——同時に自分たちが始めたことに不安を感じてもいた。国会議員たちは、キューバに戦力を送り込みすぎ、ワシントンDCの護りが疎かになるのは愚かなことではないかと心配した。スペインの戦艦がポトマック川を上ってきたらどうするのだ。レーダーも、音波探知機も、信頼できる位置情報管理システムもまだなかった時代、そのような奇襲攻撃があれば勝負はつき、アメリカという国も終わりを迎えるだろう。

フェアチャイルドは、緊迫した国家が彼を必要とするところにことごとく存在しているかのようだった。無職の状態が何か月も続いた後、彼は、万が一スペイン軍が侵攻してきたときのためにポトマック川に遠隔操作爆弾を仕掛ける仕事を得た。彼の相棒フランク・ヒッチコックは、後に共和党全国委員会の会長となり、最終的にはアメリカ合衆国郵政長官となる人物だった。二人はポトマック川をボートで漕ぎまわり、数メートルごとに爆弾を沈め、小さな針金の起爆装置を仕掛けた。それが作動すれば、スペイン船の船体は木っ端みじんだ。フェアチャイルドには、ヒッチコックは頭が空っぽで不器用に見え、起爆装置を爆弾に取り付けるたびに不安でならなかった。ヒッチコックはなぜかいつも、電池パックを持って爆弾から離れたところにいる役で、爆破されて粉々になる危険のある役ではなかったのだ。

だがスペイン軍はワシントンDCには来なかった。メイン号の爆発の後、スペイン政府は過熱するアメリカの怒りを避けようと、船隊をまっすぐキューバに送り込んだのである。キューバに着くと、アメリカ海軍の船がスペインの侵略を阻んだ。陸上では、ラフ・ライダーズと呼ばれる義勇騎兵連隊が、四〇歳のセオドア・ルーズベルトに率いられて戦いを繰り広げた。この地上戦と海戦の組み合わせは、アメリカが手に入れたばかりの強さを見せつけることとなり、わずか数日のうちに、スペイン艦隊の大部分が甚大な損害を被ったり沈没したりした。

米西戦争と熱帯のフルーツ

たった一一三日間の戦いの後にスペインが敗北を認めたことで、新興国アメリカは初めて、世界で最も強大な国の一つを力で上回ることとなった。新聞の売り上げが伸びたことで戦争の恩恵に預かったハーストやピュリッツァーのような人々は、この機に便乗して、アメリカはれっきとした新興国家であると宣言した。わずか一〇〇年余りでアメリカは、虐げられた植民地から、自信に満ち、軍事的影響力があり、倫理的に優れた国家になった、とご満悦だったのである。

この戦争に勝利したことは、食べ物の面でも良い結果をもたらした。キューバに派遣されたアメリカ兵は牛肉の缶詰が支給されたが、これが何とも不潔で不味い代物で、戦後、病気になった兵士がものすごく多かったのはなぜだったのかと議会が調査したほどだった。兵が病気になってもアメリカが戦争に負けなかったのは、彼らがキューバで採れた熱帯の果物で食事を補っていたからだ。兵士たちは、これまで食べたことがなかった種類のバナナや、果汁たっぷりのライムやパイナップルに驚嘆した。完璧に整った五つの突起を持つスターフルーツのように、多くの者は見たこともない奇妙な果物もあった。ある意味で、果物がアメリカに勝利の力を与えたとも言えるのだ。そして兵士たちが帰還すると、こうした珍しい食べ物の話がアメリカ人の関心を呼び起こし、熱帯で手に入る新しい食べ物の多様性がその味覚を刺激したのだった。

農務長官ジェームズ・ウィルソンは長身で痩せぎすな男で、その灰色の顎髭、落ちくぼんだ目、薄くなった髪を見れば、彼が常に大きな問題に頭を悩ませているということがわかった。樹齢の高いオーク材を使い、絡まり合うつるや花々の彫刻を施した古いデスクの向こう側から、彼はデスクの前に座った三人の男を銀縁メガネ越しに見つめた。フェアチャイルドとスウィングル、それに農務省の試験場の責任者でフェアチャイルドのかつての上司、A・C・トゥルー博士だった。彼がいることで、これから要請しようとしていることに信憑性が加わることをフェアチャイルドは期待していた。

ジェームズ・ウィルソンはやり手の政治家で、その個性と抜け目のなさがマッキンリー大統領の眼鏡に適って農務長官に選ばれた。スコットランド人であるウィルソンは、一八五二年に、経済的に右肩上がりのアメリカで農業を営むべくアイオワ州に移住した。もともと上級官僚を目指していたわけではなく、聖書の言葉を散りばめた彼のスピーチを気に入った隣人が彼を官僚にしたのだった。ウィルソンの履歴書は、アメリカ史上最も奇妙なものの一つだった。彼は一八八二年に選挙に勝って国会議員となったが、再集計の結果、実は落選していたことがわかった。彼は開き直り、議会の運営手続きを利用して、二年間、対抗政党による彼の議席の正当性への抗議の声を封じ込めた。それから、任期が満了する会期終了まであと数分というときに辞職して、対抗馬に議員の席を譲ったのだった。

農業拡大時代の新規プログラム

ワシントン記念塔のすぐ近く、インデペンデンス・アベニュー一四〇〇番地にあるウィルソンの重厚な板張りのオフィスで、フェアチャイルドは、一八六二年にアメリカ農務省が創設されて以来、その主たる任務は植物の種子を頒布することである、と説明した。だが、一八九八年になる頃には、（農家を含め）多くの人が、議会が種を配るなどというのは金ピカ時代の戯言で、政治家が得をするだけで他の誰の役にも立たない、ばかばかしい制度であると思うようになっていた。パンジーと書かれた袋に入った種が、育ててみれば角のような形のキツネノテブクロだったり、紫色のペチュニアのはずがピンク色のスイカズラだったりすることも珍しくなかった。袋の表記が正しければ、農家は喜んでトウモロコシやジャガイモの無料の種を受け取ったが、かと言って彼らはそれを必要としていたわけではなかった。年間二〇万ドルの予算がついたこの制度は、利権がらみの過去の遺物となっていたのだ。それは農家がこれから農業を始めようとしていた時代のもので、農業を拡大しようとしている時代のものではなかった。

今、農家には以前とは別のものが必要だった。西部と南部の肥沃な農地が開拓されるにつれ、入植者たちは、金銭的な支援よりも、どんな農作物が栽培できるか、またどうやって害虫を防ぐか、といった見識を求めて、ほとんど日参で農務省に嘆願していたのである。フェアチャイルドの耳には、ミシシッピ川上流渓谷の農家が、東部の州で育つリンゴよりも耐寒性のある作物を欲しがっているという話が届いていた。南東部の入植者には、日照りに強い作物と灌漑の支援が必要だった。

フェアチャイルドはウィルソンに、その答えは農務省の中にはない、と主張した。それは海の向こうの、中国やエジプトなど、人々が何千年もかけて厳しい自然環境での農耕の仕方を身に付けてきたところにあるのだと。フェアチャイルドは、自分とバーバー・ラスロップの関係、また彼らが新しい植物をアメリカに導入しようとしたことをウィルソンに説明した。彼は、ワンピやドリアンやマンゴスチンの味を描写するのに慣れていた。どれも魅力的で導入する価値のある、アメリカでは誰も知らない味だった。だが、彼の個人的な好みはさておき、フェアチャイルドが不思議に思ったのは、非常に僅かなもので満足してしまう人間の性だった――手に入るものはものすごくたくさんあるのに。彼は、自分の考えをまとめるために詳細な覚書を書いた。

事情を知らない人のほとんどには、人間に役立たない植物に比べ、有用な植物の数はごく僅かに見えるに違いない。平均的なアメリカ人の夕食の献立に登場する農作物は一〇種類かそこらなのに、食用に栽培できる作物の種類は数百に及ぶのだ。私たちが生きるために頼っている作物の種類が少なく、同じ作物を栽培する農家が激しく競合し合う理由にはいくつかあるが、一番大きな理由は、人々の味覚が保守的なままであることだ。これは理不尽であると同時に、どうにもしようのないことだ。ドイツの農民にとってインドのコーンミールは家畜の餌にしかならないし、オランダの一部の地域の住民は、英国の市場に向けて運河沿いの土地で育てた羊の肉を、アメリカ人が馬肉を見るのと同じような目で見る。それがどんなに不合理なことに思われようと、新しい農作物の導入にあたっては、こうした事実を考慮しなければならない。

フェアチャイルドは、自分が人間の本質を変えられると考えるほど図々しくはなかった。だが、他の国と比べて、アメリカ人は味覚を拡大することに対して許容性があると信じる理由があった。若い国であるがゆえに、感化されやすいはずだ、と彼は主張したのである。

東海岸から西海岸まで四八〇〇キロにわたって広がり、メーン州北部の厳寒の冬からリオグランデ川流域のうだるように暑い夏まで、アメリカ合衆国は世界中のどこよりも多様な気候に恵まれていた。アメリカにない農作物について学ぶための試験的なプログラムを農務省が開始してはどうでしょう、とフェアチャイルドは尋ねた。失敗したらプログラムは閉鎖すればいい。だがもしもうまくいったら、アメリカの食生活には計り知れない恩恵となるはずだった。

フェアチャイルドは自分が採集に出かけることを求めたのではない。彼は、自分はワシントンＤＣにいてそういうプログラムを指揮すると提案したのだった。ヨーロッパへはスウィングルを送ればいいし、もしかして資金があればもう一人別の誰かを送ることもできるかもしれない。ほんの数千ドルと小さな事務所のスペースさえあればそのすべてが実行できるのだ。フェアチャイルドは、事務所の扉に表示する名前さえ考え、ノートに書き付けてあった――「植物導入事業事務所」。

「種子と植物導入事業部」設立

フェアチャイルドが話している間、ウィルソン農務長官は椅子の背にもたれかかってそれを聞いていた。彼の表情からは、彼が感心しているのが見て取れた。彼は指先でメガネをくるくると回した。そして痰つぼに唾を吐いた。

フェアチャイルドは用意周到だった。タイミングも良かった。まだ年半ばではあったが、一八九八年という年が重要な年であることは明らかだった――この年、アメリカの農業経済が大きなストレスを抱えていることが顕わになったのだ。ウィルソンの上司であるマッキンリー大統領は、その二年前、ウィリアム・ジェニングス・ブライアンに僅差で勝って大統領になったのだが、ポピュリズムに根ざしたブライアンの選挙活動は、農家、とりわけ、自分たちには高価で手が出ない機械化された農業の台頭に金銭的に圧迫されていると感じている農家を苛立たせていた。マッキンリーは運が良かった――ブライアンの支持地盤が形成されたのは、農家が「農民連合」と呼ばれる組織を作り始めた一八八〇年代に遡ることを考えればなおさらである。一八九〇年初頭には、農民連合はその勢いを増し、自分たちの政党「ポピュリスト党」を作ったほどだった。一八九六年にその党首だったブライアンは、大統領選勝利まで六〇万票というところまで迫ったのである。マッキンリーが次期大統領選に勝ちたければ、農家の不安を払拭しなければならなかった――それも使い古されたやり方ではなく、独創的なアイデアで。

ウィルソンが再び痰つぼに唾を吐いた。

それから部屋の外の男に声をかけると、男はすぐに部屋に入ってきた。

ウィルソンはフェアチャイルドの提案の骨子を男に説明した。

その男というのは農務省の支出担当官で、ちょっと考えた後、はい、農務長官が望まれるなら予算は捻出できます、と答えた。

ウィルソンはフェアチャイルドに視線を戻した。彼に再び農務省の職を与え、政府に支援されているという信頼性を与えてやろう。

ただし、彼は計画に二つの変更を加えたがった。

一つは、植物採集チームを、彼ら三人の若者に限らず、現在政府の仕事で海外にいる者すべてを含めるようにすること。彼らに、植物の種をこのプログラムに提供するよう働きかけ、良識的な範囲でその経費も支払う。こうすることでこの新事業のために植物を採集する者は、数名から、ひょっとすると数十名にもなる可能性があるとウィルソンは考えたのである。

もう一つの変更の中身がわかったのは二日後だった。ウィルソンはフェアチャイルドを呼びつけ、事務所にできるスペースを見つけたと告げた。フェアチャイルドとウィルソンが五階まで上るとそこには、天井に頭が届きそうな部屋があった。ウィルソンは壁にかかった小さな表札を指差した。「植物導入事業部」は、「種子と植物導入事業部」に変更されていた。

ダサい名前だった——種子は植物の一部ではないか。だがフェアチャイルドは、国会では種子と言えば受けが良いのを知っていたし、ウィルソンと農務省の経理担当を説得するのにそれが役立つなら、この重複を見逃しても良いと思った。ウィルソンはまた、古い馬車置き場を、フェアチャイルドが集めた植物の保管場所として確保していた。それは温室としてはみすぼらしいものだったが仕方がなかった。ウィルソンはフェアチャイルドとともに農務省の建物の外に出て、それを見に行った。

「植物に追い出されるなよ」。ウィルソンはそう言ってちょっとの間立っていたが、くるりと向きを変えて農務省に戻っていった。

たちまち次から次へと種子が届くようになった。ロシアのデュラム小麦。ヨーロッパからは、ブドウ、キノコ、そしてザクロ。当初フェアチャイルドのエネルギーは植物導入のプログラムを立ち上げることに注がれていたが、届いた種子をすべて保管できる場所を急いで見つけることがそれに取って代わった。他の部署からの書類や箱で溢れる温室では小さすぎたのだ。

フェアチャイルドは一日中、温室へ、また温室からあちこちへ種子を運んだり、暑い午後のさなかにオフィスに戻って書き物をしたりして過ごした。仕事の大半は、植物学ではなく手紙を書くことだった。海外にいる者は次の任務を知りたがったし、実験をする者は標本を、そして農家は喉から手が出るほど種子を欲しがった。

どうしたらこのプログラムがもっと広い範囲をカバーできるようになるかを調べるため、フェアチャイルドは自分でも種子探しに出かけることにした。ハワイは遠すぎるし、最近そこで失敗したばかりだったので、他に熱帯植物を探しに行くに相応しいところと言えばフロリダしかなかった。非常に暑くて湿度が高く、人がほとんど住んでいないところである。一八九八年には、マイアミの町を美女コンテストの参加者のたすきのように二つに分けるマイアミ川両岸の人口は、わずか一六〇〇人だった。フロリダが持つ可能性を高く評価する者はいなかったし、農家は特にそうだった。潮風の吹き付ける土地では、小麦もトウモロコシも育たなかったのだ。

このことはフェアチャイルドにもわかっていた。また、前回フロリダが新しい作物を導入しようとした試みが大失敗に終わったのも知っていた。それは一八二九年のことで、当時メキシコのカンペチェにいた米国領事ヘンリー・パーラインは、新しい農作物を求める政府の要請に応えた数少ない者の一人だった。彼はアメリカ大陸の植物にたいそうな関心を持つようになり、職を辞して、フロリダで試験農園を始めたのである。パーラインはフロリダの土地を政府に求めたが、先住民であるセミノル人が敵意を露わにしていたため却下された。

フロリダが駄目なら試験農園はできない、とパーラインが言い張ると、政府は彼に、フロリダ半島の南端にある九三平方キロメートルの土地を与えた。インディアンに対する用心のため、彼は妻と三人の子どもたちを、船でしか近づけない、インディアン・キーという小さな島に住まわせた。

だが、海は彼らを護ることはできなかった。一八四〇年八月、松明と弓を持ったセミノル人の一団がインディアン・キーを襲ったのである。パーラインは、アメリカ海軍の救援を求めて家族を舟で逃した後、自分はセミノル人との戦いに戻った。結局、彼は黒焦げの死体で見つかった。連邦議会がパーラインを褒め称える決議案を可決した後、半世紀にわたって、農作物の栽培を試そうと言う者はいなかったのだ。

フロリダの将来性

フェアチャイルドがフロリダを訪れたもう一つの理由は、マイアミ川の南岸の土地を寄付してもらえるという噂があったからだ。そこでなら導入された植物がうまく育つかもしれない。フロリダは東インド諸島とは比べようもなかった——フロリダの木々は丈が低く、緑はどれも同じ色をしていた。それでもその密集ぶりはジャングルと呼ぶに足りたし、さらに重要なのは、熱帯の木の特徴を持っているということだった。ヤシの木や、ときにはマンゴーなども、鳥や旅行客やキューバから帰還した兵士たちによって、すでにフロリダに持ち込まれ始めていた。

マイアミの近くでフェアチャイルドは、スタンダード・オイル社の共同創設者である裕福なヘンリー・フラグラーに面会した。フラグラーはフェアチャイルドに、開業したばかりの自分のホテル、ロイヤル・パームに泊まるように言った。それは五階建てで現代的な贅沢さに満ち、フラグラーお気に入りの黄色に塗られていた。このリゾートホテルにはフロリダでは初めてのエレベーターが設置され、プールの周りには、一周三二〇メートル近い木製の遊歩道があった。建物の正面には完璧な円形をした車寄せが宿泊客を迎え、敷地の遠いところでは、長いふわふわのスカートを穿いたご婦人方がゴルフに興じた。フロリダにはフラグラー以上の有名人はいなかった。周囲には何もないところで、この大金持ちは、将来的に、裕福なアメリカ人を惹きつけるであろう高級ホテルや大邸宅、そしてきちんと設計された庭園を作りたいと思っていた。一九世紀に創造的破壊者というものが存在したとしたら、フラグラーがまさにそれだった。フロリダ初の鉄道建設に出資した後、彼はマイアミ北部の砂漠をパームビーチに変えた——後にアメリカの億万長者が集まるところである。

フェアチャイルドがフロリダ南部を魅力的に感じたのは、そうした起業家精神も一つにはあったかもしれない。だが彼にとってもっと嬉しかったのは、フロリダが農業において大きな可能性を持っていることだった。「アメリカ国内に熱帯の地域があることに私は興奮し、私の心の中に南フロリダに対する愛情が芽生えた」と彼は書き記している。考えれば考えるほど、いつの日かフロリダは、何万人、いやもしかしたら何百万人という移住者で溢れかえるに違いないと確信した。アメリカにあって、ヤシの木、パイナップル、マンゴーといった植物が育つ可能性がある土地。人の住まない土地にしておくにはあまりにも魅力的だった。

だが、当時のフロリダは冴えない土地だった。フェアチャイルドは、マイアミに農業試験場を作るというアイデアに小躍りしてワシントンDCに戻ったが、連邦政府には土地を買う金はないし、政府が寄付を受け取るのは非合法であると告げられた。新作物導入の初期には、この類いの失望がたびたび起こった。かつて誰もやったことがないことをしようとしていたフェアチャイルドは、政府が効率的に仕事するのを妨げてばかりいる制度的な障害にぶつかったのである。だがフェアチャイルドの見るところ、彼の仕事はどんどん大きくなっていった。その年、冬が過ぎて春が来ると、二つの出来事が起こった。まず、苗木が芽を吹き始めて、それらを植樹する場所を決めることが火急になった。それらを適切に栽培できる施設は存在せず、毎日続々と苗木が芽吹いていたのだ。

猛烈な忙しさにさらに輪を掛けたのが、連邦議会がこのプログラムを支持し、アメリカの作物農家を助けるためにもっと多くの努力を、しかももっと迅速に行うべきと主張したことだった。議会はフェアチャイルドの事務所に新たに二万ドルの予算を与えた。若き科学者が一人で運営する、できたばかりの部門にとって、それはとんでもない多額の予算だった。フェアチャイルドはグレースという名の秘書を雇った。グレースは背中に長い三つ編みを垂らし、くるぶしまで届くスカートを穿いていた。フェアチャイルドより一〇歳ほど若いグレースは、フェアチャイルドが初めて出会った、植物に関心のある女性だった。

彼女の助けはあったものの、仕事のほとんどは依然としてフェアチャイルドの肩にのしかかった。彼は夜も土曜日も仕事をし、日曜日まで働くこともしばしばだった。ウィルソン長官は、退社時や出社時にフェアチャイルドのところにやってくるのが日課のようになり、まともな住処を探せと言ってフェアチャイルドをからかった。だが、スウィングルはヨーロッパで食用ブドウを調査していたので、フェアチャイルドに仕事のペースを落とせと警告できるような、彼に近い人間はいなかった。人は働きすぎると、神経衰弱という危険な状態に陥りかねない。そしてフェアチャイルドはまっしぐらにそこに向かっているかのように見えた。

ラスロップ、再び

「なんてざまをしてるんだ！」ある日の午後、フェアチャイルドの部屋に現れた人物が言った。手紙を書いている最中だったフェアチャイルドが顔を上げると、戸口を塞ぐようにして立っている長身のバーバー・ラスロップと目が合った。

ラスロップからは、フェアチャイルドとサンフランシスコで別れた後、何の音沙汰もないわけではなかった。フェアチャイルドはワシントンＤＣで何をしているのだろうと、ラスロップは何度も、ときに当を得た、ときに支離滅裂な手紙をよこしていた。時折フェアチャイルドが返事を出すとラスロップは喜んだ。ハワイでの計画は失敗に終わったが、ラスロップは、フェアチャイルドがワシントンDCで見せた創意溢れる行動力に感心していた。政府機関を説得して新しい局を作り、なんとかその運営に成功しているのだ。

だがラスロップはフェアチャイルドを褒めに来たのではなかった。実は、一年間一人で過ごした後、彼は再び自らの旅に意味を求めていたのだ。不意にフェアチャイルドを訪ねてきたところを見ると——そういうことはこれで三度目だ——再び旅の道連れもほしくなっているようだった。ぶっきらぼうで、どうやら人を褒めるということが不可能なラスロップは、自身の思うところを率直に口にした。

「デヴィッド、植物導入のための役所を作り上げる君の能力は、私が養鶏場を経営する能力とどっこいだよ——私は養鶏のことは何一つ知らんがね」

フェアチャイルドは椅子にもたれて微笑んだ。

「君は世界に知り合いもいない。どうやって種子や挿し穂を集めるつもりなんだ？　手紙じゃできんだろう。ワシントンDCからそれをやろうというのは、まるでピンチベックじゃないか」

それは最近の言い回しだった。ピンチベックというのは、金の代替品として、銅と亜鉛からなる安価な合金を発明した男である。だが、彼が言おうとしていることはフェアチャイルドにはわかっていた。フェアチャイルドが持っている植物学の学識は、換気の悪い政府の役所よりも、蒸気船の上で、また外国の波止場での方が役に立つ、とラスロップは信じていたのだ。ラスロップは、また二人で一緒に旅をしたいという絶望的なまでの切望を表すために、批判という方法をとったのである。

椅子に腰を下ろして詳細の話し合いに入ると、ラスロップは、前回と同様にすべての費用は自分が持つし、前回の旅で寄ったのとは違う港に行こうと約束した。

フェアチャイルドはこの申し出を、二晩寝ずに考えた。自分を信頼してくれた農務長官ウィルソンに対する忠誠心は次第に、ラスロップの言うことは正しい、という認識に取って代わられた。

「まったく賛成できんね」。それは立腹したウィルソンの非難の言葉の中では唯一穏やかなものだった。彼はフェアチャイルドを、責任から逃げ出すのかと責め、フェアチャイルドがあれほど懸命に創設を陳情し、自分の政治力を駆使して支援したプログラムを誰が引き継ぐのか、と問い詰めた。口には出さなかったが、ウィルソンはバーバー・ラスロップを忌み嫌っていた——彼がフェアチャイルドに与える影響を、無謀かつ無礼なものと思っていたのだ。ひょっとするとウィルソンはフェアチャイルドの中に、将来の農務長官を見ていたのかもしれない。真面目で独創的で仕事熱心な公務員であるフェアチャイルドは、目立たぬようにしていさえすれば出世するかもしれないと思っていたのである。だがラスロップに言わせれば、そんな人生を送るくらいならセイウチに食われた方がましだった。実際に面と向かうことなく、二人はフェアチャイルドの将来をめぐって争っていた。フェアチャイルドは、整然とした官僚主義の人になるべきか、それとも気まぐれな冒険紳士となるべきか？

長官との面談は不協和音のうちに終わった。

だが最終的にはウィルソンが折れた。形として彼がフェアチャイルドを解雇したのであろうとなかろうと、二人の関係は断たれたのである。フェアチャイルドの海外での努力の成果を受け取ることと引き換えに長官がフェアチャイルドに与えたのは、外国政府の頑固な役人を懐柔するのに役立つかもしれない、米国農務省の金色の標章つきの書面だけだった。ウィルソンは条件として、経費はラスロップが持つこと、また、諸外国から植物を入手するための予算は最大一〇〇〇ドルとすることを定めた。フェアチャイルドは長官に、自分が行きたいと思っている南米、インド、未開のアフリカ大陸には未だ知られぬ農作物があり、アメリカの農家に何百万ドルもの富が約束されていることを説明し、またウィルソンはフェアチャイルドに、ペルーの綿花栽培、チリの穀物産業、パラグアイでのオレンジの栽培方法などを調べるようにと提案した。にもかかわらず、ウィルソンはフェアチャイルドに給与を支払うことを頑として拒んだ。

　その日、そのことがラスロップに伝わると、彼はまばたき一つせず、フェアチャイルドの給与も自分が支払うと言明した。

7章　越境

白いテーブルクロスの上で、食器やクリスタルのグラスが震えた。フェアチャイルドが乗った豪華列車は、ワシントンDCから西へ、シカゴを通り、それから広大なプレーリーを通ってサンフランシスコに向かっていた。一八九〇年代の終わり、列車で西部に向かうのは、アメリカでは稀な、だが豪華で贅沢なことだった。東海岸から船でヨーロッパに行く人二〇人に対し、カリフォルニアに行くのは一人。チャールズ・ノードホフという小説家はこの頃、列車で大陸を横断し、それを詳細に記録してひけらかした。「カリフォルニアと聞くと、我々東部の人間は今でも、大きなサトウダイコンとパンプキン、荒くれ炭鉱夫、銃、猟刀、溢れる果物、ワインもどき、物価の高さが頭に浮かぶ。旅行者にとっては不快なことだらけな上に、平穏さを好む旅行者をさまざまな危険が襲う」とノードホフは書いている。一八四九年、カリフォルニアで始まったゴールドラッシュで流れ込む移民の数は、最も見つけやすい金塊がほぼ見つかってしまったと思われた一九世紀が終わる頃には、ごくわずかに減っていた。今では、西に向かう人をその友人たちは哀れんだ――自分たちこそ世界の中心であると思っているワシントンDCとニューヨークを結ぶ地域を、無謀にも後にして西へと向かう者たちには、厄介事や危険の数々が待ち受けているに違いないというわけだ。

フェアチャイルドが首都を去ると決めたのは正しかった、とウィルソン長官が認めたのは何年も経ってからのことだ。フェアチャイルドは籠の鳥にはなれなかった――彼の才能は、種子を受け取るという官僚的な職務をはるかに凌駕するものだったのだ。普通の二九歳の男性なら、世界に台頭しつつある大国の首都で、合衆国政府に雇われ、自分付きのタイピストと年収八〇〇ドルをもらえる安定した事務職に満足したかもしれない。

フェアチャイルドがもっと若かったら彼もまたそれで満足だったかもしれない。だが彼の野望は膨らんでいた――そしてそれは、勤め仕事をするより死んだ方がましだと考える一人の男の影響であり、その資産のおかげだった。

一方ラスロップは、フェアチャイルドがワシントンDCでの身の回りの始末をするのを待っていられるほど辛抱強くなかった。だからフェアチャイルドは一人でセントラル・パシフィック鉄道に乗り、何百キロも続くトウモロコシや小麦やオーツ麦の畑の中、大陸を横断したのである。一八九八年一〇月のことで、これらの作物がどれも不作だった冬が始まろうとしていた。その夏は米国大草原地帯に大変な大雨が降り、中西部のトウモロコシや小麦はさび菌による明るい黄色の斑点に覆われた。

アメリカ横断、そして南米へ

東から西へとアメリカを横断する長い陸の旅は、アメリカの変化を視覚的に鮮やかに見せてくれたが、フェアチャイルドにとってはほとんど印象に残らなかった。西部の辺境地には、まとまりがなくてハングリーな国、というアメリカの生い立ちが見事に具象化されていた。そしてそれはまた、アメリカの未来の姿を映し出してもいた。アメリカが優れた国であるという考え方は、英国に対する画期的な勝利から生まれたものだが、アメリカの自我が育つにつれて、そのエネルギーも高まっていった――まずは一八一二年に英国に対して二度目の勝利を飾り、一八六五年には奴隷制度という癌を排除したのである。こうした成功のたびに新たな愛国心が湧き起こり、西部の未開の地は、その向かう先としてどこよりも相応しかった。そこは事実上、アメリカにとって、野望の逃がし弁のような役割を果たしていたのだ。

それに比べるとヨーロッパは、とうの昔に土地を使い果たしていた。このことは、ヨーロッパにおける戦争や帝国崩壊の理由の一つである。だがアメリカでは、一八九〇年代にすべての土地の所有者が決まるまでは、西へ西へと進むことができた。アメリカの将来が予測できたとしたら、フェアチャイルドはこれらの草原にその予兆を見出していたはずだ。辺境の地がすべて入植者のものになれば、それはつまり、成長する国家に対する有り余った熱情を注ぐ場所がなくなってしまったということである。アメリカは、他の方法で拡大するしかなかった――海外へ、そして、それまで世界的に優位な立場に立ったことがなかった産業へ。たとえば農業だ。

今やフェアチャイルドにはラスロップの財布がついていたので、ニッケル・プレート鉄道［訳注：ニューヨーク・シカゴ・アンド・セントルイス鉄道のニックネーム］が貨物料金で乗る客に出すトマトとベイクドビーンズよりも良いものを食べることができた。大陸横断鉄道は、ニューヨークとサクラメントを、時速五五キロという、今までになく爽快なスピードで結んだ。それ以前の鉄道会社は、単に予定時刻通りに走ってさえいれば大成功で、過剰なサービスは不要だった。乗客が自分の食べるものを持ち込んだり、掘っ立て小屋のようなところで用を足す、という垢抜けない様子を見て、閃いた男がいた。アメリカ初のレストランチェーン、ハーヴェイ・ハウスを創業したフレッド・ハーヴェイである。鉄道の駅にできた一連のレストランでは、若い独身女性によって、美食家も満足する食事が、忙しい列車のスケジュールに合わせて手早く供された。一八九〇年にいわゆる旅行黄金時代が始まる頃には、鉄道は車内での飲食物提供が可能になり、人々は落ち着いて快適な食事を摂れるようになっていた。マトンチョップ、仔牛肉のカツレツ、ライチョウといったご馳走を、大量のフランス産シャンペンで流し込んだのである。

だが、人も羨むようなメニューも、鋼鉄のレールを走る鋼鉄の車輪が止めどもなく発する金切り音を隠すことはできなかった。霧深いアメリカ西海岸に到着したとき、満腹ではあったが疲れ切ったフェアチャイルドをサンフランシスコで待っていたのは、イライラしたラスロップだった。ラスロップは、一言の挨拶を交わす間もなく、船はすでに出航してしまったと言った――それに乗船するために急いで大陸を横断したフェアチャイルドとともに南米へ連れていってくれるはずだった船である。

次に南へ向かう客船が出港するニューオリンズへは、列車で少なくとも二週間はかかった。フェアチャイルドとラスロップは、時折太平洋岸に沿って進む、南行きの列車に乗り込んだ。列車はサンタバーバラに立ち寄り、フェアチャイルドは短い待合の時間、フランチェスコ・フランチェスキ博士を訪ねた。博士は大きな鼻をした植物愛好家で、フェアチャイルドに奇妙なウリを一切れ切って差し出した。彼はそれを「ズッキーニ」と呼び、もの珍しいそのイタリア語の名前を強調した。フェアチャイルドはズッキーニを見るのは初めてで、カリフォルニアでの味見の結果、国中の農家に頒布する作物としての資格は十分と判断した。原産は中米のどこかだったが、それを食用作物として開発したのはイタリアとフランスの先進的な研究所だった。自然はズッキーニを、まだ花がついたままの小さいうちに食べるものとして意図していた――イタリア語でズッキーニは「小さなウリ」という意味だ。後にシェフたちはこのことを無視して、ズッキーニの価値を大きさで判断するようになる。実が大きくなれば味が薄くなり、ときにはまったく味がなくなってしまうことさえあるのもお構いなしだ。そしてまた、ズッキーニという野菜はズッキーニという植物の子房が大きくなったものであり、つまりそれは実は果物である、ということを人々に思い起こさせようとする植物学者もいなかった。

フェアチャイルドとラスロップはさらに南下してロサンゼルスへ行き、それから一週間以上、メキシコ湾に向かって東へ進んだ。太平洋岸目指してワシントンDCを出てから一か月、フェアチャイルドはルイジアナに到着した。だがフェアチャイルドとラスロップがニューオリンズの港に着くと、一時間にも満たない差でパナマ行きの船は出てしまった後だった。今度ばかりはラスロップもうんざりした。彼は次のニューヨーク行き列車の切符を買った――ニューヨークからならば遅かれ早かれ南に向かう船が出るはずだった。

カリブ海の小さな島々

一か月にわたって国内を行ったり来たりした後で、三度船に乗り遅れるようなことがあったならば、ラスロップの固い決意も完全に崩れ去っていたかもしれない。だが結果的には、一八九八年一二月二七日、二人はニューヨークのクイーンズにある港から、アメリカ東海岸に沿って南下するジャマイカ行きの船で出航した。ロープやケーブルの索具は氷に覆われ、冷たい風でガチガチに凍った。毎朝、乗客の一人が船長に、船の緯度と経度を知らせるよう大仰な要請をした。何の実用的な目的もない要請である。旅行することの物珍しさなどとっくの昔になくなっていたラスロップには、こうした意味のない行動は鬱陶しいだけだった。

列車の旅と同様に、一八九〇年代の海の旅もまた豪華さの絶頂を迎えていた。大西洋を横断する船には「モーリタニア号」「マジェスティック号」といった名前が付けられ、高価な絵画、一流の書物を揃えた図書室、ラウンジ、高級板張りのダイニングルームが自慢だった。それに対してカリブ海を航行する航路はもっと一般の客層向けで、船の内装も海に浮かぶホテルと言うよりは定期往復便といった様相だった。とは言え、どんな船でも、ラスロップには必ず最高の船室があてがわれた。フェアチャイルドの船室は一般の乗客と一緒で、小さな部屋や二段になったベッドを別の客と共有することが多かった。ラスロップにはデスクがあったが、フェアチャイルドは床の上で書き物をした。

フェアチャイルドは、下船するやいなや植物探しを始めた。「ジャマイカのキングストンは、私が本格的に市場の調査を始めた最初の外国の港である」と彼は書いている。「新しい果物や野菜を味見し、アメリカに導入することが望ましいと思われる作物の種子と挿し穂を荷造りして送った」。人でごった返す市場で、彼は売っているすべてのものを味見した。その中には、まるで木のように大きい茂みに実る、赤や黄色の小さいトマトも含まれていた。そのトマトの果実は「厚い皮を剝いてから、砂糖とクリーム、または塩と胡椒で食べたり、リンゴのように食べたりする」と彼はポケットサイズのノートに記した。アキーと呼ばれる赤くてでこぼこした果物もあった。アフリカが原産だが、奴隷船でカリブ海沿岸に運ばれ、すぐに魚料理の付け合わせとして取り入れられたものだ。「非常に美味で、大切にされている。プエルトリコとハワイに向いている」とフェアチャイルドは書いている。

ワシントンDCの役所で一年間過ごしたことで、フェアチャイルドの荷造りはこれまでになく効率的だった。彼の初めての世界旅行がうまくいかなかったのは彼の知識が正確さと確実性を欠いていたせいかもしれなかったが、この二度目の旅では、彼は自分が時間をかける価値のあるものとないものを見分ける自信があった。

彼はすぐに、マンゴー、オレンジ、カカオなどの、鮮やかな色彩と甘さに注目した。彼はそれらすべてを味見した――ときには後ろをのんびり歩くラスロップを尻目に、混み合う市場を人を縫うように歩き、サンプルを口にしてはその価値を判定したのである。その際ラスロップは非常に役に立った。「ラスロップ氏は味覚が大変に優れている」ということにフェアチャイルドは気づいた。「我々が導入したものはすべて、ワシントンDCで皮肉たっぷりな批判を浴びるのだが、ラスロップ氏がその食べ物を『悪くない――と言うより実に美味い』と言ったものに関しては、『こんなもの、食えるもんじゃない』と宣った人に向かって、味覚が発達していないようですね、と言える」のだった。新しい味もさることながらさらに喜ばしかったのは、アメリカから八〇〇キロちょっとのところにある島、ジャマイカで育つものなら、フロリダでも元気に育つであろうと考えるのが妥当である、という立地的な都合の良さだった。

ある夜、二人はジャマイカの総督に夕食に招待された。非公式の訪問としてはこれ以上名誉なことはなかった。そして翌朝ラスロップは、次の訪問地に向けて発とうと言い出した。彼はことあるごとにフェアチャイルドに、世界を見たければ一か所に長く留まりすぎるわけにはいかない、と言っていたのである。フェアチャイルドは、あと二、三日滞在するようラスロップを説得し、キングストンの郊外に出かけた。そこでは、小規模な農場が、ここ以外は世界中のどこでも栽培されていない自給作物を栽培していたのだ。そうした農場の一つに着くと、奇妙な形をした果物があった。片方の端は球根のように丸く、反対の端は細くなっている。ベジタブル・ペア［訳注：ハヤトウリ］と呼ばれるウリ科の植物で、味覚が麻痺した舌でリンゴを齧ったかのように、果実はシャキシャキして淡白な味である。後日、ワシントンDCではチャヨテと呼ばれるようになった。「ラスロップ氏はチャヨテに夢中だった」とフェアチャイルドは書いている。フェアチャイルドはその味と、スクウォッシュと同様に、生でもいいし調理してもよく、さまざまな方法で食べられる点が気に入った。だが何よりも魅力的だったのは、何百というつるにたわわになっているところを見ると、チャヨテは栽培が簡単らしいという点だった。

フェアチャイルドとラスロップが、グレナダへ、さらにバルバドスへと船で南下する間に、種子を詰めた貨物が一つ、栽培方法の説明書とともにワシントンDCに到着した。新しい標本を採集するたびに、フェアチャイルドは絶えず梱包の方法を改良し、挿し穂の水分を護るためにはジャガイモと濡れたコケを交互に使った。スウィングルは、濡らしたシガレットペーパー、バナナの葉、水苔を試していた。フェアチャイルドもそれら全部を試し、また植物の運搬について地元の人たちにアドバイスを求めた。ほとんどの農家は何も知らなかった。植物学に関する専門知識があっても、種子を運ぶのは船であり、街の中を走るバスのように次から次へと港に立ち寄らなければならないという事実は変えられない。速達便もなかったし、仮に目的地に着いたとしても、運搬中にサンプルが枯れないという保証はなかった。

それでも、種子をアメリカまで届けるのはまだ易しかった。もっと大きな課題は、アメリカ人にそうした果物を実際に栽培させ、食べさせるということだった。そしてそのためには量が必要だった。新しい食べ物を探すというのは、単にその原産地で作物を見つけるということだけではない。学問的な知識は地球上のほとんどの人のそれに勝るフェアチャイルドを含め、誰一人として、世界で最も経済価値のある果物を、ただ単に小さな島から島へと短期間滞在するだけで見つけることなどできなかった。未踏の地を探索し、とりわけ食べ物を見つけるためには、外交的手腕も必要だったのだ。世界各地に、特派員の役割を果たし、アメリカへの贈り物として、あるいはただ単にそれがアメリカの土壌で育つかもしれないというスリルを求めて、種や挿し穂を提供してくれる研究者や植物愛好家を見つけなくてはならなかった。

フェアチャイルドは、そういう人物に出会うと、農務省のレターヘッドにしたためられた彼の紹介状を広げて見せた。紹介状はフェアチャイルドを「食の大使」と呼んでいた。「特別代理人」という肩書きに目を留める者はいなかった。金色の標章の方が目に鮮やかだったのだ。それが効果てきめんであることに驚いたフェアチャイルドは、刻印された農務省の標章を「ダゴ・ダズラー〔訳注：ラテン系の人の目をくらます者の意〕」と呼ぶことにした。

次の行く先はトリニダード島だった。フェアチャイルドはここがマンゴーの島であることを知っていた――少なくとも、東半球以外では最も味の濃いマンゴーだ。アメリカでは、マンゴーは知られていないわけではなかったが、ここトリニダード島ではさまざまな新種が見つかった。少なくとも、少しずつ違う品種が一〇種類以上あった。フェアチャイルドはそのうちの三種類を選び、数週間後にはそれらがワシントンＤＣに到着した。農務省の同僚はこれら三種類のマンゴーには決定的な問題があると言った。ゴードン種は大きいが風味に欠ける。ピーターズ・ナンバーワンは甘いが均等に熟さない。ペレ・ルイスは原産地では完璧だが、アメリカでは種子から安定して育たない。こうして三種類はすべて破棄された。

旅のリズムは次第に楽になり、最初の旅とは違ってフェアチャイルドとラスロップは互いを理解していたので、言葉を交わす必要もほとんどないことが多かった。時折、以前のようなすれ違いが起こることもあったが、それらはあまり目立たなかった。フェアチャイルドはご機嫌で、旅を長引かせることができればいいのにと願った。ラスロップはいつもほど短気ではなく、ただもう少し旅を急ぎたがった。

農家の不満

フェアチャイルドとラスロップがカリブ海の島々を巡っている頃、アメリカでは、植物導入という考え方が根付きつつあった。フェアチャイルドが農務省の職を辞したことを長官のウィルソンが苦々しく思ったのは、一つには彼自身、外国の植物を導入するということから活力を得ていたからだったのだ。ウィルソンは、自分が何か歴史に残る事業の先頭に立っていると感じていた――少なくとも、フェアチャイルドが辞職して先行きが不透明になるまでは。ウィルソンが一八九七年の農業についてまとめた報告書が一八九八年に発行されたが、そこには胸踊るような新しい取り組みが誇らしげに記されていた。「種子および植物の輸入を指揮するため、省内に科学者が一名任命された」と彼は書いている。「新種の種子や植物の導入によって我が国は益を得たが、その多くは手探りの状態で行われたのである」。彼が言わんとしていることは明らかであり、さも得意げだった。ウィルソンはさらに、「旧世界には、新世界にとって貴重な数多くのものが存在する」と続けた。

このことは広く公にする必要があった。アメリカは、懸命に努力と工夫を重ねれば繁栄につながる、という理念に基づいて築かれた国家である。ところがアメリカの農家にとって現実はそれとは真逆であり、彼らはそれを政府のせいにした。新聞には、最新の鉄道、新しく発見された油田、ウォールストリートで今一番上がっている株のことが誇らしげに報道されている。それなのに農業だけは、活気がなく、停滞しているように思われたのだ。一八八七年、農業専門誌『プログレッシブ・ファーマー』の編集部は、「我が国の産業システムは何かが根本的に間違っている」と書いた。

ネジが一本緩んでいる。車輪がバランスを失っているのだ。鉄道はこれまでになく好調なのに農業は衰退している。銀行業はかつてなかったほどの好景気に沸いているが、農業は顧みられない。製造業界は過去最高の利益を出す繁盛ぶりだが、農業には勢いがない。町や大都市は栄えに栄え、どんどん成長するが、農業は沈滞している。給料やサービス料金がこれほど高く、魅力的だったことはないが、農業は儲からないままである。

ワシントンDCに次から次へと寄せられる農家からの苦情は概して、彼らが金を要求しているのではないということが明らかだった。もちろん補助金に反対していたわけではないが、誰も、ただ金を配ることが問題の根本的な解決になると思うほど無邪気ではなかったのだ。

彼らは金が欲しかったのではなく、アメリカの拡大と復興に向けた政策が農業を完全にないがしろにしている、ということを認めさせたかったのである。土地は余っており、誰も彼もが同じ作物を栽培していた。トウモロコシ、小麦、綿花の巨大な山がこの国を飲み込んでいたのだ。一八七〇年のトウモロコシの値段は三五リットルあたり四三セントだったのが、一八九五年には三〇セントになり、販売量が多ければもっと安かった。一八七〇年には三五リットルあたり一ドル六セントだった小麦の値段は、マッキンリーが大統領に就任する頃には四〇パーセント近く下落していた。状況があまりにも悪化したため、トウモロコシの値段が石炭の値段を下回ったときには、カンザス州の農家はトウモロコシを売らずに燃やし始めたほどだった。現在のノースダコタ州とサウスダコタ州では、小麦の収穫と運搬にかかる費用の方が売れる値段よりも高かったので、小麦は収穫しないまま放置され、最終的には土に鋤き込まれた。

数十年前には、この問題を解決するのは簡単だった。状況が悪くなれば農家は、さらに西の、土地も成功の機会も、やり直す人たちもまだまだたくさんいる土地へと移動しさえすればよかったのだ。だが一八九八年には、土地はほぼ所有しつくされ、冒険には多額のリスクが伴ったので、農家は身動きできなかった。新しい種子、労働力、それに高価な機械を必要とする産業の中で身動きがとれなければつまり、借金という穴がどんどん深くなるばかりだった。

こうした問題に直面したのはアメリカが初めてではない。たとえば中国の人々は、アメリカが植民地という軛から解放される何千年も前から農耕を営んできた。エジプトの農民は人間の文明が始まった頃から土地を農業に利用してきた。ただアメリカの場合、その目的が単に農耕に留まらず、かつてどんな国の人々も構築したことのない、より大きくて収益の上がる、農業という産業を作ろうとしている、という点が違っていたのである。

自分が、人間の歴史におけるこの壮大な実験の一部であるということに気づいた者はほとんどいなかった。彼らは機能不全に陥った自国に腹を立てるのに忙しかったのだ。懸命に働けば大いなる報酬が与えられるという約束は、働けば働くほど貧しくなるという現実に裏切られた。

ウィリアム・マッキンリーが大統領に就任した頃、ウィチタでは、農業を営む四人の子持ちの女性、三七歳のメアリー・エリザベス・リースが、政府に対する不遜な態度で評判になっていた。彼女のところには使い途のないトウモロコシが山のようにあり、それは増え続けるばかりだった。「農民はトウモロコシの栽培を減らしてもっと政府に抵抗すべきよ」と彼女はしばしば口にし、政治家と、穀倉地帯の農民たちの苦悩をよそに彼らが見せる浪費行為を手厳しく批判した。攻撃した相手は彼女を嘲り、無視し、あるいは罵倒したが、彼女は一向に意に介さなかった。「政党は嘘をつくし、政治演説はまやかしよ」と、彼女は中西部の人々に向かって言った。「畑に出てたんまり作物を育てろ、必要なのはそれだけだ、とあいつらは言った。だから私たちは畑に出て土を耕し、種を蒔いた。雨が降って、日が照って、自然は私たちに微笑んだ。そしてあいつらの言う通り、たんまり収穫した。その結果どうなった？　トウモロコシは八セント、オーツ麦は一〇セント、牛肉は二セント、バターと卵は値段さえつかない。それが結果よ」

南米大陸初上陸と黄熱病

ベネズエラ最大の港であるラグアイラに船が着いた朝、フェアチャイルドは初めて南米大陸に足を踏み入れた。旅の経験が豊富なラスロップも、全部合わせると地球上の陸地の一〇パーセント以上を占める南米の国々はあまり訪れたことがなかった。南米は、海で隔てられ、あらゆるものから遠く離れていて地理的に不便なところだったのだ。そこはまた、木々の生い茂る沼地や山に溢れていたし、ほとんど誰にも知られていない原住民もいた。セオドア・ルーズベルトでさえ、一〇年ほど後、大統領の任期を終えた後でアマゾンの危険なジャングルを探検した際には、その旅のあまりのすさまじさに、死亡を予告する記事がアメリカの新聞に堂々と掲載されたほどだった。ルーズベルトは死ななかったが、後に彼の伝記作家は、その過酷な状況によって彼があわや自殺に追い込まれそうだったと聞いて驚愕したのである。

ベネズエラには目立った食材がいくつかあったが、中でも特に目立ったのは、ニンジンとセロリの中間のような根菜アピオだった。また別の根茎植物は、見た目はジャガイモのようだが味はアーティチョークで、ベネズエラのスープはどれも味付けにこれが使われていた。

だが、ベネズエラへの最初の旅でフェアチャイルドが日記に書き記した記憶で一番多いのは、食べ物や植物のことではなかった。

ある朝、一人で朝食を摂ったフェアチャイルドは、まだ寝ているラスロップが、その日はホテルに残りたがっていることを知った。目が覚めたとき、あたかも筋肉が捻れたまま眠ったかのような感じで具合が悪かったのだ。その日フェアチャイルドが採集から戻ると、ラスロップは死にかけていた。あまりに激しい頭痛に、彼は意識を失ったり取り戻したりしていた。呻きながらベッドに横たわるラスロップの高熱で室内の温度が上がった。バルバドスか、あるいはベネズエラ北部の山岳地のどこかでメスの蚊に刺され、「カラカス熱」の原因となるウイルスに感染したのである。ベネズエラ以外では黄熱病と呼ばれる病気だ——赤血球を破壊し、皮膚を黄色く染める黄疸の症状が出ることから付いた名前である。

フェアチャイルドはそれまで二か月以上ラスロップとともに行動していた。刺されるのが彼だった可能性は十分にあった。「とても恐ろしかった——私は医療に関しては何の経験もなかったのだから」とフェアチャイルドは回想している。一九世紀の人には珍しく、彼はほとんど死というものに直面したことがなかっただけ、彼が九歳のときに、近所の男の子が馬車の車輪に足を挟まれたことがあった。フェアチャイルドの耳に届いたニュース——骨折、壊疽、葬式——はあっという間のことで、自分とは別の世界の出来事のように感じられた。それ以外に哺乳動物が死んだのを見たことがあるのは一度きりで、しかもそれは馬だった。

ラスロップの荒い息遣いは、同じ宿に投宿している二人の英国人の注意を引いた。フェアチャイルドは、二人がラスロップの姿勢を直すのを突っ立って眺めていた。二人はラスロップに無理矢理に水とスープを飲ませ、頭と脚を高くした。二日間、フェアチャイルドは寝ずに付き添った。

ラスロップがすぐに死ななかったというのは、明らかに、彼は生き残るという印だった。それを察するとフェアチャイルドは、作物を採集する時間はまだあるだろうか、と考えた。たとえラスロップが死んだとしても、この遠征を無駄にしたら彼は怒るだろう。

二人のイギリス人の看病ぶりは素晴らしく、一週間も経たないうちに、いったんは死にかけたラスロップは自分の足で立てるようになった。数日後には彼の短気も元通りになり、その矛先はただちにフェアチャイルドに向けられた。自分の命を奪いかけた国ベネズエラに、予定より一週間長く滞在する結果になった彼は、すぐにもベネズエラを去りたがった。

フェアチャイルドに助けられながらラスロップは、粗末な車椅子から馬車へ、彼らを待っている船へと足を引きずって移動した。パナマ地峡に向かいながら、ラスロップが唯一欲しがったのは新鮮な牛乳だった。コロンビアに移動する前のベネズエラ最後の港であるマラカイボに、食料を調達するために船が着くと、フェアチャイルドは牛乳を探しに行った。山の斜面はところどころカーペットを敷いたように牛の群れに覆われていたが、牛乳を売っている者は一人もいなかった。フェアチャイルドは取引に応じてもいいという男を見つけたが、乳は自分で搾るというのが条件だった。値段も法外だった——瓶一本分が五ドル、今で言えば一〇〇ドル近い。だがその牛乳は温かくて新鮮だった。

南米大陸の北岸は二人とも好きではなかったし、こんな出来事があったので、その後二人が一緒にそこに戻ることはなかった。

岸に沿って進む蒸気船からは、海岸に並ぶ小さな掘っ立て小屋はまるで黄熱病とマラリアの温床に見えた。ラスロップはまだ回復期にあったし、フェアチャイルドは似たような病気に感染するのが恐ろしく、二人とも、パナマを横断して太平洋に向かう列車に乗るまで、船に乗ったままで満足だった。

ただし、一緒に乗船している貨物だけは困りものだった。フェアチャイルドとラスロップは日々、甲板でモーモー鳴いている五〇頭の牛と一緒だったのである。たっぷり吹いてくる潮風も、甲板を覆うように毎日高くなっていく糞尿の山の臭いには敵わなかった。

8章　アボカドの普及に貢献

初めて見るアンデス山脈は、尖ってごつごつと突き出た姿が印象的だ。だが、雲の上に突き出して連なる山頂も、その山並みが大きな問題を呈しているという事実を隠すことはできなかった。フェアチャイルドはリマの市場を巡り、近くで栽培された果物の種を取り出したり、そのうちのどれがアメリカの農場向きかを判断したりして過ごした。条件を満たすものは一つもなかった。アンデス山脈の、海抜一五〇〇メートルの畑で繁茂する作物が、海抜の低いアメリカの平原で育つはずがない。農業に関して言えば、アンデス地方は独特だった――温かい海のすぐ隣にある凍った峰々には活火山や断層が点在し、土砂崩れや洪水を引き起こしかねない。マチュピチュのように山頂に文明を築いたことを除けば、インカ文明が成し遂げたこととして最も特筆すべきは、地球上で一番気まぐれな気候とともに暮らしてきたことかもしれない。ここではほんの数時間のうちに気温が二五度以上も変わることがあるのだ。

魅力的ではあるが、食物の探索は大成功にはなかなかつながらない作業であるということを、フェアチャイルドは学びつつあった。アメリカで育つ作物を見つけるためには、それがどういう環境で育つかについて、知識や経験に基づいて推測しなければならなかったし、たとえ見込みのある環境があったとしても、そうした推測はやはり一か八かの賭けだった。「世界を半周して届くひとつまみの種の値段はたった五セントかもしれない。だがその種を育てるためにはおそらく、温室に苗床が必要だし、その次には二号鉢、それから五号鉢に植えて温室に並べ、六〇〇坪ほどの肥沃な土地で若木を育て、それから果樹園が必要になるだろう」とフェアチャイルドはその骨の折れる過程について書いている。

早すぎたキヌア

それらがすべて整っていたとしても、一番大きな未知数はやはり人々の味覚だった。ファッションと同様で、食べ物にも流行がある。登場と同時に爆発的な人気が出るもの——たとえば一八七〇年代に、ステーキをどこでも手早く食べられるようにしたハンバーガーが流行したように——もあれば、一九世紀にグルメとされたうなぎの蒲焼きのように、すっかり廃れてしまうものもある。食物を生産する側がいくら画期的な食べ物だと思っても、その食べ物の見方がガラリと変わるほどの人気が出るかどうかは食べる人次第なのである。新し物好きはそれが「自分の」食べ物だと感じなければならない——そして他の人々を、より文明的な未来に自分たちが導いているのだと。

この不都合な現実がフェアチャイルドにとって明らかになったのは、アンデスでキヌアという作物を見つけたときのことだった。あらゆる植物学的基準から言って、キヌアには驚くほど多彩な用途があった。キヌアを最初に栽培したのはチチカカ湖畔のインカ人で、彼らの食習慣の中心にキヌアがあったが、スペイン人が大麦や小麦、オーツ麦などの穀物を持ち込むと、それらの方が優れているとされるようになった。一八九八年のペルーにおいては、外国人にとってキヌアはその実用性よりも物珍しさが目立った。「あるスコットランド人は、最上品のオートミールよりもキヌアの粥の方が美味しいと思うと言ったが」とフェアチャイルドは書き、続けてキヌアがアメリカでは決して成功しない理由を書き連ねている。以前、キヌアのサンプルが農務省で配布されたことがあったのだが、すぐに却下されてしまった。キヌアはプツプツとした歯ごたえで粒が細かく、紛らわしい艶があった。この植物のどの部分を食べたらいいのか誰も知らなかった。植物学的に近縁種であるホウレンソウのように葉を食べるのか？　それともこの小さなプツプツを——それはキヌアの種であり、したがってキヌアは果物なのだが——食べるのか？

顕微鏡や屈折計はまだ、食物に含まれるすべての栄養素の含有量を測れるほど進歩していなかったが、それが可能であったならば、キヌアは穀物ではなくタンパク質源であり、人間の体が自分で作り出すことのできないアミノ酸九種類のすべてを含むという稀有な性質を持っていることがわかっただろう。しかもグルテンは一切含まない。今日キヌアが世界的に、とりわけベジタリアンの間で人気なのはこのせいなのだが、そのことに何よりも驚いたのはペルーやボリビアの農家だった。二〇〇五年にキヌアが農業における最高の名誉、つまり「スーパーフード」の呼び名を与えられると、キヌアの値段は三倍に跳ね上がった。

だがフェアチャイルドはキヌアを発見したのが早すぎた。アンデスの人々はキヌアをケーキやビールに入れるということ、アメリカの南部やコロラドの山地で試験をしてもいいかもしれないことを指摘した他には、フェアチャイルドがワシントンDCにいる仲間たちに言えることは、キヌアが「カタルの治療薬として役立つかもしれない」ということだけだった。カタルとは、鼻孔に粘液が溜まる状態、つまり、後に風邪と呼ばれるようになったもののことである。そういうわけで、キヌアはこの後一〇〇年もの間、この地域でのみ食される在来作物のままだったのだ。

フェアチャイルドがペルーを訪れたとき、ペルーはジャガイモで世界的に有名だった。太平洋からアンデス山脈の尾根までジャガイモは育ち、その遺伝的多様性は人間のそれを上回るほどだった。七〇〇〇年にわたるジャガイモの進化は、農業を規制や計画の対象となるビジネスと考える国々では想像できないほど多様な品種を生み出していた。互いに交流のない二つの村があれば、それぞれの村で育つジャガイモは雪の結晶のようにそれぞれ違っていた。この地域を訪ねる人なら誰でも、小さいのや大きいの、表面がすべすべしているものや小さな深いくぼみがあるものなどを目にしたはずだ。山の上で育つもの、山腹の斜面で育つもの、海に近いところで育つものなど、農家はさまざまな品種を開発していた。強い日差しでよく育つものもあれば、日陰でなければ育たないものもあった。

フェアチャイルドのように農作物を探して歩いている者にとって、ジャガイモは新鮮味がなかった。ジャガイモは、一五八六年にはすでに英国の航海者フランシス・ドレークが革製の鞄に入れてヨーロッパに持ち帰っていた。栽培が非常に簡単で、かつ安定した作物になったため、一八世紀になる頃には、アイルランド、オランダ、ベルギーの人口の四分の一近くが、食べるものと言えばほとんどジャガイモばかりになっていた。英国からの植民者たちは、ジャガイモを再び西へ、北米大陸の新しい植民地へと持ち帰った。まずジェームスタウンとバージニアの植民地に運ばれたジャガイモは、そこから大陸全体へと広がっていった。フェアチャイルドがペルーにいた一八九九年と言えば、トーマス・ジェファーソンがジャガイモをスティック状にして揚げたものに塩を振りかけてホワイトハウスで客に供してからほぼ一〇〇年が過ぎていたのだ。以後ずっと愛されているこのご馳走は、最初に作ったのはベルギー人とされているにもかかわらず、不思議なことにフランスの名を取ってフレンチフライと呼ばれている。

結果として、フェアチャイルドは直感的に、味も淡白だし農業的に見ても退屈なジャガイモは、母国では誰も驚かないし役に立たないと思ったのかもしれない。フェアチャイルドがワシントンＤＣに送るために造った袋には、赤いトウモロコシと黄色いスクウォッシュの種が詰められた。どちらも珍しい品種ではあるがこれと言って取り柄はなかった。だがその色が目新しかったので、少なくとも農業展示会のパビリオンに並べれば観客の目を引いてびっくりさせる役には立つはずだった。それに、追跡するのが容易だというのも利点だった。一九二〇年代になると、フェアチャイルドはアメリカの南部と西部で赤いトウモロコシ畑を通りかかることがあったが、それらは自分がいたからアメリカで栽培されているのだということを、その目で確かめることができた。今はとにかく、その色彩が、ワシントンＤＣで机に張り付いている同僚たちを喜ばせることだろう――それだけでも、その種を北米に送る理由には十分だった。

コカインの発見

だがフェアチャイルドの好奇心は、ラスロップが感じている耐えられないほどの不快感の前では霞んでしまった。黄熱病の症状は治まったが、今度はペルーに対する深い嫌悪が頭をもたげた。そこは不吉な、嫌な思い出に満ちた場所だった。

ラスロップがフェアチャイルドにこの採集旅行の仕切りを任せていた間に、実はラスロップ自身が遭遇した植物があった。それはたった一つの出来事に過ぎなかったが、ラスロップが聞く者さえいれば繰り返し長々と話して聞かせる冒険譚の中でもとりわけ頻繁に話したものだから、フェアチャイルドはその詳細まですっかり覚えてしまった。それはいかにも自慢げであっただけでなく、軽蔑と、悲しみに近いほどの怒りに満ちていた――まるで、この途方もない資産に恵まれた男が、なぜだかこの宇宙に冷遇されたとでも言わんばかりに。

ラスロップが一八八〇年代に初めてアンデス地方を訪れたとき、彼は自分が雇った山岳ガイドたちが、重い荷物を背負って険しい山の斜面を易々と、疲れを知らずに登っていくのに感心した。彼らの筋肉も、食べる物も、別段変わったところはなかったし、環境も普通だった。彼の知る限り、唯一違っていたことと言えば、ガイドたちが山を登りながらコカと呼ばれる植物を口に含んで噛んでいるということだった。

ラスロップは、この葉に含まれ、こんなことを可能にする奇跡のような成分に興味を持った。彼はその化学組成を調べさせようと、いくつかの標本をサンフランシスコの科学技術アカデミーに送った。もしもそのときその標本が無視されていなかったら、ラスロップこそがアメリカにコカインを紹介した男であったかもしれない。だがアカデミーからは返事がなく、ラスロップからの荷物をアカデミーが受領したことを示す記録も存在しない。

そんなことにはお構いなしにラスロップは、いかにも彼らしく知ったかぶりをして、自分はこの素晴らしいものを一番先に知ったのだという自己満足を込めてこの話を繰り返した。だが実を言えば、この頃コカは、アルベルト・ニーマンというドイツ人化学者によってすでに一般に知られ始めていた。ニーマンは博士論文の中で、コカの強力な成分をどのようにして単離したかを説明し——もちろんこれはコカをたっぷり試食しなければできない研究だ——コカは「唾液の分泌を促し、舌に触れると、独特の麻痺感覚に続いて寒けを引き起こす」と結論している。麻酔効果を示すために、プロカインやノボカインと同じように「イン」という語尾が加えられたが、強力な興奮剤としての効果には触れられなかった。

だがコカインに対するこうした控えめな態度は長くは続かなかった。一〇年も経たないうちにコカインは、コーヒーや紅茶といった興奮性の植物抽出物よりも格段に強い興奮剤として人々を魅了した。大手製薬会社パーク・デイビスはコカインを、喫煙用、経口摂取用、そして液体の形状で販売した。液体製品の最たるものは、ユーザーが血管に注入しやすいように注射針が付いていた。

ほぼ同じ頃、ジョージア州に住むモルヒネ依存症の薬剤師がある飲み物を開発した。その最も初期のものにはコカインが二・五パーセント含まれていた。この製品に相応しい名前は一つしかなかった——コカの木に敬意を表する「コカ・コーラ」である。世界中がこの飲料の恩恵を受けた。気晴らしになるドーパミンで脳内をいっぱいにした多くの人々が、これを娯楽として歓迎した。だがラスロップは違った。彼にとってそれは、超人的な能力を発揮させる飲み物の守護聖人になる栄光を掴み損ねたということでしかなかったのだ。

アンデス地方の荒々しい地形を体験した後、チリでは再び、おなじみの気候と肥沃な土壌が待っていた。チリはまた地理的にも面白い偶然——アメリカ向けの作物を探している者にとっては特に興味深い偶然——が見られた。赤道から南にあるチリまでの距離は、北にあるアメリカまでの距離とほとんど同じであり、首都サンティアゴは、カリフォルニア州ロサンゼルス、テキサス州ラボック、ジョージア州アトランタ、サウスカロライナ州チャールストンと、赤道を挟んでちょうど逆の緯度にあったのだ。地球上、完全に同じ気候の土地は二つとないが、チリが何かの役に立つとしたら、長年チリで栽培されてきた農作物はアメリカの多くの地域ですぐにも栽培できる、ということだった。それを遅延させる要因があるとしたら、それは作物がワシントンDCを経由しなければならないということだけだった。

だから後になって、サンティアゴから種子を送った数々の農作物のうち、アメリカで栽培されたものはほんの一部だったことがわかったとき、フェアチャイルドにはそれが不思議だった。送ったものの中にはたとえば、赤い色素が竹稈を赤く染める、山に生える竹、クスクェアがあった。一般名がなく、*Persea lingue*という学名があるだけの背の低い木の苗木も念入りに梱包して送った。ニューヨークやワシントンDCの街路樹に適しているのではないかと思ったのだ。彼の一番のお気に入りはメイテンと呼ばれる観葉樹で、枝がその重さでだらりと垂れ下がって涙を流しているように見えた。だがこれもワシントンDCには届かなかった。

それは植物学的な問題と言うよりも役所の態勢の問題だったのかもしれない。フェアチャイルドは、数々の観葉樹、スクウォッシュやスイカの新種、それにチリ独特の奇妙なマメ類を集めて送ったのだが、そんなにたくさんのものを受け取る能力が役所にはなかったのだ。新しい食べ物探しは始まったばかりで、その多くが託される農業試験場は、それらを引き受けられる態勢になかったのである。

アメリカに最適なアボカド

けれども、無事本国に到着したものもある。歴史は往々にして、失敗より成功の味方をするものだ。フェアチャイルドが間もなく発見することになるその作物は、彼の追悼記事の中でその功績——おそらくは彼の生涯で最大の功績として言及されている。

その油っぽい緑色の果肉を齧ったとき、彼は自分がその手に、将来アメリカ南西部の代表的な作物になるものを握っているのだとは知る由もなかった。だが彼は直感的に感じていた。それは、皮が黒いワニナシの一種で、アステカの人々はそれを「アボカド」と呼んでいた。睾丸を意味する言葉から派生した名前だ。二つずつ対になってなり、楕円形の球根のような形をしていた。果肉はバターのような質感で、ちょっと筋っぽかった。だが、もっと北の、ジャマイカやベネズエラで食べたアボカドと違って、ここのアボカドは非常に均一性があった。木になった果実はどれも同じ大きさで、一斉に熟した。常に気温が高い亜熱帯で育つ植物には珍しいことである。

フェアチャイルドとラスロップが下船したサンティアゴのアボカドはさらに質が良かった。フェアチャイルドは、このアボカドが摂氏マイナス五度の寒さにまで耐えられるとある人が説明するのを熱心に聞いた。それほどの気温差に耐えられるということは、アメリカには最適の作物だということだ。アボカドが世界で最初に栽培されたメキシコ中央部から、何百年という時をかけて入植者たちがアボカドを南のチリに持ち込んだ――そしてデヴィッド・フェアチャイルドは今、今度はそれを北に持ち帰ろうというのだった。「カリフォルニアにとって貴重な発見だ」と彼は書いている。「この品種は果実の皮が黒く、耐寒性がある」

昼間、そのアボカドをフェアチャイルドが味見しに行くのにラスロップは付いていった。これほど寒さに強くて用途の広い果物なら、目新しく、かつ手間のかからない作物――適切な条件さえ揃えばほぼ放っておいても勝手に育つ作物を求めるアメリカの農家の願いを叶えるのにぴったりだろう、と彼は同意した。フェアチャイルドはアボカドの油っぽい果肉の化学的性質も知らなかったし、一〇〇年後、その独特な脂肪分とビタミンの組み合わせのおかげでアボカドがキヌアと同様に高く評価されるようになることも知らなかった。だが、他に類を見ないこの興味深い果物には、同じくらい興味深い進化の歴史があることが彼にはわかった。アボカドの種ほど大きな種を消化できる哺乳類が地上にいるはずはなかったし、南米にはそんな野生動物がいないのは確かだったのだから。

だがそれはまだ先の話だった。馬車を近くに待たせ、フェアチャイルドはポケットを空にして、持っていたチリの通貨で買える限りのアボカドを買った。箱詰めにしたアボカドの品種はさまざまで、その中に、ここから遠い国の土で育つものがあることを彼は願った。ほとんどのアボカドは石のように硬かったが、小型の箱に梱包される頃にはやわらかくなり始めたものがあって、アボカドが木の上ではなくもぎ取られてから熟すということを示していた。一〇〇〇個近いアボカドを荷造りしてようやく、フェアチャイルドは、少なくともそのうちのいくつかは長い航海に耐えるだろうと安堵した。彼は木箱の一つひとつに、「ワシントンDC、農務省、種子と植物導入事業部行き」と大きく活字体で書き、運ばれていくのを見守った。

一八九九年六月一〇日、オレーター・F・クックがワシントンDCで木箱の一つを開けたとき、今回の荷物をフェアチャイルドがことのほか熱心に推していることは、その荷の大きさを見ればわかった。クックは、フェアチャイルドの後釜として、送られてくる作物を事務所で受け取る任についた運の悪い男である。クックのオフィスには箱が一〇個以上置かれていた。彼は木箱の一つをこじ開け、アボカドを手に取ると、皮に歯を立て、それから皮を剥いて果肉を調べた。それは明らかに腐っていて、茶色いカビが悪臭を放っていた。だが肝心の種とその遺伝子は生きていた。

クックはアボカドを見たことはあったが、こんなのは見たことがなかった——とてもなめらかで、綺麗な緑色だ。アボカドはすぐさま温室に運ばれ、職員が繁殖に取り掛かった。初めは土に植え、それから種がわずかに浸かるように水の上に吊るした。フェアチャイルドが同封した指示書には、実がなるのは木が成熟してからで、それには何か月ではなく何年もかかるとあった。ある程度根が伸びたら、すぐにカリフォルニアの農業試験場に送って、実験作物に興味のある農家に配るようにと彼は指示していた。

クックは言われた通りにし、それからアボカドのことはほぼ忘れてしまった。

カリフォルニアでは、そのたった一度の荷物が一つの産業を築くのに貢献した。それ以外のアボカドも、旅行者や観光客が大きな種を土産として持ち込んだ。以前にも、アボカドがたまたまアメリカで目撃されたという話はあった。一八八六年にはハリウッドで、一八九四年にはマイアミで。だがそれらは、フェアチャイルドがチリで見つけた品種ほど耐寒性がなく、優良品種の条件である多用途性、色、味のいずれでも及ばなかった。後でわかったのだが、フェアチャイルドのアボカドはグアテマラのアボカドとメキシコのアボカドの混合種で、チリで栽培されるようになったのはフェアチャイルドが見つけるほんの少し前だった。だが、人気の果物がみなそうであるように、その本当の原産地はどうでもよくなってしまった。

農家、そして初期の遺伝学者たちは、フェアチャイルドが届けたアボカドとその後に届いたアボカドを詳細に分析し、より特化した気候や味覚に合った新しい栽培種を作り出した。それによって、スペイン語で「強い」を意味する「フエルテ」という二〇世紀の品種が生まれた。これまでアボカドの栽培が試された土地の中で最も寒い環境で育つ品種である。だが、ほんの近距離に輸送するのでも傷がついてしまうことがわかると人気がなくなってしまった。

永続的な品種になったのは、フェアチャイルドが送ったアボカドから生まれた別の子孫だった。フェアチャイルドがチリ産のアボカドを初めて試食してから四半世紀、カリフォルニア州フォールブルックのある郵便配達員が、アボカドが金儲けになることを予見し、手に入るすべてのアボカドから種を集めたのである。畑から、近隣の家から、果てはレストランの厨房のゴミ箱から。彼は植物学者だったわけではない。高校を中退し、学問はほとんどなかった。ただ単に、早くからアボカドの愛好家だっただけだ。

彼は家の裏を畑にしていた。一九二六年、種の一つが他のものと違って完全に垂直に上に向かって芽を出すと、彼の子どもたちが最初にそのことに気づいた。それからほんの数か月後、小ぶりなアボカドの木がクルミほどの大きさの実をつけた——他の品種よりもはるかに早い成熟速度だった。彼には、自分が何か他とは違うものを見つけたことがわかっていた。彼は高さ三五センチの小さな木の隣に膝をつき、妻に写真を撮らせた。

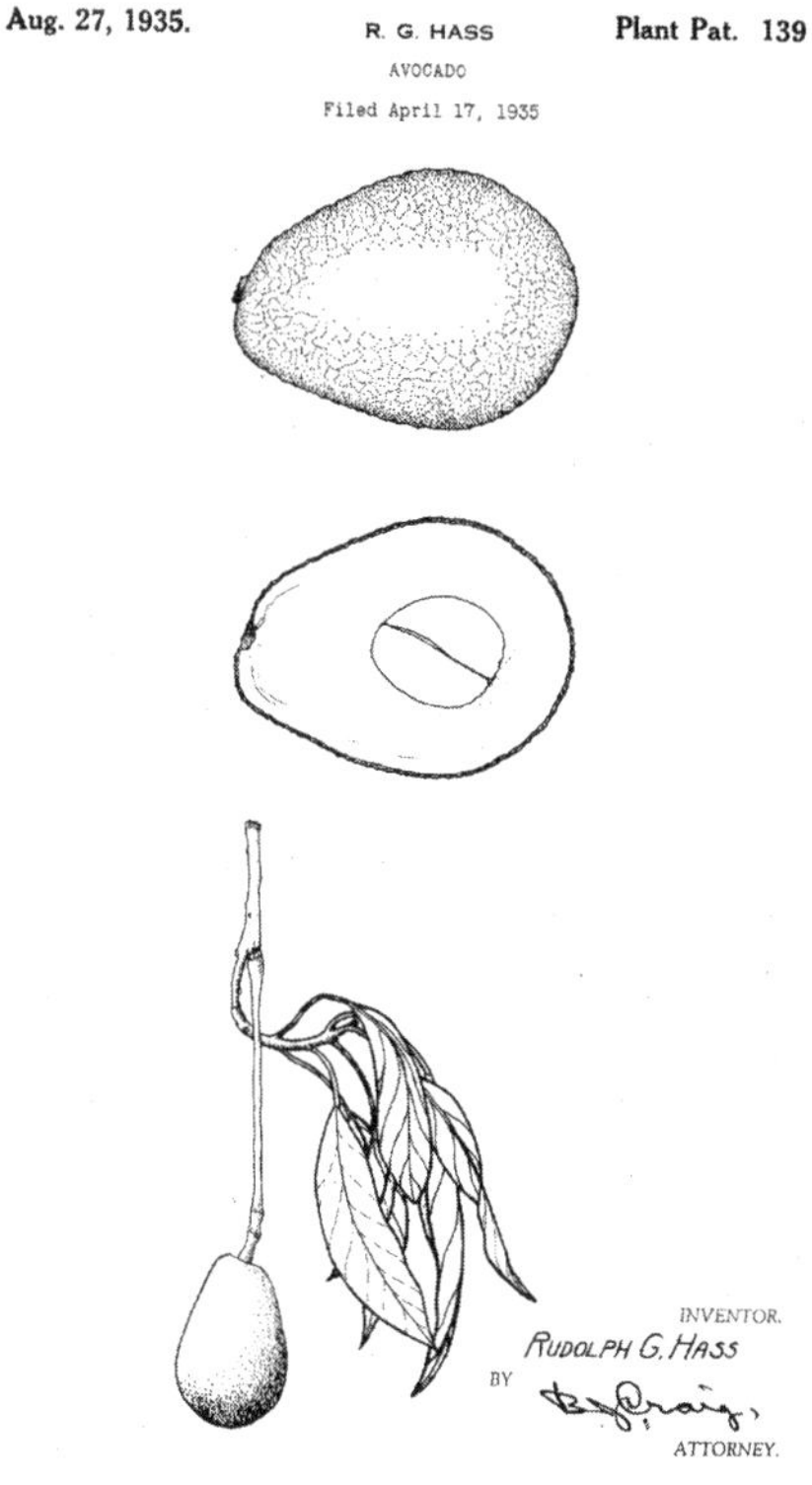

フェアチャイルドがチリから送ったアボカドによって新しい産業が生まれた。その後の数十年、南カリフォルニアのアボカド愛好家たちは、フェアチャイルドが送ったアボカドと他のアボカドをかけ合わせて徐々に新しい品種を開発していった。1935 年のある日、貯金をアボカドの育成に注ぎ込んだルドルフ・ハースという郵便配達員が特許を申請したアボカドは、やがて世界で最も人気の品種となった。

このときのポーズは後に、記念の絵になった。

それから一〇年後の一九三五年八月二七日、フェアチャイルドがチリで祖先のアボカドを採集してから三六年後、そして人間が初めてアボカドを栽培してから一万年後、この男は特許を申請し、アーティストを雇って自分のアボカドをあらゆる角度から描かせた――アボカドという名前の由来に一番忠実な角度、木から睾丸が垂れ下がっているように見える角度も含めて。この、やがて世界市場の八〇パーセント以上を占め、世界一人気のあるアボカドになる品種に名前を付ける際、彼は教会のピクニックで出会ったという妻エリザベスの名前も、この品種の苗木が最初に育った、彼の自宅があったロサンゼルス東部のラ・ハブラ・ハイツの名前も付けなかった。虚栄心の表れというよりも単に想像力に欠けた彼には、自分の名前を付けることくらいしか思いつかなかったのだ――ルドルフ・ハース。

命がけの旅

チリからアルゼンチンへ行くには、二五〇〇キロ近いジャングルと山岳地帯を、ラスロップが大嫌いなロバに乗って横断しなければならなかった。ラスロップはアンデス地方にこれ以上長くいる気はなかった。彼は、必要とあらば野宿をするのもやぶさかではなかった――もっとも、キャンプというものは安いブランデーを飲むのと同じくらい嫌いではあったが。だが彼はある噂を心配していた。旅人が寝ている間に荷物を荒らす盗賊の一味がいるという話を聞いていたのだ。ジャングルの横断を手配した案内人は自分たちが警護すると請け合ったが、ラスロップは案内人たちのことも警戒していた。ラスロップの立ち居振る舞い、着ているもの、それにたくわえた口髭からは、彼が裕福であることが明らかだったからだ。

だが他に方法はなかったので、ラスロップは身辺防護を意識しながら荷造りをした。大切な書簡や身分を証明するものを一つにまとめ、トランクの真ん中に、汚れた下着や英語の小説のハードカバーの本などの間に挟んで詰めた。それを見つけるためにはトランクの中のものをくまなく引っ掻き回さなければならなかったし、そんなことが起こるときには、ラスロップとフェアチャイルドはどこかに縛り付けられているか死んでいるかのどちらかだった。

一方フェアチャイルドは、ラスロップの不機嫌さとはいつもどおり対照的に、世界最長で、最高峰の山頂が海抜六四〇〇メートルに届く山脈を越えるというので興奮していた。彼は狭くて岩だらけの斜面をのろのろと登っていくロバの背にしっかりと摑まって、巨大なコンドルが頭上を飛び過ぎるのを眺めた。丸々として無骨な、頭から尾羽根の先まで一・二メートル近いコンドルたちの体は、風の流れをうまく利用して無造作に弧を描きながら獲物を見下ろしていた。フェアチャイルドが頭をクラクラさせながらコンドルに惹きつけられていたのは、さっき噛んだコカの葉のせいもあった――標高の高いところの酸素の薄さに脳が気づかないようにするための方法である。

彼が乗っているロバが、細い道の端に張った氷に足を滑らせた。前脚がガクンと曲がり、ロバと、乗っているフェアチャイルドの体が前に傾いた。フェアチャイルドの体が緊張した。

ラスロップは言葉を見つける前に叫び声をあげたが、誰にも、とりわけ周囲に注意を向けなくていいように体をロバに縛り付けていたラスロップには、どうすることもできなかった。数百メートルの奈落の淵がフェアチャイルドに迫るのを、誰もが見つめた。ロバは立ち上がろうとして地面を蹴った。もう一度。フェアチャイルドは地面に、氷にしがみつこうとしたが、摑めるものは何もなく、滑り続けた。後に彼はこのときのことを「恐ろしい、緊張の一瞬だった」と回想している。

フェアチャイルドは死ななかったが、それは彼の手柄ではなかった。ロバはもう一度、横に倒れるか立ち上がれるかの瀬戸際で力を振り絞り、必死に地面を蹴った。その一蹴りでロバの脚が地面を捉え、ロバは体勢を立て直した。フェアチャイルドも体を起こした。

それはあっという間の出来事で、フェアチャイルドは、自分にこれほど突然の無慈悲な死が迫っていたことさえ認識できないほどだった。ことの深刻さに、一分ばかりは誰も口をきかなかった。それからロバは再び、尾根の細い道を登ったり下りたりしながら荒い息遣いで歩き続けた。フェアチャイルドは自分のロバを、防護柵のない道の端から内側に寄せた。

とうとう沈黙を破ったのはラスロップで、彼は延々と、自分がした旅、コカの葉に出会ったこと、ボヘミアンクラブの連中を面白がらせようとして送った土産物のことを話し続けた。サンティアゴからブエノスアイレスに向けて出発したのは一八九九年四月一六日で、到着には一二日を要した。生きて到着できるのなら、フェアチャイルドは年が変わるまでラスロップにしゃべらせておいても構わないと思った。

チリに属するアンデス山脈を越えると、一行はアルゼンチンに入り、そのまま大西洋岸まで進んだ。ブエノスアイレスの近くでフェアチャイルドは、成長が早くてやわらかく、美しい木陰を作る*bella sombra*という名の常緑樹から挿し穂を採集した。この挿し穂は最終的にカリフォルニアに送られ、日よけのための木として栽培された。食べ物としては、小ぶりなプラムほどの大きさの実をつけ、気温が零下でも大丈夫な、カリカ［訳注：パパイヤ科の植物］という不思議な果物を見つけた。何年も経ってからフェアチャイルドは、カリカよりやわらかいパパイヤの品種とを掛け合わせようとした。だが、ハイブリッドを実際に作るのは想像するより難しい、というのが彼の結論だった。

ブエノスアイレスからは、ラスロップの希望で、陸路の苦痛をこれ以上長引かせないよう蒸気船に乗り、ブラジルを目指して沿岸を北上した。グァナバーラ湾の入り口に着いたのは夜明けだった。リオデジャネイロの街を見下ろして堂々と聳えるポン・ヂ・アスーカルには低い雲が立ち込めていた。外国人がリオデジャネイロに滞在することはご法度だった。法律で禁じられていたわけではないが、タブーだったのである。宿泊すれば黄熱病に罹る危険があった――低地にあるリオデジャネイロの街には、その危険が濃い霧のように満ちていたのだ。病気を媒介する蚊が一番活発なのは夜明けと黄昏時だったので、フェアチャイルドとラスロップは、リオデジャネイロから北へ七〇キロほどのペトロポリスという山間の町にある、アメリカの外交官用の住居に宿泊することにした。

リオデジャネイロの植物園にある植物を調査するため、フェアチャイルドは四時間近くかけて、こぢんまりした歯軌条鉄道に乗って山を下り、リオデジャネイロの中心部までボートで渡った。太平洋や大西洋を渡るのに何週間もかかる時代のことだから、数時間の旅程など誰も気にしなかったが、行き帰りにかかる時間のせいで、フェアチャイルドが植物の調査をするのは午前一〇時以降の暑い時間帯にならざるを得なかった。そして午後四時になると、再び列車は山を登り、外国から来た乗客を雲の上の安全地帯に送り届けるのだった。

フェアチャイルドが興味を持って入手した唯一の作物は、イタマラカという小ぶりのマンゴーの品種だった。彼のノートには、「トマトのように平べったく、とても良い香りがして、色は金色である」と描写されている。それまですでにワシントンDCには何十個ものマンゴーが送られ、この後も何百と送られることになる。人々は最も安定した品種を求めて競い合っていた。だがイタマラカはこの競争には勝てなかった。その小ぶりなサイズと、枝に実る数の多さでは際立っていたが、裏庭に植える木としての目新しさはあっても業界全体を支えることはできなかったのである。

とは言えブラジルがまったく空振りだったわけではない。ブラジルに住んでいたラスロップの従兄弟の一人が、フェアチャイルドとラスロップをサンパウロに連れていき、最高のコーヒー農家に紹介すると約束したのである。一八九九年の時点で、アメリカでコーヒー栽培を夢見ても無駄であることをフェアチャイルドは知っていた。そのときアメリカはすでにブラジルのコーヒーの最大の消費国だったので、コーヒーの木を手に入れるのは戦略的に重要なことに思えたかもしれないが、フェアチャイルドには、ブラジルに対抗できる産業がアメリカでは決して育たないことがわかっていた。原産地であるアフリカ東部、熱帯のエチオピアから植民者たちの船で温暖なブラジルに運ばれたコーヒーは、温暖で湿度の高い気候を必要としたが、アメリカにはそういう土地はなかったのである。

むしろフェアチャイルドはブラジル滞在の最後の数日を、食べ物よりは外交手腕を発揮することに費やした。サンパウロのレストランの大きなテーブルを囲み、アメリカの台頭が政治的に意味することについて議論する、さまざまな国の政府を代表する男たちの言葉にフェアチャイルドは耳を傾けた。アメリカはこの前年に米西戦争で勝利を収めており、世界の覇権争いに小休止をもたらしていた。

だがテーブルを囲む者たちは、アメリカの世界進出はまだ完遂していないのではないかと思っていた。世界の状況は、ある意味では戸惑わずにいられないほど変化しており、世界秩序の決定的な崩壊が明らかになっていた。一九世紀最後の年も終わりに近づくこの日、コーヒー畑からの赤い砂埃が細かい粉のように吹き付けるなか、政治、外交、軍事に携わる教養ある男たちは夜更けまで議論を交わしたが、意見が一致することはほとんどなかった――ただ一つ、二〇世紀はアメリカの世紀になるであろうということ以外は。

9章　ベニスの僧侶のブドウ

バーバー・ラスロップは黄熱病から完全には回復していなかった。ブラジルを出港した船の上では、彼が苦しそうにしているのに気づいたとある乗客に説得され、一八九九年六月にロンドン港に着いたときには、そこからまっすぐチェコスロバキアのカルロヴィ・ヴァリに行ってアルカリ性イオン浴療法と呼ばれる治療を受けることになった。これは温かい風呂に浸かりながらの治療で、胃酸を減らすために完全に身体を伸ばした状態でアルカリ水を飲むのだった。ラスロップは、自分が不味いと思うものを無理やり食べたり飲んだりさせられると不機嫌になった、とフェアチャイルドは回想しているが、それで嘔吐が治まるのならばラスロップも従った。それにこの療法は、噂で聞いた他の治療法に比べればましだった――たとえば、カイエンペッパーとミゾカクシの花びらを滲出させた紅茶で何度も浣腸する、というような。

フェアチャイルドはロンドンには興味がなく、長く滞在する気はなかった。何百年もの間植民地として支配し、政治的なつながりのあったアメリカに、英国からすでに伝わっていないものがあるなどとは思えなかったのだ。しかも英国は、農業という観点から見て好ましいところではなかった。涼しい気候が適していたのは、せいぜいマメとジャガイモくらいだったのだ。

だが、短い乗り継ぎ待ちの間に驚いたことが一つあった。それは夏の終わりで、ソラマメの最盛期であり、ラスロップとともにチェコスロバキアに出発する朝、フェアチャイルドは市場に出かけ、二五セント硬貨（直径約二四ミリ）ほどの幅のあるこの大きなマメはアメリカに送る価値があると判断したのだ。ワシントンDCに送った荷物には、一掴みのソラマメと、このマメはロッキー山脈やアディロンダック山脈のように涼しい春が長く続く場所で栽培しなければならない、と明確に書かれた指示書が入っていた。ある女性はソラマメを潰してペースト状にしたものを食べさせてくれた。塩気があって美味しいそのどろりとしたものは、フェアチャイルドが一番初めに食べたフムスの一つだった。

農務省VSラスロップ

ラスロップがチェコスロバキアでアルカリ水を飲んだ後、二人はそこからベニスに向かった。この頃までには、作物は奇妙なところで見つかるものだということがフェアチャイルドにはわかっていたし、ベニスほど奇妙なところはなかった――何しろこの街は運河の上に築かれており、一日にかっきり二回、満潮で水浸しになるのである。おかげでベニスの生活は奇妙に縮こまり、動物園には、動物とはどんなものかが子どもたちにわかるよう、馬がたった一頭いるだけだった。

ベニスで農作物が豊富なところと言えばレストランだった。昔の探検家たちが世界中を旅して、美味、珍味を持ち帰ったのである。ため息橋の近くでフェアチャイルドは、ゴンドラが巨大なスクウォッシュ、タマネギ、カリフラワー、トマトなどをベニスの有名なシェフたちに運んでいくのを見つめた。その風景を楽しみながら彼がカメラを構えると同時に、写真を撮っている人を見ることがめったにない人々が数人顔を上げた。

ある夜、ひどく陽気なイタリア語の会話が飛び交う中、一人で夕食を摂っていたフェアチャイルドは、小さな木のような見た目の、奇妙なひょろ長い野菜を初めて食べた。樹冠にあたる部分はこんもりとしてでこぼこで、種はもじゃもじゃした枝の奥深くに隠れていてとても取り出せそうにないし、アメリカまでの長い船旅に耐えられるとは思えなかった。それでも彼はカフェのシェフからそれを何本か買い、一緒にスイートペッパーを一山と、好きではなかったが平べったいスクウォッシュも一個買ってポケットに入れた。

1899年。ベニスの大運河で売買される新鮮な野菜や果物は、数世紀にわたって探検家や旅人が遠くからイタリアに持ち帰ったもの。トマト、スクウォッシュ、タマネギといった食材は、ゆっくりとイタリア料理に取り入れられていった。

その野菜の名前は、最後の音節に発音のアクセントがある「ブロッコリー」であることがわかった。ブロッコリーは、寒冷地で育つカリフラワーやキャベツの仲間だった。三つとも原産地は北欧で、フェアチャイルドが鼻にもかけなかった、凍てつくような気候のおかげで育つ野菜である。最終的には、正式にブロッコリーをアメリカに持ち帰った人物として認められたのはフェアチャイルドではなく、彼の友人であるウォルター・スウィングルだった。スウィングルはこの数か月前にフランスで、ブロッコリーの原型とも言える、ブロッコリーに似ているが葉ばかりが目立つ野菜を見つけ、「もっと大々的な試験が必要」というメモとともにアメリカに送っていたのである。

今やともに植物調査に携わる身となった幼なじみの二人は、異国の旅のことを書き留めた絵葉書を互いに送り合った。相手を困らせようとして、二人は訪問中の国の言葉で手紙を書こうと試みた。二人とも世界中をあちこち移動していたため、葉書には転送先住所がいくつも貼り付けられて、そもそも内容がよくわからなかったメッセージはまったく読めなくなってしまった。

ベニスでは、フェアチャイルドは一人で何日も街を歩き回った。単独行動には、考えたり調査したりする時間ができるだけでなく、ラスロップとウィルソン長官の間に起こりかけている戦争からしばし離れられるという利点もあった。

時間、お金、植物という形でのラスロップからの寄付に対して、ラスロップを変人だと考えるウィルソンは、恩知らずにもだんまりを通していた。フェアチャイルドが農務省を辞めて、無計画で焦点の定まらない世界周遊を始めたのは、ラスロップのせいだと彼は考えていたのである。

実はウィルソンがフェアチャイルドに失望し、怒りを覚えたのは、彼がフェアチャイルドを非常に気に入っていたというしるしだった。ウィルソンとフェアチャイルドはどちらも中西部出身で、重要な政府の仕事のためにワシントンDCに出てきたのである。それとは対照的に、ラスロップには金があるだけで、その金は彼が自分で稼いだものですらなかった。ウィルソンは、ラスロップの高慢さがフェアチャイルドにも移ることを恐れていた——正直な若者が、贅沢な生活によって堕落することを。

一方のラスロップは、ウィルソンが自分に敬意を示さないことを、黄熱病と同じくらいに不快なことと感じているらしかった。憂鬱な役所仕事からフェアチャイルドを解放するために彼がワシントンDCを訪れた際、ウィルソンが彼に会おうとしなかったことを思い出すたびに、ラスロップは腹が立った。その後の数か月、ラスロップは、政府による調査プログラムのために必要な、二人分の高い旅行費用を全額負担していた。礼状の一通もよこす、あるいは、調査旅行を始めて一二か月の時点で合計三三八ドル五〇セントになっていた植物の購入代の返済くらいしてもよさそうなものなのに、ラスロップは、ひとかけらの謝意も受け取ってはいなかったのだ。彼は政府に辛辣な手紙を書き送った。宛て先は、このことを気に留めてくれる者ならアメリカ農務省の誰でもよかった。「農務省の誰一人として、今後私に求められる労力に対して何の謝意も示されないどころか、私の尽力、費やした金、送った植物について確認したと一筆をくれるでもないのはどうしたことか、当惑しております」

だがその手紙にも返答はなかった。

とうとうベニスでラスロップの堪忍袋の緒が切れた。ほとんどすべての大陸を訪れて自分が使った経費をざっと計算した彼は、怒りを露わに、ワシントンDCが彼の貢献を認めるまで、これ以上植物の送付に金は出さないと決めたのである。プロジェクト崩壊の危機だった。

フェアチャイルドはこっそりと、種子と植物導入事業部の管理センターにいるオレーター・クックに手紙を書き、誰でもいいからラスロップに簡単な礼を言うようにと迫った。クックからの返事はなかったが、数か月後に農務省が発行した年次報告書には、西インド諸島、南米、ヨーロッパ、アジア、東インド諸島からフェアチャイルドが送った四五〇種類の新しい植物の一覧が掲載された。この公式文書にははっきりとこう書かれていた。

シカゴ在住のバーバー・ラスロップ氏の寛大なご支援により、農務省は膨大な種子と植物を拝受した。ラスロップ氏のご尽力によって輸入された多数の種子と植物の中には、アメリカの農家にとって重要であることがすでに証明されたものもある。一人の市民が見せたこの公徳心に、農務省は心からの謝意を表すものである。

実際には、ラスロップが癇癪を起こしている間も植物の発送が止まったわけではなかった。ただ、農務省に届いた荷物には署名がなかった。フェアチャイルドがラスロップに隠れて、自分の金で送ったというしるしである。だがラスロップに対する賞賛が公になると、送られてくる荷物は普段の大きさと頻度に戻った。ただし以前と違うことが一つあった。フェアチャイルドは、荷物を送るたびに、各植物の詳細と誰がそれを選んだかをメモにして同梱するのだったが、彼は自分の名前だけでなく、ラスロップの名も書き連ねることにしたのである。

種無しブドウを入手

五日間、フェアチャイルドはベニスの薄暗い路地を歩き回った——一〇〇年前から旅人がそうしてきたように、そして一〇〇年後もそうしているであろうように。グランドキャナルを曲がりくねって進むゴンドラに乗り、彼は煙突から立ち昇る黒い煙や窓辺に飾られた鉢植えの花々を眺めた。潮が満ちてくると、運河から海水がサン・マルコ広場に流れ込んで怠け者のハトたちを追い払った。水位が上がるにつれて、わら、卵の殻、キャベツの芯などがゆっくりと渦を巻いた。

ベニスの僧院では、植物を探しに来たのだとフェアチャイルドが言うと、白い顎髭を生やした僧侶が満面の笑顔になった。僧侶はフェアチャイルドを、人が一人横になれる広さがあるかどうかの小さな菜園に連れていった。フェアチャイルドはそこで、ベニスでただ一本のモモの木の前で自分の写真を撮った。

話しているうちに、僧侶はベニスから遠くないパドヴァに種無しブドウがあると言った。アメリカではブドウは珍しくなかったが、種無しのものの人気が出つつあった。種がない、ということは、種子から発芽しないのだから、木を増やすにはクローニングしか方法がない。僧侶の言う種無しブドウは、古代ローマ人が育てたブドウの遺伝子をそのまま引き継いだものということになる。

そのブドウは甘くて美味しかったが、それが種無しだということは、ブドウ以外の果物にもそれが応用できる可能性を示唆していた。このブドウを創ったのと同じ方法で、種無しのモモができるのではないか？　種無しのレモンは？　カリフォルニアでは、ルーサー・バーバンクという園芸家が、まさに同じ疑問の答えを追求していた。後にバーバンクに会うことになったフェアチャイルドは、この狂気の科学者のとめどない話があまり気に入らなかった。だがバーバンクは遺伝子に手を加えることでもたらされる素晴らしい可能性に夢中だった。プラムから種をなくせば、とても美味しい、瑞々しい果肉だけのボール球ができるはずだった。

ベニスを発って種無しブドウを探しに行こうという日の前夜、フェアチャイルドはほとんど眠れなかった。ラスロップが得意客であるおかげで、フェアチャイルドは、マルコ・ポーロが住んでいたこともあると噂される高級ホテル、バウアー・グリュンヴァルトに泊まっていた。フェアチャイルドの部屋はマルコ・ポーロが住んでいたとされる部屋で、天井が非常に低く、部屋に入るときには身をかがめなければならなかった。

深夜二時頃、彼は月の光のように流れ込んでくる美しい音楽で目を覚ました。窓から外を見ると、ゴンドラに乗った男のシルエットが見えた。顔からフルートの影が伸びている。「嬉しいことにそのゴンドラは、私の窓のほぼ真下を通る細い運河に進路を変えた」とフェアチャイルドは回想している。「フルート吹きの男は全身黒ずくめで、船頭以外にはゴンドラには彼一人だった」

外を眺めながら、フェアチャイルドは自分の幸運を思った。政府の仕事で、こうして華やかな魅力と優雅さに溢れるイタリアに二度目の訪問をしているのだ。「その瞬間のことは、今も私の記憶の中にこの上なく完璧な経験として残っている」——窓から外を眺めたこのときのことを、彼はそう書いている。フルート吹きが窓の下を通り過ぎ、遠ざかっていくのを彼はじっと見つめた。その音はだんだん小さく、遠くなって、やがて聞こえるのは彼の頭の中のメロディだけになった。

始発列車は朝の七時にベニスを発ち、フェアチャイルドは一〇時にはパドヴァの僧院の大きな金属製の扉を叩いていた。取り次ぎに出てきた僧侶はフェアチャイルドを一目見ると最上位の僧侶を呼び、彼は鋭く跳ねるようなイタリア語で近くの苗床園への行き方を教えてくれた。たっぷりブドウが実った木が一本あるからすぐわかるだろう、と彼は言った。

フェアチャイルドは数メートル離れたところからそれを見つけた。木製のあずまやに、バラ色のブドウがたわわになっている。ブドウの房は幅広でずっしりと粒が並び、地面から四〇センチのところまで垂れ下がっていた。フェアチャイルドは種がないことを確かめるためブドウの一粒を取って口に入れ、それからもう一粒、そして片手にいっぱいのブドウを頬張った。甘くて美味しいだけでなく、種がないために果肉もたっぷりだった。

種無しの果実から種は採集できない。代わりにフェアチャイルドは、ブドウのつるに斜めにナイフを入れて、サンプルとして送るには十分な数の挿し穂を切り取った。彼はそれをポケットに入れ、いつもそうするように、片手に持てるくらいのブドウと一緒にベニスに持ち帰った。
棒状の挿し穂を見せたとき、ラスロップは無表情のままだったが、六粒ほどの紫色をした甘いブドウの粒を見ると興味を示した。そして一粒食べるとにっこりした。
ワシントンDCに送る前に二日ほど、僧院でもらってきた根付け用の調合液に浸けておく必要があった。荷物を準備する間、フェアチャイルドはこう感想を書き留めた。

このブドウは素晴らしい可能性を持っており、干しブドウ栽培農家にも新しい品種の育種家にも最大限に注目されるべきだ。これがイタリアでもっと知られていないのは、この地方では干しブドウがほとんど作られていないことと、イタリアのブドウ農家が伝統に縛られて新しい品種を植えようとしないというのが理由かもしれない。サルタナ種は肥沃な砂質土で良く育ち、肥料は厩肥のみで、日照りにもよく耐え、刈り込みや剪定は通常通りでよい。日光はたっぷり必要である。

サルタナ種として知られるこのブドウは、最終的には、雨が多く温暖なカリフォルニア州の土壌で最もうまく育った。気候的に、アメリカで最も地中海地方に似ている地域である。フェアチャイルドがイタリアから送ったのは*Sultanina rosea*という種無しの、レーズン用のブドウで、すでにカリフォルニアの苗床園に苗木として届いていた緑色のサルタナ種よりも強い品種だった。誰が最初に目を留めたかはともかく、この新品種はまたたく間にアメリカで一番人気のあるブドウとなり、ワイン製造者にも、レーズン製造者にも、そしてブドウ好きな一般の人々にも非常に愛された。

綿生産大国エジプト

エジプトは文明発祥の地である。人間が初めて中央政府のもとに集まり、世界でも最初の都市の一つを造ったところだ。そこから人間の劇的な進化が始まった――文字による記録や車輪、そしてやがてはビールの発明。それ以前に人間がこんなふうに集まったことはなかったし、それが起こったのはすべて、農業が始まったのが原因だ。集団で農業を営むことでそれまでにない効率と規模が可能になった。共同作業することで、人々は小麦、大麦、そして家畜の生産量を大幅に増加させた。メソポタミア文明は、肥沃な土地と豊かな水のおかげで繁栄したのである。

このことは、植物を探している人間にとっては安心材料だった。エジプトの作物は古くからあったに違いなく、古いということは頑健だということだ。例外なしに、長年の栽培に耐え、その強さのゆえに選ばれてきた、最も頑健な作物だけがあるはずだった。

フェアチャイルドは、闘牛の聖地スペインに巡礼に訪れる闘牛士のように、農業が発明されたこの土地を目にするのを心待ちにしていた。一八九九年一〇月三一日、フェアチャイルドとラスロップは、アメリカ、ヨーロッパ、ロシアからの裕福な旅行者が集まる、カイロにある六階建ての壮麗なシェパード・ホテルにチェックインした。クリーム色をしたホテルの建物は四角ばって現代的で、ロマンチックなベランダからは、食事や酒を楽しむ客が埃っぽい通りを眼下に眺めることができ、両脇には手入れの行き届いた庭があって、左右対称の尖った屋根に向かってヤシの木が聳えていた。正面には、明らかにドルの記号に似せてデザインされたSHというホテルのイニシャルが刻まれていた。植民地としては世界一とされていたカイロのシェパード・ホテルは、裕福な旅人たちにとって、世界で最も興味深い人々を目にし、またそういう人々に自分の姿を見せられる場所であり、目の前で繰り広げられる東洋の生活を眺める場所でもあった。ベランダの、白いテーブルクロスに覆われた籐のテーブルから、宿泊客たちは、エジプト人が地面に足が着くくらい小さなロバに跨ったり、水売りがヤギ皮の水筒に入った水を客に飲ませるのを眺めた。トルコ兵は金色の刺繡飾りのある軍服を着て通り過ぎ、イスラム教の修道僧たちは大きな赤い頭飾りを被ってそぞろ歩きをしていた。

珍しいことに、ラスロップは長期滞在することに同意した。エジプトは世界で最もお洒落な旅先であり、古い歴史と現代の活気が入り交じる希少な土地であり、東洋と西洋が出会う中間点だった。病を患ったばかりで疲労困憊してはいたが、ラスロップもここが重要な地域であることは否定できなかったのだ。二人の旅の目的が農作物を見つけることである以上、「肥沃な三日月地帯」からはじっくりと学ばなければならなかった。

焦る必要がなくなったフェアチャイルドは、エジプトの作物だけでなく農業の起源そのものに興味をそそられた。エジプト人が持っていた農業技術のおかげで、エジプト人は初めて灌漑を試みた人々でもあり、土地の僅かな傾斜を利用する彼らの灌漑技術は実に巧く機能した。いつ雨が降るのかわからないという農業最大の不安は、ナイル川が氾濫したときに水を貯める貯水池を掘っておくことで回避することができた。貯水池から水は運河に流れ、運河から畑へ、一定の量の水がちょろちょろと流れた。

何千年もの間にこの方法でできたたくさんの作物が、フェアチャイルドの元に辿り着こうとしていた。ある人が、アメリカ人はほとんど誰も見たことがないゴマをくれた。「この種子は薬として使われている」とフェアチャイルドは書いている。「水に浸けておく（八時間から一〇時間）と粘り気が出て、好みの甘みと少量のライム果汁を加えれば美味しい飲み物になるという」。同じ日に、フェアチャイルドはヒヨコマメ——ガルバンゾ、あるいはエジプトマメとも呼ばれる——を知った。赤みがかったマメで、木の実のように焼くとポップコーンのような味がした。スペイン人がコーヒーの代用品にしていたガルバンゾは、儲かる作物でもあった。とあるエジプト人の地主によれば、およそ一二〇〇坪ほどにあたる一フェダンの土地から、毎年二〇ドルもの大きな利益が上がった。フェアチャイルドは、大量の種子、マメ、挿し穂を買い集めて、メモと一緒にいずれアメリカに送るための荷物を造った。

エジプトで栽培される古い作物の中に、一つだけ新しいものがあり、それは綿花だった。六〇〇〇年に及ぶエジプトの歴史上、それまで綿花栽培の経験はほとんどなかったのだ。綿花の原産地は紀元前三〇〇〇年頃のパキスタン、あるいはメキシコと言われているが、確かなことは誰も知らない。ハイビスカスの近縁種で黄色い花を咲かせるリクチワタは、一七九〇年にアメリカに渡り、一八二〇年になる頃にはアメリカにとって最も重要な輸出作物になっていた。それはすべて、南部の奴隷労働と、イーライ・ホイットニーが考案した、種子から綿繊維を分離する機械、コットン・エンジン、略称「コットンジン」のおかげだった。

エジプトがその肥沃な土地でようやく綿花の栽培を始めたのは一八〇〇年頃のことだったが、その後の一〇〇年間で、もっぱら綿花によってエジプト経済は赤ん坊から世界の大国に成長した。大胆な指導者ムハンマド・アリーに綿花の種を贈ったフランス人は、綿花は、栽培が楽で収穫にも金のかからない、良い換金作物になると請け合った。

その言葉は正しかった。アリーが一八四九年に死ぬと、彼の後継者らは、ヨーロッパからの融資によって綿産業を大きくしようとしたが、これはエジプトの政権にとって、海外諸国の経済と負債についての手痛い教訓を得る結果となった。だが続いて、エジプトにとって幸運なことにアメリカで南北戦争が起き、アメリカによる綿の輸出が停滞した。アメリカ人が戦争にかまけている間に、エジプトの綿農家は世界の綿の不足を補い、綿生産大国となったのである。一八四〇年代にはアメリカからエジプトに綿が輸出されていたのが、一世代後にはその方向が逆になっていた。

潤沢な利益が上がるなか、後継者イスマーイール・パシャは全国的な鉄道網の建設に着手した。世界で最も広い地域を網羅する鉄道だった。彼は地中海に面するエジプトの港町アレキサンドリアの範囲を拡大した。さらに強気なことに、彼はカイロを文化の中心にしようと決意し、そのためにもう一つの文化の都、パリを模倣した。カイロの街を拡大し、「ナイル川沿いのパリ」と呼ばれる新市街を建造したのである。新市街の建物には大きなベランダがあり、歩道にテーブルを並べたカフェがあった。カイロを訪れた者は、英語の本屋やお洒落なブティックがあることに驚き、喜んだ。

綿産業の発展によってカイロは、経済だけでなく文化教養においても中心的な存在となり、この生まれ変わった首都には多くの知識人が集まって、それが革新につながっていった。国民の食を賄うことができるようになった先進国が一様に享受する革新だ。一八九七年、エジプトの農家は、ジョージア州の綿花とペルーの綿花を異種交配させて、フェアチャイルドの言葉を借りれば「非常に長く、絹のような光沢と縮れのある、薄茶色の繊維が採れる品種」を作った。

この新しい品種はジャノヴィッチ綿と呼ばれるものだということをフェアチャイルドは知った。栽培が容易で種子から育てるのも簡単なので、金も労働力も不足しているアメリカ南部の綿花栽培農家を満足させるのにぴったりだった。長さがある繊維はそれまでのものよりずっとやわらかく、昔からアメリカ南部で栽培されてきたゴワゴワの綿とははっきりと違いがわかったため、品種が開発されてからほんの数年後には、エジプト原産でもなければ長い間栽培されてきたのでもないこの品種が「エジプト綿」と呼ばれるようになった――やがてこの名称は世界的に、外国産の高級品を象徴するものとなっていく。

「そんなに素晴らしいと思うなら、もっと送ったらどうなんだ?」ある日、ワシントンDC向けの最新の荷造りに夢中になっているフェアチャイルドにラスロップが言った。そしてこの荷はフェアチャイルドがこれまで送ったものの中で最も大きいものになった。彼はどの作物をどれくらい送るかをじっくり考えた。彼は一か月にわたって種や挿し穂を山のように集め、それから三日かけてそれらを、通気性、湿度を確保し、大西洋を航海中にできるだけストレスがかからないように綿密に梱包した。彼は、農務省に大きな荷が届いたときに何が起きるかを知っていた――せっかく熟考して選ばれた種の包みは、大きすぎたり開梱しにくかったりすると放置されかねないのである。数年前、ロシアの小麦の種が大きな荷物で届いたときには、すべての種を植えることができないうちに枯れてしまった。

フェアチャイルドは、荷を造り、何度も解いては梱包し直した。出来上がった荷物には、カンタロープやペッパーからオクラまで、四三種類の作物が詰められ、彼の指示書も作物と同様に色とりどりだった。その中にはたとえばエジプト産のカボチャ（「果肉の量も甘さも非常に優秀」）、「通常の品種よりも二〇日短い期間で成熟する」キュウリ、「灌漑される西部の土地に推奨の」タマネギなどがあった。また、アメリカに自生する品種よりも収穫量が多いと思われるマメ、トウモロコシ、スクウォッシュの品種も一緒に送った。

フェアチャイルドが特に気に入ったのはそれらの作物の名前の珍しさだった――アメリカでは誰も耳にしたことのない名前だ。たとえば「フラックス」と呼ばれる、油が採れる小さな種子（「乾燥した地域で育つ」）。赤い実のなるストロベリースピナッチ（「野菜料理に綺麗な色を添える」）もあったし、食べられるジュートと呼ばれるものは、葉を乾燥させてどろっと粘り気のあるスープを作ることができた（「エジプトの農民たちの大のお気に入り料理だが、おそらくは安いからだろう」）。

綿市場を席巻するアメリカ

最後に彼は、荷物の一番上にエジプト綿の種と木の見本を入れた。ラスロップのアドバイスに従って、彼は一ブッシェルではなく二ブッシェル分の種を送った。これは普通の市場なら四〇ドルというとんでもない高値で売っているものだったが、ある気前の良い栽培農家が、フェアチャイルドを気に入って無料で分けてくれたのである。この荷を送るのに一〇〇ドルかかるとわかったときにはフェアチャイルドもラスロップもびっくりした。給料の良いアメリカ人の、一か月分の給料に相当する額である。だがそれだけの金を払えば、荷物がワシントンDCに無事に到着することが保証されていた。英語圏以外の国の港から送る貨物は、ときには天候による遅延のせいで、あるいは単に仕事がいい加減なせいで、船から船へと積み替えられることが多かったが、このフェアチャイルドの荷物は、地中海沿岸の港に寄港してさらに荷を積み込む以外は、カイロからまっすぐにニューヨークへと向かうことになっていたのである。

結局、発送に金をかけただけの価値はあった。ワシントンDCの育種家たちはすでに綿花の品種改良実験を始めており、彼らが作った品種は、暑くて湿度が高いという最適な環境がある西のカリフォルニア州やアリゾナ州に送られて、高品質な綿花栽培の新しい中心地となっていた。フェアチャイルドが送ったエジプトの綿花は彼らがそれまで見たことのあるうちの最高のものだった。

アリゾナでは当時、A・J・チャンドラーという男が綿花を栽培しており、砂漠土で綿花がよく育つかどうかを実証しようとしていた。フェアチャイルドがエジプトから送った綿花はチャンドラーの取り組みを助け、彼の実験は想像をはるかに超える大成功だった。長い繊維が採れるこの新しい品種はアメリカの綿製品の品質を向上させ、その結果、成長中の市場の需要を拡大させた。中でも特に需要拡大に貢献した使い途が一つあった。生産が追いつかないほど売れている自動車のタイヤの内張りに綿が使われていたのである。

ジャノヴィッチ綿は、フェアチャイルドが一番最初の頃に見つけた植物のうち、アメリカ国内に海外と競合できる産業を創生することを目的に海外の作物を探す、というやり方が経済的に有益であり、かつ地政学的観点からも非常に重要であることを示してみせた初めての例だった。アリゾナ州とカリフォルニア州の綿花栽培農家の生産高が増えるにつれ、綿市場におけるエジプトの支配は弱まっていった。英国のバイヤーたちは再びアメリカを相手にし始めた。アメリカの輸出業者の方が仕事がしやすかったし、広大な土地のおかげでアメリカの綿は価格が低く抑えられていたからだ。

どんな作物もそうだが、綿も進化を続けた。初期のエジプト綿の品種は、新しく、より頑健で、栽培に手がかからず安定した品種へと変化した。第二次世界大戦が始まる頃には、アリゾナの長毛筋綿の試験農園から一億ドル市場が生まれて州経済を活気づかせ、アメリカ国民全員に綿のズボンが行き渡るほどの綿を生産していた。

シェパード・ホテルを後にしたフェアチャイルドは、自分とラスロップのトランクをラクダの背に積み、ラスロップと並んでラクダに揺られてスエズ湾で待つ船へと向かった。エジプトの緑豊かな丘陵が背後に遠ざかっていくのを眺めながら、彼は本領を発揮しつつある人の自信にみなぎっていた。世界を股にかける植物学者の仕事に自分はうってつけだと感じるのだった。

そして、当面の間はその通りだった。だがエジプトにいた彼は、母国アメリカで、彼の仕事を不要だと、それどころか危険でさえあると感じる人が増えていることを知らなかった——新しい機会に溢れたこの世界が、あまりにも速いスピードで変化していることを。

10章　アジアへ進出

フェアチャイルドはジャワの市場で、風変わりな小物や安物の装身具に囲まれて立っていた。一人の女が彼の腕に、ブレスレットやらガーターやらを次々に嵌めていく。いつもなら彼は、この手の土産物店は避けていた。決まって金持ちの欧米人としてじろじろ見られるのが嫌だったし、自分の旅を思い出すためにくだらないガラクタは必要なかったからだ。

だが今、彼はこうして、手足は隙間なく糸やら金メッキのブレスレットやらに覆われ、鏡だのビーズだのキラキラ光る布切れだのでポケットを膨らませている。彼の周りには人が集まり、困ったような、嘲るような言葉を低い声でつぶやいていた。他に買うものはないかと女に訊かれ、フェアチャイルドは辺りを見回して、小ぶりの猫の置物が二個置いてあるのを指差した。彼は女に硬貨数枚を渡し、置物を手に持って人混みから離れた。

物々交換をする相手が何人になるか見当がつかないので、彼はできるだけたくさんのものを買ったのである。インド洋に浮かぶ島々の民族は、自分の島以外のところから来たものにほとんど接したことがない。だからこうしたキラキラした奇妙な物品は、彼らに植物を譲ってもらうための、一種の貨幣代わりだった。

エジプトを後にした二人は、英国の豪華蒸気船に乗って南へ、それから西へと進んだ。インドのすぐ近くを通ったので、普通の旅人なら誰でも、常に爆発が起こっているような都市、ボンベイに立ち寄ったかもしれない。だがラスロップは、ボンベイのとんでもない人の多さ、汚さ、そして押し付けがましく眼の前で炸裂する文化にはまったく興味がなかった。フェアチャイルドも反対しなかった——なぜならラスロップは、インドにはいつかフェアチャイルド一人で行けばいい、金は出す、と約束していたからだ。さらにラスロップは、インドの代わりにさっさとジャワに行き、四〇日間のマレー諸島巡りを始めようと言った。マレー諸島はアルフレッド・ラッセル・ウォレスが進化の仕組みを発見したところである。ラスロップは、フェアチャイルドがこの提案に反対するはずがないことを知っていた。

フェアチャイルドが物々交換に使うものを買い漁っている間にラスロップが旅の手はずを整えた。行き先には一〇を超える島が含まれ、その多くはまったく知られていなかった。最後の訪問地は、ドイツによる植民地化の初期の試みとなった大きな島、パプアニューギニアだった。オランダ・インド汽船会社はこれらの諸島を巡るチャーター便の運行を開始していたが、それはかつて、予測できない危険のため不可能とされていたことだった。島民は白人の血に飢えているという噂は、自分で行って確かめるよりもそのまま信じる方が楽だったので、何十年もの間語り継がれていたのである。一九世紀には珍しく文化相対主義者の一人であったラスロップでさえ、オランダ・インド汽船会社がこの一群の諸島は安全になったと判断したのか、それとも単に金儲けになると考えたのか、判断がつかなかった。

フェアチャイルドもラスロップも、怖いとは感じなかった。とてつもない財力があれば、ある程度の身の安全は確保できるものだ。とは言えアメリカ人観光客は、ジャワ島を除き、オランダ領東インドではどこでも歓迎はされなかった。それはあからさまな暴力への抵抗というより、迫りくる侵略から身を護る用心深さだった。オランダ人は「アメリカがピラミッドのように積み上げ、世界中にばら撒いている富が引き起こす、避けようのない影響」――言い換えれば、権利を振りかざすアメリカ人旅行客の傲慢な態度と、アメリカが次々に他国の植民地を乗っ取ってきたこと――に気がついているのではないかとフェアチャイルドは思った。フェアチャイルドとラスロップは厳密に言えば観光客ではなく調査員だったが、それでも、役人と話をしなければならないときには、フェアチャイルドはかすかなイタリア語のアクセントを交えて話すのだった。

狭い海峡やサンゴ礁の上を進むこの先の遠征に、細長い小型船はぴったりだった。船がジャワを出ると、フェアチャイルドは海の青さと大気の湿り気を思う存分に味わった。ジャワには以前一度来たことがあったが、ジャワ海に浮かぶ島々はあらためて彼を魅了した——素晴らしい植生や昆虫、奇怪な動物たちの天国。それは活火山があるためだった。もともと暑い熱帯の島々は、活火山があるおかげで常に暑い風呂のごとくであり、その結果、中緯度地帯では天候が変わりやすすぎて適応できないような生物の多様性を生んだのである。海中にはサンゴ環礁が、頭上には青い山脈が聳え、そのすべてを鏡のようになめらかな青い大海原が囲んでいた。行く手には危険が待っていたが、彼は自分がこの一帯をよく知っているような気がして嬉しかった。

船がジャワ島を出港したのは、ちょうど世界が新しい年を迎えたときであったことに、フェアチャイルドとラスロップは後から気づいた。一九〇〇年一月の初頭はいつもと特に変わらなかった——船は、波間を浮いては沈み、あちらへこちらへと進んだ。

熱帯の太陽の下、フェアチャイルドとラスロップはデッキチェアを供与され、最初の数日間、数か月前にチリで会ったセニョール・イズキエルド［訳注：Izquierdoはスペイン語で左の意］、英語で言えばミスター・レフトという男のことを思い出して笑いながら過ごした。二人はミスター・レフトとミスター・ライトのふりをして会話し、やがてすっかり混乱して、腹を抱えて大笑いするのだった。

マレー諸島と白人

四〇日間の旅程の最初の寄港地はロンボク島だった。緩やかに弧を描いて並ぶ険しい火山丘陵が、岸に近づく船に影を落とした。オランダがロンボク島の人々を制圧し、すすけた火山性の土地を自分たちのものだと主張するようになったのはつい最近のことだった。高い断崖と、水に飢えたヤシの木が並ぶ海辺の土地を除いては土地が農業に向いていないことから、もともと原住民の数は少なく、おそらくは数百人程度だった。とは言え、植民地化というのは平和的なものとは言い難く、先住民族はオランダ人とは厳密に分離した生活をしていた。それが習慣でもあり、彼らの選択でもあったのだ。

フェアチャイルドが船に持ち帰ったのは、白黒のライマメと初めて見るピーナッツの品種だけだった。「先住民の市場ではこれといった作物は見つからず、ロンボク島滞在はまるで期待外れだった」と彼は書いている。バリ島とスラウェシ島についても同様だった。ジャワで見た驚異的な南国の作物が島の奥深くに隠れているに違いないとは思ったがそこへ行くには何週間もかかり、そんな時間は彼にはなかったし、怒りっぽくて剛胆な島民に出くわすこともなかったのだ。

フェアチャイルドの日記、ノート、回想録には、この時代の人々が書いたものの多くがそうであったように、未知のもの、よく理解できないものはすなわち危険とみなす、多民族に対するこうした不安な思いが頻繁に登場する。当時の島文化の多くは、よそ者にとっては確かに荒っぽくて暴力的に見えたが、それには、フェアチャイルドにはほぼ理解できなかった理由があるのである。一九世紀の白人系アメリカ人であるフェアチャイルドは、屈辱的だった植民地時代の生活を知らず、もともと誰にも隷属しなかった人々が、外国に力で侵略されることについてどう思っていたかを理解することができなかった。その結果彼は、彼にとってなじみのないそうした人々のことをしばしば批判し、哀れみさえしたのである。「それぞれの島で私たちは違う種類の原住民に出会った。その島で生まれ育ち、白い砂浜に打ち寄せる波の向こうにあるもののことなど何一つ知らない人々だ」と彼は書いている。

だが、原住民が世界について知っていることは、実はフェアチャイルドが思ったよりもはるかに複雑だった。自分たちがヨーロッパ人によって侵略されたこと、彼らが暴力と病気を持ち込んだこと、島の女性たちを頻繁に陵辱したためにキャラメル色の肌をした赤ん坊が生まれるようになったこと——これらインド洋諸島に住む人々にはそれがわかっていた。フェアチャイルドの意見に反して、この島々の住民らが訪れる白人を殺さなかったのは、彼らが進んだ人種であったことの証しだ。白人の武器と比べて頼りない弓矢やナイフなどの武器で白人を寄せ付けずにおくことなどできない、と彼らは渋々ながら認めたのである。さらに人々の民度を示したのが、植民地として従属するという自らの宿命を甘受しているということだった――それ故にこそ、植物を探しにやってきたアメリカ人の二人組の船が沖合に錨を下ろしたとき、自分たちが立つその島以外に何一つ所有しない島民たちは、彼らを追い返そうとはせず、謹んで彼らの調査を手伝ったのだ。

その最たる例がセラム島での出来事だった。パプアニューギニア島の西にある、ワシのような形をした岩礁沖の浅瀬で、二人の船は浜から四〇〇メートルほどのところでやわらかな白い砂に錨を下ろした。上半身裸でシミだらけのサロンを腰に纏った島の男たちは、一人また一人と、バシャバシャと水しぶきを上げながら歩いて船に近づいてきた。きちんとした身なりをした船上の人々はズボンが海水で濡れるのを嫌がるだろうと気づき、担いで陸まで運ぼうというのである。

島民の一人は胸に醜い赤い痣があったが、情けない様子をしたその男が近づくのを見てフェアチャイルドには、それが「自分の馬」としてあてがわれたのだということがわかった。

痣のある男の背におぶさって岸に向かう途中、周りでは、銀色の魚が水から鉛筆のように細いマングローブの枝に飛び上がった。長ズボンと色付きのシャツを着ていたフェアチャイルドは、男の皮膚に触れまいとした――乾癬が移るのを恐れたのである。男が彼の荷物を砂浜に投げ下ろすと、フェアチャイルドは男にうなずいてみせた。あたりの砂は明るい茶色をしており、まるで生きているかのように海に近づいては遠ざかり、ヤドカリの貝殻が波間をチョコチョコと走り回った。頭のてっぺんに一束の黄色い毛があるだけで他には毛のない犬が一匹、フェアチャイルドに向かって走ってきて、嚙まれるかと思った瞬間、代わりに顔をフェアチャイルドの脚に擦りつけた。彼が笑うと島民たちも笑った。

他の者たちが船から運ばれてくるのを待つ間、フェアチャイルドは島民たちの裸同然の体を盗み見ずにはいられなかった。だらりとしたペニス、垂れ下がった乳房、ボサボサの髪。当時のアメリカ人は、絵描きでもない限り、他人の裸を見たことがないまま大人になることもあった。三二歳の独身男であるフェアチャイルドにとって、彼らの裸を見るのは性的欲求からではなく単なる好奇心からのことだった。これは正当な行為である、とフェアチャイルドは思った――じっと見つめているのに気づかれない限りは。

ジャワ海の旅は端から端まで三八〇〇キロメートルに及び、その中には何千という島が散らばっていた。隣の島までかろうじて泳いで渡れるほどの距離しか離れていないこともあった。島と島の近さが列島を一つにまとめてはいたが、人々はバラバラだった。フェアチャイルドは島と島の小競り合いを、子どもじみてつまらないことだと記している。「まるでケンタッキー山脈の貧しい白人たちの確執を見ているようだ。どちらも、この程度の文化では人間は狂気を孕んでいるということの証拠である」と彼は書いている。ある島では、数人の戦士がフェアチャイルドを首長の家に連れていき、ずっと昔の戦いの戦利品である古い鉄の大砲を見せた。火薬がなくては武器は役に立たなかったが、彼らの敵はこれが欲しくてたまらず、そのことだけでも価値があるのだった。

さらに進んでドボ島では、最も鮮烈で悲劇的な暴力をまざまざと目撃した。フェアチャイルドとラスロップの乗った船に先行していた別の船が、パプア人と接触し、あわよくば商取引をするために機関士と甲板長を島に送り込んだのだが、ボートが浜辺に着くやいなや、矢の雨が二人に降り注いだのである。甲板長はなんとか手こぎボートで逃げたが、機関士は浜に取り残され、茂みに走って逃げ込んだのは自殺も同然だった。船長は二等航海士に正式な制服を着せて島に送り、機関士の救助を交渉しようとしたが、そのボートにも矢が降り注ぐと彼もまた引き返した。

護衛部隊がいたならば、フェアチャイルドはもう一度救助を試みたかもしれない。先程の二等航海士の軍服が威嚇的に見えたことを彼は知っていたし、最良の作戦はむしろ焦らないこと、次に、我々白人はここへ、攻撃のためではなく敬意を示すためにやってきたのであり、島民は文化的対話における対等のパートナーである、ということを大げさに身振りで示してみせることだと考えていた。だが、フェアチャイルドの子ども時代の自信は、世の中にはそっとしておくべき人々がいるという教養に取って代わられていた。だから、先へ進もうと船長が宣言したときも彼は反対しなかった。

翌日、一〇〇人ほどの生活を支えるのがやっとの小さな島、セカールでも、緊張した状況は前日と大差なかった。汚れのない青い海を白い砂浜に向かって渡るために手こぎボートに乗り込もうとしたフェアチャイルドは、浜に立っている男がしかめ面をしているのに気づいた。

「笑うんだ」と船長が言った。「冗談を言ったり、滑稽なことをするんだよ。真面目な顔をしてはいけない、さもないとまたあいつらの槍が心臓に突き刺さるぞ」

フェアチャイルドはボートを浜に引き上げた。彼は終始笑みを絶やさず、子どもの頃カンザスにやってきた移動サーカスの道化みたいに空中で腕を振り回した。高い声でしゃべり、目をできるだけ大きく見開いた。パプア人はじっと彼を見つめたまま動かなかった。一九〇〇年になる頃には、彼らは白人のふざけた仕草、とりわけ彼らが珍しいものとして持ってくる鏡だのビーズだのには飽き飽きしていたのだ。

誰も笑顔を見せなかったが、フェアチャイルドを殺すこともなかった。そして、セカールを統治する君主、ラジャの目前で長らく道化を演じた後、フェアチャイルドは考え付く唯一のことを口にした――この島の植物に興味があるのだ、ということを。

小さなボートを漕いで島を去るフェアチャイルドの横には、洋ナシのような形をして彼の頭ほどの大きさのある柑橘類の果実があった。その円形の果実は緑色で丸々と太っており、中身はピンク色とオレンジ色であることを、間もなく船に乗っている全員が知ることになった。ザボンだった。シャドクと呼ばれることもある、この堂々と立派な柑橘果実には、*Citrus maxima*という学名こそ相応しかった——その大きさもさることながら、地球上の柑橘類の祖先となった、わずかな真正種の一つである。

だが、いろいろな意味で、ザボンはすでに世界の動きから取り残されていた。アメリカではグレープフルーツの果樹園が次々とできていた。英国からの入植者が持ち込み、唯一気候が適していたフロリダ北部で目新しいものとして栽培したのである。一八八五年までには、グレープフルーツはフロリダからフィラデルフィアとニューヨークに出荷されていた。その人気はアメリカのみならず世界中で高まり、一九〇〇年となった今、もはやザボンは新しくもなんともなかった。

それでも、ザボンの原種は台木として貴重であるとフェアチャイルドは考えた。それに、ほとんど信じ難いほど大きな楕円形の果物は、それだけで価値があった。だから彼は、これを入手できたことを幸運だと思っていた——たとえ、この唯一の果実が枯れてしまわないためには特別の注意が必要だったとしても。「大きくてとても酸っぱい果実の種子」と、まだ果肉の味をはっきり覚えている間に彼はメモした。果肉から種を外すのは簡単だった。彼は種を湿った布の上に置き、土と一緒に梱包できるまで布が乾かないようにすること、と覚書をした。それから世界の反対側にこれを送るのだ。

フィリピン支配とマンゴー

マレー諸島の小さな島の数々を巡る四〇日間の航海が終了すると、フェアチャイルドは次の目的地をフィリピンに定めた。一九〇〇年、フィリピンはその重要性を増していた——アメリカが統治国となったからだ。

一八九八年の米西戦争での勝利に自信をつけたアメリカ人は、領地拡大をますます望むようになっていた。

米西戦争の戦利品の中には、カリブ海のプエルトリコ、太平洋のグアム島、そして、ワシントンDCからは遠く離れたフィリピン諸島が含まれていた。フィリピンは長らくスペインの植民地であり、その名前からしてスペインのフェリペ二世から来たものだったが、一八九八年にはフェリペ二世の死からすでに三〇〇年が経過していた。

アメリカの貿易相手となり得る東アジア、人口五億の中国への足がかりとして好都合と思われるマニラは、アメリカの領地となっていた。そのあまりにもあからさまな利己主義を倫理的に正当化しようとして、アメリカの政治家たちは、マッキンリー大統領によれば「自らを向上させることができない」無力なフィリピン人たちの支配権を維持するのがアメリカの義務である、という精巧な理屈をでっち上げた。インディアナ州の上院議員候補アルバート・ベヴァリッジは、フィリピンに自治を許すのは「赤ん坊に剃刀を与えるようなもの」、また「エスキモーにタイプライターを与えるようなもの」であると主張した。

ベヴァリッジの巧言はしかし、アメリカによる統治に感謝すべきである、とフィリピンの反米論者たちを説得する役には立たなかった。むしろ彼らは、スペインの植民者らから奪った武器を素早くアメリカに向け、スペインに対抗した以上の軍事力で立ち向かったのである。小競り合いは残虐行為にエスカレートした。腹を切り裂かれて殺されたアメリカ兵が発見されると、アメリカ軍の司令官は、その村の一〇〇〇人以上の住民の皆殺しを命じた、と、ある若いアメリカ兵が家族への手紙で伝えている。アメリカ人たちの多くは何もしようとはせず、軍隊にことの解決を任せた。反対する声もあった。最も目立ったのは、フィリピン人を解放するためにフィリピンをマッキンリー大統領から二〇〇〇万ドルで買い取ろうという裕福なアンドリュー・カーネギーからの申し出だった。だが彼の申し出は却下された。

ウィルソン長官は、フェアチャイルドがこの地域にいることを知ると、アメリカの最新の植民地が持つ農業的な可能性を調査するよう要請する書簡を送った。「アメリカ軍の存在は君に有利に働くのではないだろうか」

とウィルソンは書いている。

確かにフェアチャイルドはアメリカ人であり、フィリピンはアメリカの領地ではあったが、ウィルソンの推測は間違っていた。フィリピンはアメリカに手懐けられてはいなかったのだ。アメリカ人に対するフィリピン人の抵抗は続き、マニラは常に暴動が起きる一歩手前で、誰も農業のことなど頭になかった。フェアチャイルドがフィリピンに着いたのはたまたまモンスーンの季節で、道路は泥沼と化していた。フェアチャイルドはなんとかマニラ郊外で、フロリダの人々が喜びそうなマンゴーの品種をいくつか入手した。彼の直感は正しかった——まるでキャンディーのように甘く繊維も少ないカラバオマンゴーは後に、栽培可能な温暖な州で「シャンパーニュ・マンゴー」として有名になったのである。ほっそりとした形とバターのような果肉は、砂糖以外でこれほど甘いものを食べたことのないアメリカ人の味覚に衝撃を与えた。栽培農家や育種家はいたく感銘を受け、植物育種においては夢のようなその遺伝子は、その後の一〇〇年間、アメリカで栽培されるほとんどすべてのマンゴーの品種に受け継がれた。

もちろんフェアチャイルド自身は、アボカドと並んで彼からアメリカ農家への最大の贈り物となったこの将来の大成功について知る由もなかった。フィリピン滞在中に彼にわかっていたことと言えば、フィリピン人が彼を歓迎していないということだけだったのだ。農業を通じてフィリピンを制圧するという幻想は、オランダ人がコーヒーで、スペイン人は農業機械を使って同じことを試みたが失敗したことを知ると儚く消えた。

フィリピンの中心から遠ざかり、初めてアジア大陸へと向かう船の上で、フェアチャイルドはウィルソン農務長官に手紙をしたためた。「フィリピンの農業を包括的に調査するには時期尚早です。我々は彼らの制圧に未だ成功しておりません。現在は一年かかることも、いずれはその四分の一の期間でできることになり、アメリカの出費もはるかに少なくて済むでしょう。農務省から送り込まれる植物調査員は常に危険に晒され、造反者の抵抗運動によって絶えず邪魔されて、彼らの維持費という出費に対する見返りは非常に少ないと思います」

フェアチャイルドの手紙はワシントンＤＣに着くと、何人もの使者を通じてマッキンリー大統領のデスクに届けられた。マッキンリー大統領は、暴力的なフィリピン人を力で制圧できないのならば、民主主義で手懐けることができるかもしれないと考えた。フェアチャイルドの報告を読んだ彼は、ウィリアム・ハワード・タフトという名の恰幅の良い連邦判事をフィリピンに送った。フィリピンのことは何も知らなかったが法律的なノウハウに詳しいこの男に、フィリピン人が自治を行える、あるいは少なくとも自治を行っているという錯覚を覚えるような文民政権を作らせようとしたのである。

タフトは、フィリピンの製品を無関税でアメリカに入れる保護貿易を提供することで人々の抵抗を沈静化しようとした。だがこれは、見せかけの寛大さを侮辱ととったフィリピン人の怒りをさらに煽る結果になった。フィリピンの人々の激昂ぶりを目の当たりにしたフェアチャイルドは、アメリカ軍がこの島国を放っておく以外に争いを完全に収束させる方法はないと確信していた。だが彼の意見は政府の耳には届かなかったか、あるいは無視されたのである。大金をかけたアメリカ軍によるフィリピン制圧の戦いは、始まりから終わりまでに四八年を要した。

中国人のエネルギーに圧倒される

身動きがとれず、足の踏み場もなく、どちらを向いても人と目を合わさないわけにはいかない。フェアチャイルドは四方八方を人に囲まれていた。上陸したときでさえ、他の小舟と何度も軽くぶつかった。小舟の中では、先の尖った帽子を被った男たちが、その帽子のように尖った声で何か喚きながら、網の袋に魚を詰めていた。「何よりも感覚を圧倒するのは、ものすごい数の人間が、信じられないほど密集していることだ」――地球上で最も人口の多い国、中国への初めての旅で、広東に着いたフェアチャイルドはそう思った。四〇〇〇年にわたって中国は、国家の浮き沈み、経済の発展と衰退を繰り返し、宗教が生まれては消えてきた。唯一後退することがなかったのが人口で、毎朝日が昇るたびにその数は増えるかのように見え、一九〇〇年には中国の人口が全世界の総人口のほぼ三分の一を占めていた。肩を突き合わせるほどの人の多さからは自ずと規律と秩序が生まれ、フェアチャイルドは、これほど整然としたところならば種を集めるのは簡単に違いないと思った。

中国には、五感をびっくりさせるものが山ほどあった。店の庇の下には、往々にしてまだ生きている鶏が吊るされている。蒸した野菜の匂いと一緒に、炊いた米と海藻の香りが漂ってくる。だが一番強烈に運ばれてくるのは、フェアチャイルドが「圧倒されるような悪臭」と表現した汚物の臭いだった——大きな天秤棒を担いだ男たちはそれを、棒にぶら下げた二つの桶で運ぶのだった。中国の創意工夫の見事な例の一つが堆肥である。彼らは、人間や犬、カイコの糞に含まれたリンさえ無駄にはしなかった。窒素とリンを豊富に含む人間の屍は、死んだ場所、あるいは生前住んでいた土地に埋葬されて直接土に還る。こうした無駄のなさは食べ物にも当てはまった。肉屋は羊の内臓まで、使えるところはすべて使い、決して無駄にしなかった。

中国にあり余っているものと言えば人間のエネルギーだけだった。それがあまりにも豊富であったために、人々の生活を楽にしたであろう革新の邪魔をした。汚物を運んだり、やかましい手押し車や家畜を交通整理したりすることが人々に仕事を与えた。仕事があれば、人は他のことを考えない。

フェアチャイルドにとって幸運なことに、人口密度の高さと同様に農作物もまた豊富だった。とある小さな市場では、一人の農民がグアバを食べさせてくれた。彼は以前にもグアバを食べたことはあったが、これほどまでに甘く瑞々しいピンク色の果肉のものは食べたことがなかった。丸くて黄色っぽいタマリロという果物や、とても甘くてジャムにするのにぴったりのモモもあった。木になる小さな柑橘もあった（ある英国人がビ

1900年。中国では、フェアチャイルドの行く先々に豊富な肥料があった。広東の近くでは、スターフルーツの果樹園に肥やしをいっぱいに湛えた陶器の壺が並び、「臭いが空まで届いた」と書いている。

ワだと言ったが、おそらくはキンカンだったと思われる）し、ペッパーは大きさも種類もさまざまだった。ある夜彼が、食べていた炒めものに入っているシャキシャキした白い円形のものは何だと尋ねると、木の実ではないのにウォーターチェスナッツという名の塊茎だということだった。水性の草本で、調理しても決してフニャフニャにならない珍しい食感があった。「南部の湿地での栽培を検討する価値がある」とフェアチャイルドはメモしている。

実際、彼が送ったウォーターチェスナッツはアメリカ南部に無事に届いたが、人気が出ることはなかった。湿地の泥水の中で栽培しなければならないこと自体は致命的な問題ではなかったが、栽培は楽ではないし汚い作業で、その割に食用になるところは小さくてほとんど味がしなかったからだ。もしもアメリカの国土がもっと広かったら、あるいはその頃のアメリカが、土地のより有効な利用法を重視する段階にあったら、栽培できるからという理由だけで農家はウォーターチェスナッツを栽培し始めたかもしれない。だが、フェアチャイルドが送った作物の多くがそうであったように、タイミングが悪かったのである。こうしてウォーターチェスナッツはその後もアジアの食材のままだった。このことを一番如実に物語っているのは、一〇〇年後のアメリカでも、ウォーターチェスナッツはテイクアウトの中華料理に脇役として使われているのがせいぜいであるという事実だろう。

むしろ中国での一番の収穫は米だった。中国人以上に米を大量に、かつ巧みに栽培する者はいなかった。彼らの栽培法には誰も敵わなかったのだ。フェアチャイルドは水田の中を、ときには足首まで水に浸かりながら歩いては、許可がもらえるところで稲を引き抜いた。そのうち、立ち入ることが許されていない水田でも同じことをするようになった。彼はワシントンDCに六種類の稲を送った。やがてそのうちの一つはノースカロライナ州とサウスカロライナ州で、その他はカリフォルニア州で栽培されるようになった。米の生産にかけては中国の覇権を揺るがす国はなかったが、アメリカも米についてはそれなりに貢献した。土地、水、労働力が限られていたことによって、独自の発明があったのだ。昔からのやり方に代わる、より新しくより良いやり方を見つける、という典型的なアメリカ人気質がやがて、田植え機と、より少ない水で育つハイブリッド種を生み出したのである。

到着したときと同じように大変な思いをして中国を後にし、中国には行く気がしなかったラスロップが待っている香港に戻る船上で、フェアチャイルドは頭がクラクラしていた。「あれほど現実離れした人々、行動、慣習で私の頭をいっぱいにできるのは悪夢だけだ。広東にいる間に経験したことのすべてが、まったく信じられない」。中国には、感嘆すべきこと、奇妙なこと、そして危険が混ざりあっていた。国民の持つ驚異的なエネルギーをうまく使うことができれば、将来は超大国になるかもしれなかった。

腸チフスにかかる

香港から、フェアチャイルドとラスロップはバンコクに移動したが、船長はモンスーンが近づいているのを憂慮して、一晩しか陸上での宿泊を許さなかった。ラスロップは船上で、中国人移民や労働者に交じって目立つ存在だった英国人夫婦と知り合っていた。ファーナムというその男性は、ラスロップと、旅のことや、たくさんの外国人の中で自分が白人であることを誇らしく思うといったような社交辞令を交わした。妻の方は何も言わず、肌が真っ赤な赤ん坊を抱いて控えめに微笑んでいた。

世界中どこへ行っても、どこの大陸でも、病気はフェアチャイルドとラスロップを追いかけてきた。これまでのところフェアチャイルドは病気にも罹らず健康だったし、ラスロップも少しずつ回復してはいたものの、病気でこれほど体の機能が低下したことはかつてなかった。五二歳になった今やっと、彼は年齢を自覚していた。生と死が隣り合わせで、一歩間違えば肉体の健康が失われてしまう時代にあって、健康が会話のトピックになることは多かった。

「あの赤ん坊はコレラだな」。その夜、ラスロップがフェアチャイルドに言った。「俺の船室を使わせてやろう」

ラスロップは自分の荷物をフェアチャイルドの船室に移してベッドを占領し、フェアチャイルドは布張りの椅子で寝る羽目になった。その後、壁の反対側から聞こえてくる赤ん坊の泣き声は徐々に大きくなり、やがてそれが止まった。ファーナム夫妻の姿が船のダイニングルームから消えた。ラスロップは嘆き悲しむ夫婦のために、小さな棺を用意してやった。「ラスロップ氏の優しい心根をよく表している」とフェアチャイルドは書いている。

すでにコレラが一人の命を奪った船がセイロンに着くと、乗客はこぞって船を下りたがった。セイロンは英国の植民地で、後にスリランカとなったところである。ラスロップは真っ先に下船し、間もなく二人は四輪馬車で騒々しい港から遠ざかり、熱帯作物が見つかるかもしれない植物園に近いところにある宿を目指して山の方角に向かった。

船を下りたとき体がだるいのを感じていたフェアチャイルドは、宿に向かう間ずっと座席で不機嫌だった。クタクタだったし、頭がフラフラした。ラスロップを——そして自分自身を——安心させるために彼は、ただ疲れているのだ、波に揺られる船の上ではなく、しっかりした地面の上で休む必要があるだけだ、と言い張った。だがラスロップは、ぐったりと頭を垂れたフェアチャイルドを不審の眼差しで見た。宿に着く頃には、フェアチャイルドは立ち上がることさえやっとで、接客係の助けを借りて部屋まで行った。

症状からすると、細菌による感染症で人から人に移る腸チフスのように見えた。おそらくはあの赤ん坊が死んだ船の上で感染したのだろう。一九世紀、腸チフスは人々を最も苦しめた疾病の一つで、何百万人もの死者を出したが、一八九六年に英国の科学者がワクチンを開発していた。でもここセイロンではワクチン接種など不可能だった。患者はまず、疲労感が非常に強くなり、眠る以外何をする気もなくなるが、そこへひどい頭痛と筋肉痛が始まり、続いて発汗、咳、便秘と下痢の繰り返しが起こる。せん妄が始まる頃には、患者は大抵、半眼を開けて仰向けになったまま大きな唸り声を発して昏迷状態に陥る。

初めのうちフェアチャイルドは一日の半分を眠って過ごしたが、やがて寝床から起き上がれなくなった。ラスロップには、寝ているフェアチャイルドの側に座っていること以外何もできなかったが、フェアチャイルドが汗びっしょりで怯えたように目を覚ますのを見るとラスロップまで怖くなった。子どものいないバーバー・ラスロップにとって、目の前に横たわるフェアチャイルドはもはや家族同然で、息子に一番近い存在であり、おそらくは、長い旅をともにできる唯一の人間だった。親愛の気持ちを込めてラスロップはフェアチャイルドのことを「フェアリー」と呼ぶようになっており、それに応えるようにフェアチャイルドもラスロップを「バーバー叔父さん」と呼んだ。初めて一緒にした旅でラスロップがしばしばフェアチャイルドを叱責したのが功を奏したに違いなかった——今目の前にいるフェアチャイルドは、経験豊富、かつ自分の知力に自信を持つ若者だったのだ。それだけではない。二人の作物探しが経済的に成功するかどうかはフェアチャイルドの専門知識にかかっており、事実上、それが二人の冒険旅行の指針となっていた。ラスロップは普段、何事に対しても無気力・無関心を装うのが常だった。だが今、壁の時計を見ながら彼が感じていたのは不安と怖れだったた——それは、世界中のどこであろうと、彼以外の人なら愛と呼んだであろう感情だった。

ある朝ラスロップが朝食を摂っていると、ホテルの支配人が「あの方にはただちに移っていただきます」と言った。

「移るってどこへ？」とラスロップが訊いた。

「病院でございます」

支配人は、宿泊客が腸チフスに罹っているという噂を耳にしていた。ラスロップとともにチェックインした

1902 年。腸チフスのおかげで、セイロン島での滞在は不快で非生産的なものとなり、フェアチャイルドはあわや命を落としかけた。コロンボに近いマウントラビニアの浜辺を見下ろすこの写真は、セイロン島に到着したときか出発直前に撮影したもの。

若者が何日経っても朝食に下りてこないことに気づいた彼は、それが誰なのかを察したのだ。コレラやマラリアと違い、腸チフスは感染症であると信じられており、支配人は、フェアチャイルドがいるとホテルにいる者全員の身に危険が及ぶと思ったのである。

温厚になったラスロップだったが、いつもの気性の激しさを抑えることはできなかった。

「あの臭い病院なら見たことがある。あんな所へは移させせんよ」

「失礼ではございますが」と支配人が答えた。「当ホテルに腸チフスの方をお泊めするわけには参りません」

ラスロップは無言で上着のポケットに手を入れ、いつも持ち歩いているピカピカのリボルバーを取り出した。それは旅をする者がすべき用心だった――少なくとも、ボヘミアンクラブで彼にこの武器を売った男はそう言ったのだ。ラスロップがそれを使う必要性を感じたのはこのときが初めてだった。

彼はリボルバーをテーブルの上に置き、支配人をじっと見つめた。

「移させせんよ」

結局誰もフェアチャイルドを病院に移しはしなかったどころか、誰もそのことを二度と口にしようとはしなかった。やがてフェアチャイルドは体を起こせるようになり、それから立ち上がれるようになった。一人で部屋の端から端まで歩けるようになると、ラスロップは、フェアチャイルドが回復するまでの間をもっと快適な場所で過ごさせることにした。

それにはロンドンが良いとラスロップは考えていた。彼は二人の男に金をやり、フェアチャイルドを乗せた担架をホテルから列車まで運ばせ、さらに少年を一人雇って港まで付いてこさせた。列車に乗るのが初めてのその少年はフェアチャイルドのことはそっちのけで窓から頭を出し、フェアチャイルドは自分の方を向かせるために靴を投げつけなければならなかった。

ラスロップは、二本の煙突があり、洋式の客室を備えたプリンス・ハインリッヒ号という蒸気船に部屋を取ってあった。フェアチャイルドがラスロップと知り合って六年ほどになっていたが、ラスロップが一等航海士の船室を人に譲ったのはこれが二度目だった。英国に着くまでの二五日間、フェアチャイルドは大きな白いベッドに横たわり、小説を読んだりうたた寝をしたりして過ごした。そしてその合間には、塩漬けの豚肉入りオムレツややわらかなビーフシチューが運ばれ、紅茶のポットはほとんど一時間おきにお代わりが届けられた。そして彼はそれら全部を、一人優雅に食べたのだった。

第3部

新たな出会い

11章　レモン、ホップ、新しい夜明け

ウィルソン農務長官は、フェアチャイルドの顔を不愉快なほど長い間じろじろと見つめた。二年近い任務の間、大海原を渡って南米、ヨーロッパ、アフリカ、インド洋に浮かぶ島々を渡り歩いた後、植物学者出身の探検家はワシントンＤＣに戻り、かつて上司だった男の前に腰掛けていた。そして初めて、自分が農務省に残していった大混乱を目の当たりにしたのである。

ウィルソンは彼と会うことをいやいや承諾した。フェアチャイルドの任務の成功にウィルソンが満足を感じたことがあったとしても、フェアチャイルドが突然に辞職し、見苦しい発ち方をしたことに対する恨みはそれよりも大きかった。フェアチャイルドがいなくなってから次々にやってきた後任はいずれも能力に欠け、そのおかげで、フェアチャイルドがバーバー・ラスロップとともに地球を彷徨っている間、ウィルソンがかつて誇らしげに大統領に話した種子導入計画は前に進まず窮地に陥っていたのである。

実際には、ウィルソンがフェアチャイルドに満足すべき理由はいくらでもあった。二年の間にフェアチャイルドは、農耕が行われているすべての大陸を訪問し、農作物、低木、樹木合わせて推定一〇〇〇種類の植物の種を母国に送ったのである。その一部は増殖中だったし、すでに各地域の農業試験場に送られて農家の手に渡ったものもあった。世界各地の作物を見つけてそれらをアメリカに導入するという計画が成功していることは疑いようがなかったのである。だが未だにフェアチャイルドが辞職したことへの恨みを抱いたままのウィルソンは、断固としてそのことを認めたくなかったのだ。

ワシントンＤＣで癇癪を起こしているウィルソンの不満は、農務省の混乱ぶりを罵る手紙となって、世界中

行く先々までフェアチャイルドを追いかけてきた。ついに一九〇〇年六月、フェアチャイルドはウォルター・スウィングルに、ウィルソンの苛立ちはお門違いであると書き送った。「僕たち植物学者がこんなつまらない内輪もめをしていることが、ラスロップ氏のような実業家にどう思われるかを考えてみたまえ！」と彼はしためた。慌ただしく職を辞したことは責められても仕方ないが、ラスロップの自尊心を傷つけることがあってはならない――二人が調査旅行を続けたいならなおさらだ。ラスロップに対する敬意を示し続けることを拒むのは、今にも金の卵を産もうとしているガチョウを殺すようなものである、とフェアチャイルドは警告した。

ラスロップのプライドは傷つきやすかった。だが、フェアチャイルドの腹立ちはもっともだった。ラスロップとフェアチャイルドは四年間にわたってともに旅をし、その間ラスロップは、アメリカ人がほとんど行ったことのない世界各地から送った植物でアメリカを豊かにするという事業のために何千ドルもつぎ込んでいたのだ。ラスロップはフェアチャイルドの旅の経費とささやかな給料を負担していたので、農務省が負担しなければならない経費と言えば植物をワシントンDCに送る送料だけであり、それは高く見積もっても数百ドル程度だった。確かに旅は楽しかったし、フェアチャイルドと過ごすのは愉快ではあった。それでもやはり、彼は多大な金と便宜を自国のために費やしていたのである。

ウィルソンがフェアチャイルドとラスロップに直接感謝することはなかったにしても、彼がフェアチャイルドの功績を認めているらしい気配はあったし、それにも増して、彼がフェアチャイルドに、食卓を豊かにするという意味でも経済的にも価値のある植物を探し続けてもらいたがっていることは明らかだった。

フェアチャイルドがワシントンDCに戻ってわずか二日しか経っていなかったが、ウィルソンは、会いに来たフェアチャイルドにひとしきり不満を言い終わると、すぐにドイツに向けて発つよう持ちかけた。フェアチャイルドは次のヨーロッパ行きの船を予約した。

最高のホップを入手せよ

彼の任務は、上等なビールを作る鍵を握る、ドイツのホップ農家の一団に接近することだった。ビールは何千年も前から存在する。一五〇〇年までには、ドイツ人が醸造法に磨きをかけ、一九〇〇年になる頃には、ドイツの原材料は世界中の――とりわけアメリカの――ビール製造業者が羨むようになっていた。セントルイスとミルウォーキーの著名なビール醸造会社は、自分たちのレシピによる製造を拡大しようとしており、より良い原材料を使った、上質でかつ低価格のビールを何百万という人々に届けようと必死だったのである。

厳密に言えば果物であるホップの原産地はおそらくモンゴルのどこかだが、その最適な栽培法を率先して編み出したのはドイツ人だった。何百年もの間、バイエルン地方やそこから程近いボヘミア地方の醸造所の多くはホップ畑が隣接し、品種改良を重ねて、ビールにコクを与えるなめらかでピリッとした風味を引き出し、強めていた。それに比べてアメリカのビールは、ホップと大麦の質が悪いせいでとげとげしい苦味が強かった。ホップは、涼しくて雨の多い気候で最もよく育つ。ちょうど太平洋岸北西部がそうだったが、二〇世紀の初めには、そこには訪れる人はおろか、住民もほとんどいなかった。

バイエルンのホップ栽培農家は、アメリカのビール製造業が問題を抱えているのがわかっていた。それどころか、アメリカのホップの品質が情けないほどひどいものであることは、ヨーロッパ中に知れ渡っていた。一八九二年に『The Edinburgh Review』誌に掲載された記事などは、「アメリカのホップについては言うことはあまりない。アメリカのブドウと同様、下品でむかつくような味がし、栽培された土壌の匂いがする。ヨーロッパ産ホップが不足している場合を除き、この市場で競争できる可能性はほぼ無いだろう」と人を見下した態度で述べている。一方ヨーロッパのホップ畑は年季が入っていて、何百年もかかって磨かれたホップはなめらかな苦味と香ばしい花の風味が際立ち、それがビールに生かされていた。収穫の方法も味に引け目を取らなかった。収穫を終えたホップ畑には何も植えず、ホップのつるは休眠したまま冬を越して翌年新芽を出す準備を整える。自分たちの作物の価値をよく知っていたバイエルンの一流醸造家たちは、若者を雇って畑の夜警をさせることで知られており、おかげでフェアチャイルドの任務がやりにくくなった。それでも彼は、何としてでも上等なホップを手に入れなくてはならなかった——外交的にそれが無理なら、盗むまでだ。

バイエルンのホップ農家はビアホールに集まる。住民わずか数十人という小さなポレピ村の宿に着いたとき、宿屋の主人はフェアチャイルドにそう言った。パイプをくわえた宿屋の主人はフェアチャイルドを怪訝な顔で見た。この付近の栽培農家は、一種の連合を組織して、この地方で最も人気の高い、赤みがかったセムシュ（Semš）というホップの品種が拡散するのを防ごうとしていた。そこへこの、アメリカ訛りのある外国人が、ビールについて学びに来たというのである。

ドイツのホップは、ほとんどの品種が何百年も前から栽培されていたが、セムシュという品種は新しく、つるを添わせる支柱を使ってホップを栽培したウェンツェル・セムシュという男が生み出したものだった。一八五三年、セムシュの畑で、収穫量の多い新種が生まれた。つるは花で覆われ、それがホップの実がいっぱい詰まった毬花になった。ウェンツェル・セムシュは挿し穂を切り取ってその品種を増殖させた。何度も何度もそれを繰り返したので、四〇年後にはそれがバイエルン地方のホップとして有名になったのである。フェアチャイルドはこうした歴史を、ビールを飲みながら、強いアメリカ訛りのあるドイツ語でホップ栽培農家と笑いさざめきながら学んだ。彼らの競合にあたるアメリカのビール業界を代表して自分がここに来たという動機を知られずに彼らの信頼を得るための策略ではあったが、同時に彼は信頼されたいと真摯に願ってもいた。

ホップを少しばかりくすねるのは簡単だったろう。見張りの若者がうたた寝をしている夜中にホップを盗み、誰にも気づかれないうちに町を出ればよかったのだ。フェアチャイルドはそうした盗みはお手の物だった

1901年。バイエルン地方のホップ農家は、優れたホップ品種の秘密を外国人に明かそうとはしなかった。フェアチャイルドは、ホップ入手の作戦を練るのに必要な情報を得るため、ポレピ村の宿の主人であるヴィルツという男と親しくなろうと、肖像写真を撮ってヴィルツを喜ばせた。

し、うまく逃げられる自信もあった。ＤＮＡや遺伝子の検査をしない限り、きちんと記録された書類を辿っても、アメリカのホップがヨーロッパからやましい方法で入手されたことは証明できないはずだった。

だがフェアチャイルドにはある考えがあった。その計画は、彼の人柄を語ると同時に、やがてアメリカが発達させることになる「計算ずくの自制」とも呼ぶべき態度を表していた。こっそり盗む代わりに、彼はどうすればドイツのホップ栽培農家を自分の味方につけられるだろうかと考えた。「世界中のさまざまな国の間で植物を自由に交換し合えるべきだ、という私の哲学に彼らを同調させるにはどうすればいいだろう？　その最良の手段は、栽培農家と親しくなることであるように思う。そうすればもしかして、挿し穂をくれるのではないだろうか」

ある晩ビアホールで、空になったグラスがテーブルを覆い尽くした頃、フェアチャイルドは、「ポレピ村の自慢の息子」セムシュの生家を見ることができたら嬉しいのだが、と言ってみた。セムシュはとうの昔に死んでいたが、彼が遺したものは、まるで彼が王族であったかのように村の隅々まで満ち溢れていた。旅人が関心を寄せたことに気を良くしたセムシュの息子は、翌日、自分の父親がかつて暮らした家にフェアチャイルドを迎え入れた。フェアチャイルドは精一杯の愛想を振りまいた。彼はセムシュの息子に、このホップがどうやって発見されたかを正式に記録したものが存在しないのは非常に残念である、今から数世代の後、若い栽培家たちがその歴史をすっかり忘れてしまったら、セムシュとこのホップの起源を語り継ぐ物語はどうなってしまうのだろう、と言った。「セムシュの家に銘板を取り付けてはどうかと提案し、その費用としてたっぷり寄付をしようと申し出た」とフェアチャイルドは後に記している。

セムシュの息子は、このアイデアにも、彼の申し出にも感銘を受けた。このニュースはフェアチャイルドの思惑通り口伝えに広がり、この小さな村には、わずか数十ドルで、アメリカと、その創意に溢れ気前の良い国民に対して、一〇〇年にわたるドイツとアメリカの貿易や外交をもってしても獲得し得なかったであろうほどの友好の念が生まれたのである。

　これがフェアチャイルドの企みであったのか、それとも真摯な気持ちだったのかはわからないが、そんなことはどうでもよかった。ある雨の夜、彼が泊まっている部屋の扉を叩く音がして、フェアチャイルドが扉を開けると、そこには一人の栽培家がずぶ濡れで立っていた。その男がフェアチャイルドに、お前はセムシュ・ホップの挿し穂が欲しいのか、と尋ねると、彼は大胆にもイエスと答え、そしてその理由を説明した。男は笑い、それから表情が優しくなった。

「村には反対する奴らもいるから、おおっぴらにやるわけにゃいかんがね、この先の宿に挿し穂を一〇〇本届けてやるよ」と男は言った。

　数日後、数キロ離れた小さな宿で待ち構えるフェアチャイルドのもとにホップの挿し穂が届いた。それからかっきり三週間後、一九〇〇年一二月一八日、セムシュ・ホップはアメリカに到着した。

　このタイミングが良かったのか悪かったのか、人によって意見はまちまちだ。長い間手に入れたくても手に入れられなかったヨーロッパの品種が新たに手に入ったこと――政府の所有物は事実上自分たちのものでもあるのだから――、また政府の役人たちが配布のための試験を始めた、という知らせを、ホップ栽培農家は当然ながら大喜びで迎えた。

　これが成功したこと、またものごとがうまくいき始めた国らしい自信のおかげで、アメリカのホップ栽培農家はそれまでより高い品質のホップを栽培し始め、やがてビールの品質も向上した。このビジネスが、人材、資本、そして人々の関心を、後にアメリカのホップ生産の中心地となるオレゴン州ウィラメット・ヴァレーに引き寄せたのである。

　だが、歯に衣を着せない一部の女性たちは、セムシュ・ホップをはじめとするすべてのホップを歓迎しなかった。女性キリスト教禁酒同盟は、それまで数十年にわたって、酒には人を堕落させる力があると主張し続けていた。同盟の女性たちは学童たちに「青いリボンの誓い」と呼ばれるものを押し付け、一生酒は飲まないと誓わせようとした。禁酒を求める戦いは、公民権を求める、より大きな闘争の一部でもあった。酒を飲むのは主に男性であり、彼らが酒を飲むのは、女性は入ることができない酒場や、女性の投票権がない地方自治体政府の会合の場などだったからだ。

禁酒運動を、抑圧された集団が痛みを伴いながらも自らの権利と地位を求めて闘い勝利した、アメリカ史において非常に重要かつ意味のある運動、と見るのは易しい。だが、禁酒運動がもたらした嘆かわしい影響の一つは、アメリカが一九二〇年代の完全な禁酒法時代に近づくにつれて、フェアチャイルドがスパイ活動によって手に入れたものを含む貴重なホップの畑が掘り返され、タバコ、トウモロコシ、モモ、ナシなどの、誰も文句のつけようのない作物に取って代わられたということだ。

だが、やがて第一次世界大戦の災禍が、ホップに別のところで復活のチャンスを与えた。禁酒運動は多くのホップを不要にしたが、全部が全部排除されたわけではなかった。一九〇〇年にはヨーロッパの栽培家が馬鹿にしたアメリカのホップは、ヨーロッパの畑が戦争で荒廃したその二〇年後、流通しているホップの中で最高のものになったのだ。戦争中、ビールを求めるヨーロッパの需要は、アメリカのホップ栽培農家が禁酒法時代中も栽培を止めずに乗り切るためのつなぎ役になってくれた。禁酒法の勢いが衰え、ついに廃止に至った一九三〇年代初頭、ヨーロッパのビール産業が一時休止していたおかげで、アメリカのビール産業は有利なスタートを切り、やがて世界的なベストセラー製品を生むことになったのである。

覚醒するアメリカ

国家としてのアメリカは変わりつつあった。ゆっくりとした変化ではあったが、ワルツからルンバへと、そのテンポは徐々に早まっていった。一九〇〇年には、人々に自動車を、飛行機を、テレビをもたらしたアメリカ発明史における巨人、ヘンリー・フォードとウィルバー・ライトはすでに生誕しており、徐々に大きくなっていくアメリカの自信に比例した創造力を発揮していた。間もなく二〇世紀を迎えようとするアメリカの産業経済、農業経済、一人あたりの所得、そして教育レベルは、人類史上最高だった。一九〇〇年一月一日以降、史上初めての出来事が次々とニュースになった。たとえば、五セント硬貨で電話がかけられる公衆電話が薬局やホテルに設置されたことによって、電話という魔法が一般人の手に届くものになった。ハリウッドと呼ばれるカリフォルニアの町には映画の製作者たちが移り住み始め、トーマス・エジソンのモーション・ピクチャー・パテント・カンパニーがニュージャージー州で持っている特許を侵害しても（元々彼らはそのつもりだった）、メキシコに逃げ込めば事足りた。アメリカの上昇志向を象徴するかのように聳え立つワシントン記念塔は改良されて、時速一・六キロで動く電動式のエレベーターが、五分間かけて人々を塔の頂上まで運んだ。

何よりも劇的な変化を見せたのは、一九〇〇年の大統領選挙だった。候補者たちが使った選挙運動費用は合計で何と三〇〇万ドルにのぼったのである。何もかもが大きくなりつつある、という感覚が広く世間にあり、それが人々の大きな誇りとなった。ニューヨーク州選出の上院議員チョーンシー・デピューは、フィラデルフィアで開かれた一九〇〇年の共和党全国大会で、「一八九六年と比べて一九〇〇年には自分が四〇〇パーセント大きくなったと感じていない者はここには一人もいない」と誇らしげに宣言した。「人々は、知力も、希望も、愛国心もより大きくなり、平和、文明、産業の拡大や労働の成果における世界的強大国の国民であるという事実に胸を張るのである」。聴衆を興奮させるため、大会のオーガナイザーは巨大なゾウに会場の通路を歩かせた――共和党のモチーフとして、また、これまでの現実を形作ってきた限界はもはや完全に当てはまらなくなったのだということを示すために。

この大会に参集した共和党員のお目当て、ウィリアム・マッキンリーはこの年、一八九六年の選挙の対抗馬だったウィリアム・ジェニングス・ブライアンを再び破って再選を果たした。今回は、彼の任期中に米西戦争に勝利したことと、自画自賛ながら、フィリピン諸島を新たに領地化したおかげで、四年前よりも大差での勝利だった。マッキンリーには手柄と呼べるものが多々あった。その中には、誰よりも経験を積んだ農務省の上級農作物調査員の指揮のもと、アメリカの新種植物獲得に大きな進捗が見られたことも含まれていた。一九〇〇年一二月に行った一般教書演説の中でマッキンリーは、「昨年、農務省はその任務を拡大し、新種の種子や植物を求めてさらに遠方へと遠征しております」と満足気に言った。まるでフェアチャイルドその人に敬意を示すかのように。

マッキンリーが、農務長官の職にもう一期留まるよう要請したジェームズ・ウィルソンは、その翌日、自分のオフィスでその演説を読んだ。彼には自分が大統領の評判を高めたことがわかっていた。ウィルソンは気難しい男であったかもしれないが、少なくとも正直だった。食用植物の調査というアイデアと、それを成功に導いた手柄は、自分だけのものではない、と自分ではわかっていたに違いない。

過去は去り、これまでとは似ても似つかない未来が始まったのだということを最初にフェアチャイルドに知らしめたのは、ヨーロッパにいた彼のもとに届いた、父の死を告げる電報だった。何かの病気に罹り、手術を受けたその手術台の上で死亡したということだった。父ジョージ・フェアチャイルドはまさに一九世紀の申し子だった。完璧と言っていいほどに、その悲しみと古めかしさを象徴していたのだ。ジョージは清教徒の教義が持つ厳格な雰囲気の中で育った――そこでは、踊ることも、煙草を吸うことも、罵りの言葉を使うことも、酒も、トランプも、芝居も禁忌だった。職を解雇され、放火によって家が破壊されるのを目の当たりにし、五人の子どもたちがみな親元から去ってしまったジョージだったが、その最晩年、ついに彼のライフワークが出版された。それはアメリカの中心部の暮らしについての分厚い学術書で、素っ気なく『地方的な豊かさと繁栄』と題されていた。過ぎ去った過去よりも来たる日々への興奮が高まる時代にあって、それは出版されるとほぼ同時にすでに古くなっていた。

デヴィッド・フェアチャイルドは父の死の知らせに、その突然の喪失による「悲しみと寂しさ」に、自分が家族の「二代目」から筆頭世代になってしまったことにショックを受けた。だが、父親を亡くした者なら誰もが感じて当然の悲しみが彼の仕事を減速させることはなかった。三二歳になったフェアチャイルドの中に哲学というものが生まれていたとしたらそれは、人生とは、喜びもあれば不運もあるが、常に「前進し続ける」努力が必要だ、というものだった。

太陽は、黄金色のチャンスとともにギラギラと彼の顔を照らしていた。だから彼は、電報を握りしめたまま、新しい植物を探すために立ち上がったのである。

フェアチャイルドはイタリア行きの船を見つけた。イタリアでは、前回と同様、ワイン用と食用のブドウの挿し穂を素早く手に入れた。ほとんど種無しのものばかりだ。聳え立つイナゴマメは、庭園に木陰を作ってくれる木として魅力的だったし、そのマメはまるで蜂蜜のように甘かった。トリエステの近郊では、ある植物学者がハシバミ(ヘーゼルナッツ)の優れた品種を手に入れるのを手伝ってくれた。

ケールと種無しレモン

オーストリア=ハンガリー帝国の沿岸には、カプッツォと呼ばれる葉物野菜があった。二〇〇〇年前からある、現代のブロッコリーとカリフラワーの祖先で、飛び抜けた魅力があるわけでも特に美味しいわけでもなかったが、どこかしらフェアチャイルドを惹きつけるものがあった。オーストリア=ハンガリー帝国の人々はカプッツォをさかんに食べたが、それは美味しかったからと言うよりも、それがそこにあったからだった。それをカプッツォと呼ぶのはこの辺の村人だけで、世界ではそれはケールと呼ばれた。その最も優れた点の一つは、栽培が容易だということだった。種を蒔けば二年目に芽を出し、分厚い葉をぎっしりと付けるので、ケール栽培の最大の課題は、どうやってそれが育ちすぎないようにするかということであるように見えた。「栽培が簡単であること、一般の人たちが好んで食べる様子を見るに、この作物は南部の州で栽培を試してみる価値がある」とフェアチャイルドは書いている。

後に彼の提言が実現したことを考えると、彼は未来を予言していたと言えるかもしれない。ケールがアメリカで最初に人気になったのは二〇世紀初頭で、それは栽培家たちのある工夫のおかげだった——ケールは塩分を吸収し、土壌の鉱化を防ぐのである。その次のブームは見た目の美しさがもたらした——束になった白、紫、ピンクの葉が、くすんだ色調の菜園を明るくしたからだ。

その後の数十年間、ケールはあまり目立たない存在だった。ケールを一番使っていたのはレストランやケータリング業者で、安くてふさふさとボリュームのあるケールの葉をサラダバーの彩りに使ったのである。とうとう思いがけない幸運が訪れたのは一九九〇年代で、化学者たちによって、ケールには牛肉よりも多くの鉄分が、また土から芽吹くどんなものよりもたくさんのカルシウム、鉄分、ビタミンKが含まれていることがわかったからだった。それだけで栄養学的に重要な野菜の仲間入りを果たすに十分であり、そのことが広報キャンペーンや著名人による支持、朝のワイドショーの料理コーナーでの紹介につながった。アメリカのシェフたちはシチューやスープにケールを使ってみたり、ポテトチップの代わりに焼いてみたりした。やがて医学研究者たちは、「肥満」「糖尿病」「がん」といった病気に対抗するためにケールを使い始めた。あたかもそれは、誰にも気づかれずに生きてきたケールが、ある日目覚めるとフットボールチームの主将になっていたかのようだった。

ケールの発見の後、フェアチャイルドもまた、世界を股にかけ、よく学び、また知識を身に付けた者としての自信を強めていった。見知らぬ人との会話は、新しいことを学ぶ喜びを、また時折は、ラスロップから学んで身に付けた、世界を知る者ならではの洗練を見せびらかす喜びをもたらした。

トリエステにいたある夜、彼は路上にたむろする男たちの輪に加わった。コーヒーを飲んでは女の話に花を咲かせる、「ブールバディエ（遊び人）」と呼ばれる遊び人たちだ。フェアチャイルドは彼らの生活を偏狭でつまらないと思った。「どうしてあんな、何の目的もない人生に満足していられるのかが私には理解できない」と彼は後日書いている。そんな思いを見透かしたのだろう――男たちの一人が、フェアチャイルドの人生はいったい何がそんなに面白いのかと尋ねると、自分の旅の一週間は、狭量な君が一年間夜な夜な無駄なおしゃべりをして味わうよりもたくさんのロマンチックな魅力に満ちている、と彼は答えたのである。

それから二日と経たないうちに、その言葉は現実になった。イタリアから乗った蒸気船を嵐が襲ったのである。船体に横殴りの風が吹き付け、夜の霧の中、船は危うく別の船と衝突しそうになった。その船の船首がフェアチャイルドの船の甲板の上をかすめ、フェアチャイルドは飛び退いてあわや押し潰されるのを免れた。逃げ込んだダイニングルームで、彼は一人の美しい女性が失神したのを抱きとめた。フェアチャイルドが女性を目にすることはめったになかったし、これほど無防備な女性はなおのことだった。続いて起こったことは彼にとっては初めての、あまりにも麗しいできごとであったため、その後何十年も、長い旅をかいつまんで記した回顧録の一コマとして彼の記憶に鮮明に残った。その女性はオーストリアの伯爵夫人で、若く、ターコイズブルーの瞳をしていた。だが彼がその瞳の色を知ったのは後のことだ。なぜならこのとき彼は、失神したその女性をソファーに寝かせ、その脇に腰掛けて、彼女が気がつくまでそっと扇で風を送っていたのだから。

一九〇一年二月、乾燥食用ブドウがありそうだというのでフェアチャイルドはギリシャに赴いた。そこで見たものに彼はゾッとした。ブドウは、土よりも水分を良く吸収すると思われていた堆肥を乾燥させた板の上に広げられ、レーズンになるまで天日干しされていた。温室には大きなメロンが下がっていた。味見をしてがっかりしたが、この甘い冬のメロンは春まで日持ちがする、と請け合う者がいたので、ワシントンDCに送る手配をした。

ギリシャで、彼はドイツ人植物学者テオドール・フォン・ヘルドライヒと知り合った。ヘルドライヒはフェアチャイルドに、レンズマメと呼ばれるちいさな緑色のマメと、ベージュ色のピスタチオを見せてくれた。ピスタチオはナッツ類の中では最もやわらかかった（ただし、ピスタチオは実はナッツではなく、複雑ではあるが果物の一種である）。デリケートな味がアイスクリームなどの菓子類のフレーバーにぴったりなピスタチオは、すでにアメリカでも食されていたが、アメリカのピスタチオはすべて輸入品だった。フェアチャイルドは、一本なんと一五ドルもするピスタチオの木を買うのをためらったが、思い切って一〇〇ドル札を出し、成熟したピスタチオの木を六本、大西洋の向こうに送った。本部ではそれに異を唱える者は一人もいなかった。理由はただ一つ。農務省が知る限り、それはアメリカで初めて芽を出したピスタチオの木だったのである。

あと一週間で七九歳、一年後には亡くなることとなったヘルドライヒは、フェアチャイルドの中に、自分がまだ若かった一八五〇年代、科学探求の朋友であり師でもあったチャールズ・ダーウィンに感化され、ドイツよりも肥沃な土地で植物を研究しようと最初にギリシャに移り住んだ頃に持っていた若々しいエネルギーを見て取った。今度はヘルドライヒが誰かに科学的探求の叡智を授ける番だった――そして彼はその相手としてフェアチャイルドを選んだ。

アラビアの魔神のように、彼はフェアチャイルドに三つの道を指し示した。「（ヘルドライヒは）ポロス島には種無しのレモンが、ナクソス島には紙のように殻の薄いクルミが、クレタ島には聖書に出てくるタルボガシがある、と言った」とフェアチャイルドは回想している。彼には、エジプトの方向に直線的に進む権限しか与えられていなかった。クルミは重要だし、フェアチャイルドは堂々とした樫の木の雄大さが大好きだった。だが種無しレモンには、祖国を変容させる可能性が秘められていた。

ギリシャ南端に近いポロス島で、フェアチャイルドはヘルドライヒが名前を挙げたその果樹園を見つけ、到着するやいなや、酸っぱくて種のないレモンにかぶりついた。コルシカ島でシトロンを盗んだときに感じた焦りや不安はもはやなく、今では彼には自信がある者特有の無頓着さが備わっていた。彼は次から次へと、種がないことを確かめるように、顎から果汁を滴らせ、酸で口が痺れるまでレモンを齧った。

フェアチャイルドは、重要な仕事のために政府の予算を与えられている者としてプロフェッショナルに行動した。だが、農作物の調査員という仕事をしていてそんなことはめったになかったのだが、このときの彼は、それが誰かの役に立とうが立つまいが、純粋に自分のためにその果物を選ぼうと考えた。そしてスーツケースをレモンでいっぱいにした。その一部はアメリカに送られたが、残りは、その果樹園で、このギリシャでたった一人レモンを摘んだ彼に、ささやかで酸っぱい喜びを提供したのである。

育てられるものと好まれるもの

ワシントンDCでは新任のジャレッド・スミスが、次から次へと届く種の勢いに、わかってはいたものの、やはり圧倒されていた。フェアチャイルドと、アルジェリアでイチジクを探していたスウィングルの他にも、三人の調査員が活動していた。そのうちの一人はロシアでより強い小麦の品種を、一人は日本で米を、そしてもう一人は、もしやフィリピンの戦乱がついに収まってアメリカのためにサトウキビの生産を始められるのではないかと南太平洋地域を調査していた。だが南太平洋担当の調査員は、フィリピンが未だに激しい抵抗を見せているとわかると、代わりに中国の港町を訪れて、キュウリ、スクウォッシュ、ナスの種を収集した。

一日に一〇種以上の新しい植物の種がアメリカに到着していた――とんでもないペースと量である。「緊急」と書かれた荷物は、競い合うように次々とアメリカに流入する植物の中で注目されるためにはどうすればいいかを知っているフェアチャイルドからのものだった。一刻を争って開梱されたフェアチャイルドからの荷物の一つに、カシューという黄色い果実が入っていた。マンゴーとリンゴが混ざったような果物で、フェアチャイルドはそれが有毒であることを大文字で注意書きしていた。だがその果物から、曲がった肘のような形をした実が伸びていた。表面を包む毒のある油膜を燻して取り除けば、その実は食べることができた。実際アメリカ人が、今では菓子として大人気のカシューナッツを楽しめるのはフェアチャイルドのおかげであり、カシューナッツの需要は二〇世紀を通じて増え続けた。ただし、フェアチャイルドはアメリカ人の食生活にカシューナッツをもたらしはしたが、アメリカの農家がカシューの栽培を始めたわけではない。カシューは遺伝子的にマンゴーと類似しており、わずかな霜にも耐えられないので、栽培できるのはフロリダ州だけだったのである。ところがフロリダの農家はカシューを鼻にもかけなかった。広い土地とたっぷりの水、過酷な労働の挙げ句に得られるのは小さなナッツ（殻果）だけだったからだ。それよりも、インドのような国から輸入する方が安上がりだったのであり、インドは現在まで、長くアメリカのカシューナッツの供給元となっている。

カシューナッツは、海外から植物を持ち出す行為における重要な教訓となった。ただしそれは、フェアチャイルドがカシューナッツを手に入れたことが原因ではなく、人々がその味を気に入ったことが原因である。新しい食べ物の導入には、はっきり異なる二つの段階がある。最初は栽培だ——土地の所有者がそれを新しい作物として受け入れ、食材として提供可能なほどの規模で生産する気があるかどうか、ということである。だがフェアチャイルドの中では、次の段階、つまり、その新しい食べ物を人々が実際に気に入るかどうか、ということの重要性が高まっていた。事実、一九〇一年に新作物の導入に関わっていた者はみな、探求と挿し穂から市場と消費へと人々の関心が移り始めたことに気づいていた。

アメリカ人は何を食べたがっているのか？という問いの答えを探す場所として、ニューヨーク州バッファローは最適な選択肢とは言えなかった。だがバッファローは一九〇一年の汎アメリカ博覧会の開催地となり、来場者は、滝の中の滝、ナイアガラの滝の眺めを堪能した。一八九三年のシカゴ万博が大成功した後、こんなにも早くアメリカが再び世界博覧会の開催地となることに合意したという事実は、アメリカが相変わらず新しいものの紹介に重要な役割を担っていたということを示している。この万博の中心には二つの巨大なパビリオンがあり、それぞれがアメリカの誇る二大産業を誇示していた。電気と農業である。

ボストンの建築家がデザインした七〇〇〇平方メートルに及ぶ農業の展示館には、半円のアーチや円柱が並んでいた。電気パビリオンの眩い電飾を後にして農業パビリオンに引き寄せられた来場者は、入り口の上に飾られた、ブドウの樹やココヤシなどアメリカが新たに手に入れた作物の石膏像に迎えられた。パビリオンの中には、スイカ、カリフラワー、新種のトマトなどがうず高く積まれたテーブルが並んでいた。それはアメリカ史上最大の農作物展示会であり、農家は毎日、セロリ、ジャガイモ、キャベツ、タマネギなどを抱えてやってきて、テーブルに並べられた五〇〇〇種の見本を補充するのだった。古くなったから取り替えたのか、それとも単に見た目が悪かったのか、それはどうでもよかった。何よりも大切なのはその作物がどれほど魅力的に見えるかであり、その次が味だったのだ。

農民たちは入れ替わりで作物の列の間を歩き、立ち止まってはスクウォッシュやトマトを手に取り、後で連絡を取るためにその栽培者の名前を書き留めた。メアリー・ブロンソン・ハートというフードライターは、この様子を何時間も観察してから、人気雑誌『Everybody's Magazine』に宛てて、誰にとっても有益な規模でアメリカの農業を成長させるための作物や意見の交換をテーマに記事を書き送った。農業パビリオンを歩けば「アメリカの素晴らしい農家がいかに進取の気性に富み、進歩的であるかをこれまで以上に確信できるようになる」とハートは書いた。

新しい作物に対する人々のこうした欲求を生む一助となったのがフェアチャイルドだった。世界万博は、新作物に対する熱狂ぶりを際立たせ、それはアメリカとヨーロッパを比べると歴然としていた。一九〇〇年、大

デヴィッド・フェアチャイルドはアメリカの農家に何千種類もの作物を紹介した。これらの水彩画は、1899年から1919年にかけて米国農務省の依頼で制作されたもので、フェアチャイルドをはじめとするプラントハンターたちによってアメリカに新しく持ち込まれた、あるいはアメリカで栽培が始まった果物である。

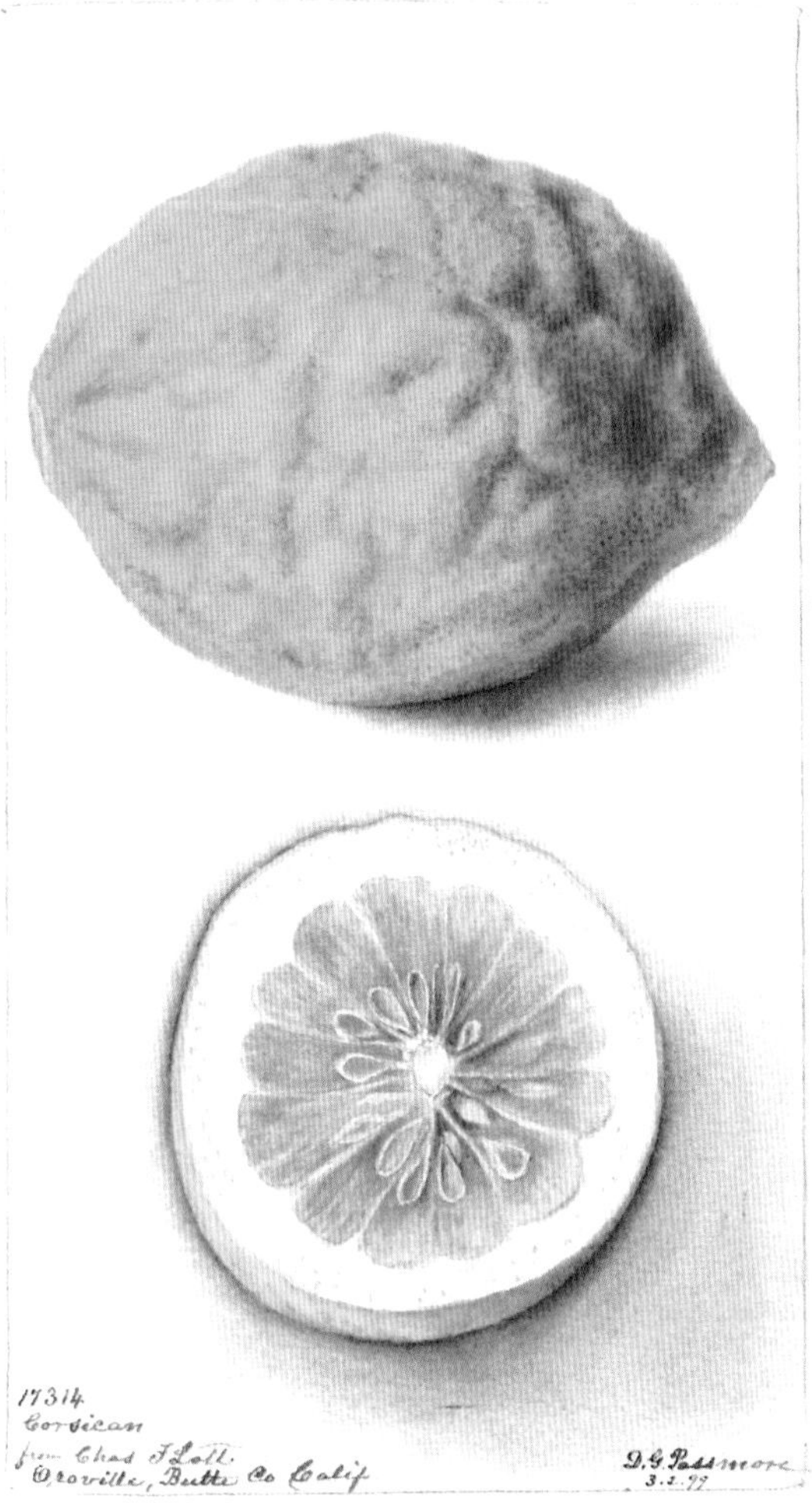

Citrus medica　コルシカシトロン

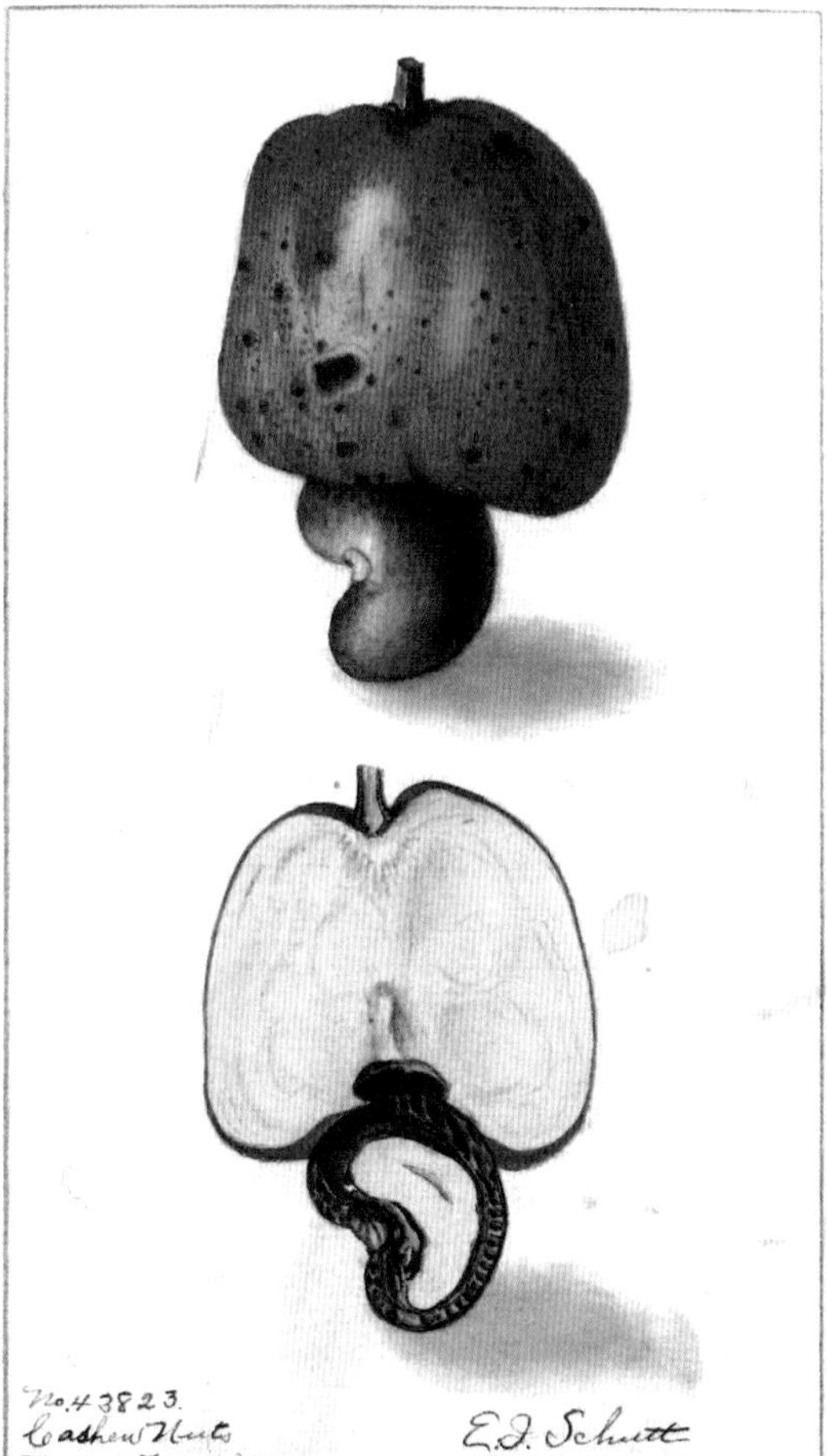

Anacardium occidentale　カシューナッツ

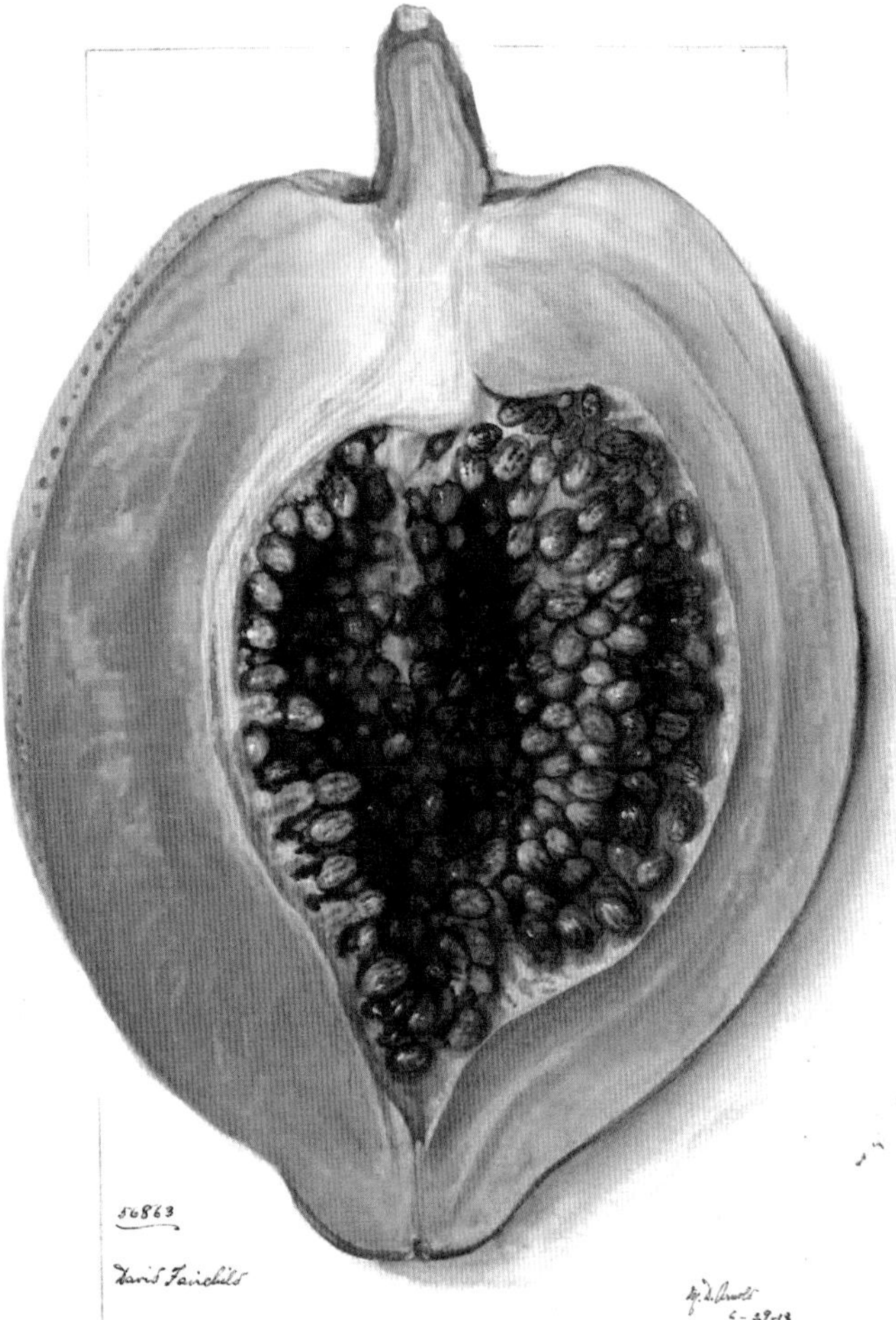

Carica papaya　パパイヤ

Garcinia mangostana　マンゴスチン

Persea americana　アボカド

Vitis vinifera　ブドウ

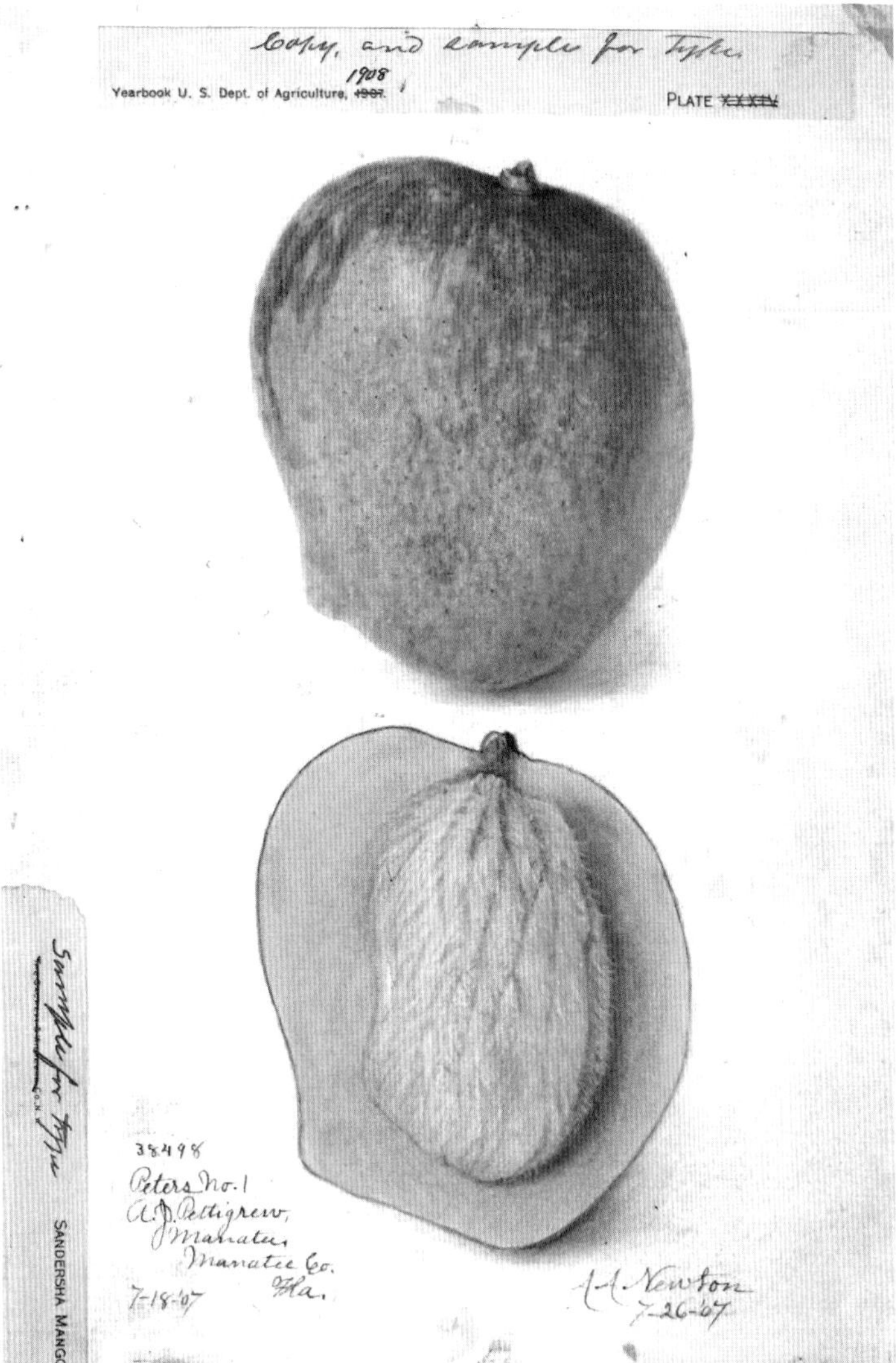

Mangifera indica　マンゴー

Citrullus lanatus　スイカ

西洋の反対側では、農業は突如として停滞期に突入していた。海運業の新興──一八七〇年代に蒸気船が発達してからは特に──がヨーロッパへの新しい航路を開き、それとともに、海外から穀物、肉、果物などが流れ込んで、それらの値段はヨーロッパの産物のそれを年々下回った。冷凍船が登場すると問題はさらに悪化した。熱帯地方から毎日届くバナナは、発展途上国と競合するにはヨーロッパがあまりにも豊かになりすぎたことを示していた。

フランス、イギリス、ドイツ、スペインといった国々は、その豊かさを利用して新しいことを試みることもできたはずである。何百年にもわたって、探検者たちは世界中の遥か彼方から食べ物を届けてきたのだ。だが、自己充足感が革新の邪魔をした。小国がパッチワークのように並び、それぞれに異なった法と政府によって隔てられていたヨーロッパには、新しいことを試みる土地がほとんどなかったし、改革を求めるエネルギーも存在しなかった。社会民主主義に基づいて形成された国家には、国民が新しくてダイナミックなものを生み出すことに対するインセンティブも少なかった──少なくとも、未来というものが過去よりもはるかに興味深い、アメリカのような若い国と比べれば。

不運にもフェアチャイルドはバッファローの万博には一度も足を運ぶことがなかった。会期中彼はヨーロッパにおり、アメリカの農家が彼の作物について何を言っているか、そして総体的な彼らの欲望について、彼はまったく何も知らなかったのである。その情報は、次にどこへ行くか、どんな作物を優先的に探すかということについて、この上なく貴重なものとなったはずだった。

さらに不運なことに、バッファローの万博について最も人々の記憶に残ったのは、展示された農作物の豊富さではなかった。

九月上旬のある暖かな日、季節がゆっくりと夏から秋に変わる頃、マッキンリー大統領がバッファロー万博を訪れた。自分の目で農業パビリオンを視察し、成長するアメリカについての大演説をぶつためである。「我が国は、前例なき繁栄のさなかにあります」と言った彼は続けて、鉄道、通信、そして蒸気船がいかにアメリカを世界と結んでいるかをスラスラと並べて見せた。そしてそれが、彼の最後の演説となったのである。演説を終えて人々と握手をしていたマッキンリー大統領の真正面から、一人の男が銃弾を二発その胸に発砲した。男は精神障害のある無政府主義者で、アメリカは富める者ばかりに恩恵を与え、マッキンリー大統領にその責があると信じていた。

マッキンリー大統領はその後一週間生き永らえ、意識もあれば、自分の演説の受けはどうだったかと冗談も言った。だがやがて壊疽が始まり、二〇世紀最初の大統領としてアメリカを繁栄させることに夢中になり、その過程で誰が被害を被ろうがお構いなしだった男は、眠ったまま二度と目を覚まさなかった。

12章　チグリス川の岸辺で

マッキンリーの死後、フェアチャイルドは数か月の間旅に出なかった。アメリカは悲しみに包まれていたし、フェアチャイルドには休息が必要だった。何しろこの三年間というもの動き続けていたのである。

その三年間のほとんどを、彼はバーバー・ラスロップと過ごしていた。だが、一番最近の、ドイツとヨーロッパを巡る旅は彼一人だった。一人でいることは平気だったが、旅の伴侶が突如いなくなったことは、まるで絆創膏を急に剝がされたかのような痛みを伴った。ラスロップはフェアチャイルドに、アメリカに帰国したらワシントンDCではなくメーン州に来いと言った。事実上の命令だった。メーン州では、ラスロップの妹フローレンスがバー・ハーバーという町に家を持っていた。バー・ハーバーはアメリカでも屈指のお洒落なリゾート地で、J・P・モルガンやジョセフ・ピュリッツァーの別荘があり、一〇万ドルをかけたピュリッツァーの「コテージ」には、近代的な水道設備が備わっていた。フェアチャイルドは命令に従い、ラスロップとともに、フローレンスの土地にある水辺のバンガローで一週間を過ごした。二人は、旅の話や冗談を言い交わし、夜遅くまで話し込むのが習慣になっていた。ある夜、日暮れから夜明けまでのどこかで、二人は再び世界の反対側へ旅をする計画を立てた。

それから間もなく、フェアチャイルドはロサンゼルスに向けて発った。「種子と植物導入事業部」は今や政府の重要機関であり、その重要性から人員も増え、最終的には二四名が種の受け入れと配布の仕事を――かつてフェアチャイルドが一人でやっていた仕事を――担当していた。フェアチャイルドは売れっ子だった。

植物調査員と不動産デベロッパー

新しい植物探しは慈善事業として始まった。だが一九〇二年になる頃には、農家を支援する方法を見つけることが政府の最優先事項になっていた。バッファローの万博での展示は見事だったが、それでも農作物の栽培を生活の糧とする人々は満足してはいなかった。確かに配布された種子のおかげで畑は多様化され収入も増えたが、農民たちは別の問題に直面していたのである。ワシントンDCでは、国会議事堂の前で農民たちが、コンバインやガソリンを動力とするトラクターなど、時間と労力の節約を可能にする農業機械の導入に抗議していた。農業を簡単にしてどうなるというのだ？　新しい機械は金がかかり、働き口をなくし、早期導入者だけに有利である。そうでない者はみな、これらの革新技術など存在しなければいいと思っていた。

こうした方向での農業技術、作物、農業機械の進歩が、人々を農業から追い出した。フェアチャイルドが生まれた一八六九年、アメリカ人の四人に一人は農家だったのが、世代が交代する頃にはそれが五人に一人になっていた。普通なら朗報であるはずの技術革新は、逆に厄介な副作用を顕わにした――効率の向上によって必要な人手が減り、農村の人々の生活の糧を奪ったのである。皮肉なことに、農業を続ける人が減った代わりに、続けた人たちはそれ以前の世代と比べてより多様な作物をより多く生産していた。

フェアチャイルドが赴いたロサンゼルスは、乳製品の生産と柑橘類の栽培が盛んだった。映画俳優やポップ・ミュージシャンよりも、ロサンゼルスで最も目立っていたのは土地の開発者たちだった。彼らは、南カリフォルニアの温暖な気候と、一〇万人の人口が必要とするよりはるかに豊富な天然資源をいかに利用するかについてのビジョンを持っていたのである。一八九〇年代には、なんとロサンゼルスの地下に油田があることも判明していた。

不動産デベロッパーの仕事は土地を売ることであり、そのためには土地という商品を推奨してくれる人が必要である。南カリフォルニアの新聞は、政府による植物導入事業の成功を記事にし、小麦、大麦、デーツの新しい品種をアメリカにもたらした功労者として、フェアチャイルドとスウィングルをはじめとする植物調査員を挙げた。

おかげでフェアチャイルドは一種の有名人だった。ロサンゼルスに着いたときのことを彼は、「すぐにみなが私を追いかけてきて、自分が売買している土地はアルカリ性で白っぽいがその肥沃さではナイル川流域の土地に引けを取らないと言って欲しいと懇願した」と書いている。土地を売ろうとしている者にとって、パリが恋愛の、バイエルンがビールの象徴であるように、エジプトのナイル川流域とはすなわち肥沃な土壌を意味したのである。フェアチャイルドは何度も、肥沃さとはもともとその土地に備わっていたものではなく、定期的な氾濫によって栄養分が刷新される結果であることを説明した。ナイル川が氾濫すると、流れ込む水が、植物の成長の糧となるリンと窒素を新たに運んでくるのである。だが、開発業者たちはそれが理解できないか、あるいはそんなことにはお構いなしに見えた。

再びハワイへ

カリフォルニアから、フェアチャイルドは太平洋を渡った。船はハワイに立ち寄った。王政を敷く島国ハワイは、前回彼が訪れたときは違ったが、今ではアメリカ領となっていた。それは四万人のハワイ先住民族の意思に反しての、力による奪取だった。ハワイの人々は、アメリカによるハワイ併合に抗議する二通の嘆願書――一通は男性のため、もう一通は女性のため――に署名した。この嘆願書への対処として、ネバダ州選出の下院議員は、ハワイ王国の政府は統治権をアメリカに譲渡することを望んでいるという嘘の内容の決議案を提出した。仮にグアムとサイパンが、かつての宗主国に打ち棄てられた領域を支援するというアメリカの謙虚な行いの例とするならば、ハワイは、アメリカという国が、誰の許しも得ようとはせずに価値あるものを奪い取る、弱い者いじめをする図々しい国であることの証拠にほかならなかった。

歴史家はこれを、アメリカの大言壮語の時代と呼ぶ。対極にある政党が一致団結して世界に大胆な要求を突きつけ、たとえそれが拒否されても構わず突き進んだ時代である。ただし、そうした態度に賛同しない者もいた。かつては植民地であり、宗主国による不当な扱いに反旗を翻したアメリカが、今度は自ら植民地主義の弱い者いじめをしたがっているという皮肉は、誰の目にも明らかだった。突如としてアメリカの渇望を受け入れた世界から恩恵を受けてはいたものの、フェアチャイルドは、植民地主義的な欲望によって先住民の暮らしが蹂躙されるのを目にすることに激しい不快感を覚えた。「平和で豊かな生活を謳歌する幸せな人々が、白人に発見され、白人の病や文明によって滅ぼされるのは悲しくて仕方がない」――ハワイ諸島について、彼は後にそう書いている。「世界にある静かな場所のいくつかを、自動車やジャズが到着する前に見ておけたことは幸いだった」

フェアチャイルドはハワイでさまざまな人脈を作った。政府の後ろ盾がある今回は、前回、自由契約の身分だったときと比べてそれは容易だった。フェアチャイルドの仕事の成功に鑑み、ウィルソン長官の命によってオアフ島とプエルトリコに新しい農業試験場が作られ、ワシントンDC経由でアメリカに持ち込むには弱すぎる熱帯の植物はそこで受け取れるようになっていた。ウィルソンが特に関心を持っていたのは、コーヒー、香辛料、ゴムだった。いずれも熱帯の産物で、アメリカ人の間で人気が高まりつつあったが、アメリカにはまだそれらを大規模に栽培できる農園がなかったのである。

船が太平洋をさらに西へと進む長い航海の間を利用して、フェアチャイルドは乗り合わせた乗客たちに質問を浴びせた。「今まで食べた果物の中で一番素晴らしかったのは?」と尋ねては、相手が子どもの頃の思い出を話すのを熱心に書き取る。中国人公使の妻は、ヤマモモとリュウガンという、彼が知らなかった二つの果物について話してくれた。どちらもクルミくらいの大きさの果物で、この会話のおかげで後にフロリダで栽培されることになった。

台風が近づいているというので、思いがけず船は日本に、それから香港に立ち寄ることになった。香港でフェアチャイルドは、小型船で川の上流の広東に向かった。二度目の広東だったが、今回はモモを探していた。中国人は熟れていないモモを食べる。だからフェアチャイルドもまだ熟していないモモをワシントンDCに送ったが、モモは家畜の餌に使われた。ペルシャから、もっと人気のあるモモの品種が届いていたのだ。フェアチャイルドは他にも、柿、生姜、オリーブの標本を採集している。

二〇世紀初頭には、インドを訪れるアメリカ人はめったにいなかった。インドは遠い未知の国であり、噂によれば、野蛮なインド人と高貴なイギリス人の間に武力抗争が起きていた。紙の上ではインドは大英帝国に従属していたが、インドの力強い文化を、嵐のような生活を、そのエネルギーと活動を抑え込むことなど誰にもできなかった。「見るがいい。昼だろうが夜だろうが、あらゆるところに人は暮らし、今生を最大限に生きようとしている」――インド文化研究の第一人者ラジェンドララール・ミトラは、かつてボンベイについてそう言った。この言葉は時代を超越しているように見える。フェアチャイルドが座っている目の前で、赤と黄色の長い衣を身に纏い偽物の真珠やエメラルドのブレスレットをいくつも着けた女性が、小銭を稼ぐために踊った。だが、一九〇一年にアメリカやヨーロッパ以外の場所の多くがそうであったように、インドもまた病がはびこっていた。コレラや黒死病は、人が密集する貧困地域を餌食にした――家々が重なり合うように建ち、ほとんど換気ができない場所。ある英国人医師はそんな様子を「不衛生な迷宮」と呼んだ。フェアチャイルドがボンベイに長くいたがらなかったのは、以前腸チフスに罹ったときの記憶も一因だっただろう。特に、最も西洋流のホテルでさえ、調理の下準備をしている少年たちの手が汚れていることに気づいてからはなおさらだった。

だが同時にフェアチャイルドは、病のおかげで人々がそこに近づこうとしないことを知っていた。つまり病気が潜んでいる土地には、西洋人がほとんど見たことのない植物がある可能性もあったのだ。「インドで最高のマンゴーが育つのは、この半島のこちら側だよ」。フェアチャイルドの問いに答えて、スコットランド人のダグラス・ベネットが言った。インドには数百にのぼるマンゴーの品種があるが、アルフォンソマンゴーは中でも一番人気があった。それはまた、初期のグローバル化を示す最良の例でもあった。インドにマンゴーを持ち込んだのは、一六世紀に南アジアのどこかでそれを見つけたポルトガル人たちで、彼らはそれにポルトガルの将軍アフォンソ・デ・アルブケルケに因んだ名を付けたのだった。

「アルフォンソマンゴーの中でも最高の品種の挿し穂をやろう、ただし一つだけ条件がある」とベネットが言った。「俺の名前を付けることだ」

アルフォンソマンゴーが最高の品種であることは疑問の余地がなかった。だがその中に、さらに優れた、もっと甘くて筋の少ない亜種があるかどうかは疑わしいとフェアチャイルドは思った。こうした大げさな謳い文句の果物が、実は大したことがなかった、というのには慣れっこだったのである。それでも彼はこの奇妙な要求を飲むことにした。

「木を見せてもらわないと」とフェアチャイルドは言った。「もしも本当に、ヨーロッパやアメリカにあるマンゴーよりも優れているなら、いいよ、君の言う通りにしよう」

ベネットは正しかった。夕日のような黄色い果肉はやわらかく、フルーティーな南国の味がした。特に他と違っていたのは光沢のある皮の薄さと、彼の指ほどしかない種の厚さだった。ダグラス・ベネット・アルフォンソマンゴーは、フェアチャイルドが送ったこれ以外の約八〇種類のマンゴーとともにアメリカに到着した。フェアチャイルドが送る荷は大きくなる一方だった。彼がそれほどたくさんの種類のマンゴーを送ったのはフロリダの栽培農家に対する保険のようなもので、数十もある品種の中には必ず一つくらいは気に入るものがあるはずだった。やがて、ダグラス・ベネット・アルフォンソマンゴーはフロリダとハワイに適していることがわかったが、その後の一〇年ほどの間にアメリカに導入された品種と比べると、格段に素晴らしいというわけでもなかった。大胆で力強い味を求めるアメリカ人にとっては、その味は普通すぎたのだ。

フェアチャイルドはそうしたことを一切知らなかった。彼にわかっていたのはただ、急いで仕事をしなければ、ということだけだった。フェアチャイルドが生涯忘れないエピソードが一つある。それは人でごった返すボンベイの港を彼の船が出ようとしている日のことだった。船長が、いくつもの籠から溢れているフェアチャイルドのマンゴーは、荷が大きすぎて船に積めないと言ったのである。そこでフェアチャイルドは、出港が迫るなか、数人の子どもを雇って一〇〇個以上のマンゴーを食べさせ、役立たずの果肉を取り除かせた。子どもたちがマンゴーをムシャムシャと食べ、クスクス笑いながら種をなめてきれいにする横で、彼は濡らした炭を入れた小ぶりの籠に種を山積みにした。

インドへ向かう

バグダッドはフェアチャイルドを魅了したが、それはそこに辿り着くのが非常に大変であったことが一因かもしれない。ペルシャ湾を北上する船は軍艦だけで、乗船前にペストの予防ワクチンを接種しなければいけないと言われた。フェアチャイルドはキーキーと音を立てる人力車でカラチの、ワクチン接種で有名な男の家まで行った。男は天然痘を感染させた子牛を横に寝かせ、お腹にできたかさぶたを錆びた針でこそげ取り、それをフェアチャイルドの腕に刺した。失礼になるまいとしてフェアチャイルドはそれを止めなかったが、すぐその後に消毒薬で傷口を消毒し、予防接種を無効にしてしまった。その結果彼には、子牛から感染するどんな病気よりもひどい病気に罹る可能性が残されてしまったのである。

国境の役人はそんなことは知らず、フェアチャイルドは北に向かう許可を与えられた。だがその二日後、船内でペスト患者が出るという騒動が持ち上がった。患者はイスラム教シーア派の巡礼者で、預言者ムハンマドの孫フサインの生地に向かう五〇〇人のうちの一人だった。船内でペストが発症したとなれば船はどこの港にも入港できず、海に浮かんだまま煉獄と化したことだろう。その患者が「転んで」首の骨を折り、おかげで船は感染を免れたと聞いたとき、フェアチャイルドはさして悲しみはしなかった（「うまく問題を切り抜けた」と船長は言った）。男の体は石炭の塊に縛り付けられてペルシャ湾に投げ込まれた。遺体はいかにも粗末に扱われ、空中で一回転して頭から水中に落ちた。このぞんざいな水葬を、許すべからざる侮蔑の証しととった船上の巡礼者たちは、金切り声をあげた。フェアチャイルドはもう一人の乗客とともに巡礼者たちを落ち着かせて反乱が起きるのを防いだ。ペルシャ湾の水底で魚たちがこの新しい遺体をつつき始めて間もなく、この男のことは誰も口にしなくなった。この一件で怖気づいたフェアチャイルドは、潮風が吹きつける甲板で寝ることにした。

これ以上この旅が不快になることはあり得ないと思っていた矢先、彼は明け方に巡礼者の祈りの声で目を覚ました。彼らは毎朝大声で、メッカの方角にひれ伏して祈るのだった。船がイラク南部に近づくと、なぜかペスト発症の件を知っていたトルコの当局が検疫のための隔離を命じた。幸いフェアチャイルドは肌が白かったため、一週間の検疫で済んだ。七日間、彼は巡礼者たちに囲まれ、二本のフォークと輪ゴムで作ったぱちんこでスズメを狙って暇つぶしをした。与えられる食べ物には手を付けず、茹でたタマネギしか食べなかった。

検疫から解放された彼を見舞った決定的な不幸は、バグダッドの街が見えたと同時に、チグリス川を上っていた小型船が座礁したことだった。それはかつてミシシッピ川を航行していたことのある蒸気船で、どういうわけか、ミシシッピから一万一〇〇〇キロ離れたところで頼りにならない水上シャトルに生まれ変わったのだ、と誰かがフェアチャイルドに言った。フェアチャイルドはこれ以上我慢できなかった。彼は三脚とトランクを船の脇に投げ落とすと、岸までそれを引きずって歩いていった。そうやって、岸辺に深い足跡を残しつつ、彼はバグダッドまでの最後の道のりを、何千年前から人々がそうしてきたように歩いて終えたのだ。

この地獄のような船旅に、多少なりともその価値はあったと思わせる明るい兆しがあったとすれば、ワクチン接種、船旅、検疫、そして長い徒歩での上陸、と続いた過程のどこかで会話をしたある男から、皮がすべすべの、ネクタリンと呼ばれるモモの一種がクエッタという町にあると聞いたことだった。現在のパキスタンの一部であるクエッタが暑い砂漠という厳しい環境であり、危険なことが次々と待ち構えているであろうことを考え、フェアチャイルドは調査を断念した。その代わり、彼はその男に種を送ってくれと頼み、後日種が送られてきた。皮に毛の生えていないモモの近縁種にアメリカの植物学者が最初に言及したのは一七二二年のことである。だがフェアチャイルドが送ったクエッタ・ネクタリンは四年も経たないうちに、新しいものに飢えているアメリカで最も人気の高い品種になった。アイオワ州、テキサス州、カリフォルニア州の農家は後に農務省に宛てて、この、黄色に赤の混じった、酸っぱくて甘く、輸送にも非常に適した大きな果実に、深く感謝の意を表する手紙を書き送っている（カリフォルニア州チコのある栽培家は、「大きさも、果皮がしっかりしていることも、果肉も、すべてが非常に好ましく、これはすべてのネクタリンの中で最高の品種だと思います」と書いている）。だが、よりよい果物への欲求はあらゆる意味で留まるところを知らず、そのため、クエッタ種の人気が出てから大した時間も経たないうちに他の種に取って代わられたのも避けようのないことだった。けれども、遺伝的にはクエッタはその後も長く残り、現在でもクエッタの遺伝子の一部が、アメリカで商業的に栽培されているほぼすべてのネクタリンの中に見られるのである。

一方、バグダッドの街は期待通り魅惑的だった。何千年もの間、この街は世界最大の交差路であり、市場にはイスラム文化最盛期の偉大な富が並んでいた。八世紀にわたってイスラム教徒を導くカリフの住まいだった城は今もそこにあったが、街は今、世界中の港から運ばれてくる商品を受け入れる新しい市場とともに変化し始めていた。英国の鉄、スウェーデンの木材、フランスの酒、そして、原産国の名を取ってチャイナと呼ばれる磁器の食器。それらが日々売買され、原産国の珍しさが高い値をつけていた。混載業者はロンドン行きの小麦やアメリカ行きの羊皮を集めて荷をまとめた。

ブヨは人間の地位におかまいなく人を刺すが、バグダッドに住んでいる人間は、額にあるブヨの刺し痕の大きさでそれとわかった。ブヨに刺されると、そこは血が出てかさぶたになり、やがて「バグダッドのボタン」と呼ばれる直径一センチほどの傷跡になる。フェアチャイルドは人目も憚らず、イスラム教徒の慣習をポカンと見つめた。「黒い服とマスクを身に着けた女たちは、私に顔を見られることを恐れて本能的に背を向ける」と彼は書いている。「ラクダの隊列も見た――砂漠から砂漠へと移動する家族だ。女たちは、色鮮やかな布に覆われた巨大な籠のようなものの中に、公衆の目を避けるように隠れている。旋舞教団員も見た。あれはてっきりバーナム・アンド・ベイリー［訳注：サーカス団の名前］がでっち上げたものだと思っていたが」

混雑する市場を人をかき分けながら歩き、フェアチャイルドは数百種類のデーツを集めた。乾燥させたもの、固まったシロップでベタベタのものもあった。何百年も農耕が行われてきた土地はまた、小麦、キビ、大麦、ヒヨコマメ、さらにはメイズの新種を見つけるのに適していると思われた。アラビア文字を読めないフェアチャイルドは、世界のはるか彼方――おそらくは北米も含めて――からバグダッドに送られてきた作物の種を、そうとは知らずに集めたに違いない。そうしてそれらを再び、外国の消印付きでアメリカに送り返したのだ。

彼の海外での滞在期間は次第に短くなっていた。手際が良くなったせいもあるが、アメリカ人に対して人々が持っているネガティブなイメージを懸念したからでもある。外国人にとって、二〇世紀初頭のアメリカ人はまさに現代的なものの典型だった。安定した政府、創造的な国民、豊かな経済。だが、二一世紀における中国の台頭と同様に、この頃のアメリカ人を人は疑いの目で見たのである。

1902年。世界の文明が交差するバグダッドでは、新しいもの、珍しいものを求めて市場へ出かけた。街の近郊では、腹を空かせたスズメや朝露から大麦や小麦の山を護るために大きな敷物が被せられていた。

アメリカが何を意図し、その成長しつつある国力をどのように使うつもりなのか、知っている者はいなかった。

フェアチャイルドはバグダッドから、その重さで腕の筋肉がパンパンになるほど、完熟した果実を持ち帰った。デーツの木の根元から生えてくる吸枝を手に入れる方が簡単だったかもしれないが、九週間の船旅の間に吸枝が枯れてしまう可能性があることを知っていたので、果実と吸枝の両方を持ち帰ることにしたのである。片方が枯れてしまった場合の保険だった。

フェアチャイルドは乗船した船の甲板に泥を広げた。面白そうに眺める船長の目の前で、彼は水に浸した吸枝をその泥に横たえて転がした。泥が粘土のように乾いて固まると、彼は水分を保持するためにそれをズタ袋の布で包んだ。このフェアチャイルドの工夫が功を奏したのか、あるいは単に運が良かったのか、デーツの吸枝は枯れずに船旅を終えた。

フェアチャイルドが持ち帰った荷物をはじめとしてアメリカに届いたデーツのおかげで、その後、デーツ業界はアメリカ西部を潤した。南カリフォルニアでは、それまでのどんな作物よりもデーツの栽培が盛んになった。一九一〇年代には栽培家たちが、南カリフォルニアに特有の微気候に最も適した品種を選んで農業革新を一歩進めた。そうした品種の一つであるデグラノール種は、アラビア半島にそっくりの土壌と気候を活用して、カリフォルニア州のコーチェラ・バレーの経済を活気づけた。この作物がもたらしたものに人々は深く感謝し、一九三〇年代には、コーチェラ・バレー高校のマスコットが「アラブ人」と名付けられるほどだった。それは陳腐な人種差別主義からではなく、ニューヨークにとっての自由の女神と同じくらいコーチェラ・バレーにとって重要な意味を持つ作物に敬意を表してのことである、と学校側は主張している。

インド洋は碧く澄み、波はあったが穏やかで、航海の間フェアチャイルドは特に何も書き記していない。世界旅行は華々しさの最たるものとされていたものの、船上で長期間を費やしては病の蔓延する街々に上陸する

1905年。カリフォルニア州ウォルターズに最初に植えられたナツメヤシ。アラビアから持ち込まれたデーツによって豊かになったこの地域は、10年後、街の名前をイスラム教の聖地にちなんで「メッカ」と改名した。

日々は実際には楽ではなく、すでに地球を三周近くしたフェアチャイルドには疲れが見え始めていた。彼の日記には、新しいものの発見に対するかつての若者らしい喜びに代わって、旅の辛さがしたためられるようになった。「船の食事は不味く、誰もがうんざりしていた」――ペルシャ湾を去る船の上で彼が書いたのはそれだけである。彼は、病気の感染を警戒していただけでなく、多様なものを見てきた結果、質の悪いものや、人々の争いが巻き起こす不要な大騒ぎに敏感に反応するようになっていた。暴力嫌いの彼は、ボディガードを雇わなければならないと言われたカラチに行くのを避け、代わりに一緒に船に乗船していた旅人二人に数十ドルを渡して、デーツの吸枝をアメリカに送ってくれるよう頼んだ。二人はそれを引き受けたが、根を短く切りすぎたデーツの吸枝は送られてきたときには枯れていて、素人に仕事をさせても無駄だということがわかった。

日本の桜に惹かれて

インドの次にどこへ行っても良かったのだが、フェアチャイルドは早々に日本に向かった。別行動だったバーバー・ラスロップからは、東京に近い横浜で落ち合おうと言われていた。日本までは二八日間の船旅だった。

当時フランスの植民地だったサイゴンに寄港した際、フェアチャイルドは、彼が新しい植物をアメリカに持ち帰ろうとしているのと同様の情熱を持って、フランスの植民地に新しい植物を導入しようとしているフランス人植物学者と知り合った。プラントハンティングは、新しい作物で入植者を支援する必要がある植民地を持つ国では特に、珍しいことではなくなっていたのである。フランス人植物学者はフェアチャイルドがマンゴーやマンゴスチンを手に入れるのを手伝ってくれた。この二つは別々の、種として関係のない植物である。数々の旅を通じ、フェアチャイルドは、紫色の皮と白い楔形の果肉を持つマンゴスチンを評して「熱帯のフルーツの女王」と呼ぶようになっていた。「白く美しい果肉はプラムよりも繊細で、その優美な美味しさは言葉にできない」。そして彼は、「紫がかった茶色の皮を持つこの果物は、どこでも高価で売れることだろう」と考えたのだった。

だがこの推測は見事に外れた。アメリカの農家の目にはマンゴスチンの皮は厚く果肉が小さすぎたし、形も大規模栽培には向かなかった。このことはフェアチャイルドをことのほかがっかりさせた。数十か国を訪れ、何千種という果物を見てきた彼が、自分の一番のお気に入りに選んだのがマンゴスチンだったのである。

横浜港には藁の帽子を被った漁師たちの乗った小さな漁船がひしめいていた。男たちはみな、埠頭に近づく蒸気船に目をやった。船の上で一か月を過ごした乗客たちはみな、揺れる船から逃れて体の平衡を取り戻そうと懸命だった。フェアチャイルドは心得たもので、一番に船を下りるためにタラップの前に立っていた。あたりは魚の匂いが充満していた。乗客が船を下り始めると、漁師たちの関心は、ピクピクとうごめく銀色の魚でいっぱいの魚網に戻った。フェアチャイルドはラスロップが宿泊しているホテルに向かった。一か月を海の上で過ごした後で再び英語を耳にできることもだが、友との再会が楽しみだった。

「動くな！」とラスロップが叫んだ。彼は新聞を膝に広げてベッドに座っていた。風邪を引いていて、何か悪い病気ではないかと恐れた医師に寝ているように言われたのである。フェアチャイルドが動かずにいると、ラスロップは紙を丸めてじょうご状にしたものをしっかりと握り、二本の指でとんとんと叩いて、茶色い削り屑のようなものをビール瓶の中に落とした。

「この種を手に入れるのは大変だったんだし、ワシントンDCの奴らはこいつを増やしたがってるんだからな。今失くすわけにはいかんのだ」。相変わらずフェアチャイルドの方は見ずにラスロップが言った。

フェアチャイルドがイランとイラクで植物探しをしている間、ラスロップは東南アジアでタバコを探すため、シンガポールとジャワに立ち寄っていた。彼は、アメリカ北西部の農家が自分たちの貧弱な品種と取り替えるために欲しがっていた、貴重なデリ産の品種を手に入れようと、地元の園芸家や農家に近づいた。そしてついにスマトラで金を掘り当てたのである。ラスロップはスマトラの栽培農家を、その素晴らしい農業技術をアメリカ人は学ぶべきだと言って褒めそやした。だがいざ、個人的に「平和裏に種をもらいたい」と言うと、みな大笑いをして彼を部屋から追い出したのである。けんもほろろの扱いを受けたラスロップは、いつもの彼らしくずけずけとタバコ農家の愚かさを罵った。栽培農家の一人が、ラスロップがあまりにも落胆している様子にビジネスチャンスを感じ、後で彼のところにやってきて、三〇ドルを超える高値でこっそり種を売ってやろうと申し出た。金ならあるラスロップは喜んでこの申し出を受け入れ、男は種を送ってよこしたのである。後日ラスロップがこの話を再現するときには、男はラスロップの金を受け取る前に死んだことになっていて、だから彼の勝ちなのだった。

「随分遅かったじゃないか?」タバコの種を片付けるとラスロップはフェアチャイルドに言った。「桜を見損なったな。だがナツメヤシは随分手に入れたんだろう。一緒にバグダッドを見たかったが、俺がいない方がいろいろと収集できるだろうからな。それに食い物も不味かっただろう? とにかく、寂しかったよ。この二週間はホテルに缶詰めなんだ……。君とあちこち行ける状態じゃない。どうせ君一人の方が仕事も捗るだろうしな」

かつて二人の間にあった先輩・後輩という関係が姿を消したことは、ラスロップがフェアチャイルドに至極会いたがっていた様子を見れば明らかである。フェアチャイルドの前ならばラスロップは、拒否されることも批判されることもなく、思いきり大げさで尊大な自分でいられるのだった。

実は、フェアチャイルドがどこにも立ち寄らず急いで日本に来たのは、桜が咲いているのを一目見るためだった。桜の伝承は東アジアの隅々まで知られており、ワシントンＤＣの園芸家の中には、春の桜の美しさを知っている者がいたのである。実をつけず、淡いピンク色の花を咲かせるだけの桜の木は、農家にとって魅力はあるだろうか、とフェアチャイルドは考えた。

おそらくはないだろう、というのが彼の結論だった。だから彼は、ほんの数十本の挿し穂をカリフォルニアの政府の担当者に送っただけだった。一九〇三年に桜の枝と根が到着すると、担当者はひどく混乱して、カリフォルニア州のセントラル・バレーの灼熱の太陽の下に放置した。桜の花が適しているのはアメリカの東海岸、中でもワシントンＤＣである、とフェアチャイルドがようやく気づいたのは、何年も経ってからのことである。

その夏、日本に滞在しているほとんどの間、ラスロップは疲れ切っていて植物探しに出かけられず、フェアチャイルドはある意味で一人での冒険旅行を楽しんだ。訪れたすべての国の中で、日本は園芸において最も進んでいる国であるように思えた。彼は日本の坪庭について、紙漉きについて、また世界中でここにしか育たない高品質な果物や野菜について学んだ。裕福な人々が、裕福な人々の食べ物について教えてくれた――生の魚、海苔、豆腐と呼ばれるダイズで作ったチーズのようなもの。細い二本の棒を片手で持って物を食べるなど不可能だと思ったが、何度か試すうちにコツを覚えた。

フェアチャイルドは日本で、ビワという黄色いプラムと、ウドというアスパラガスのような野菜を手に入れた。それと、日本酒の樽の中で甘くなるいわゆる渋柿。さらに、食べられる果実や野菜に惹かれたフェアチャイルドの発見したものの中ではほとんど評価されていないが、日本では芝も見つけている。葉が厚いこと、成長が遅いため頻繁に刈らずに済むことが魅力の芝生の品種である。

そして、大阪近郊の山の中を流れる沢で育つワサビも見つけた。葉も食べることはできたが、ワサビの価値は、鼻にツンとくる不思議な力を持つ、その苦い根にあった。アメリカではワサビの人気は短命だった――農家が、ワサビの近縁種であるセイヨウワサビの方が、より早く、より大きく育ち、繊細な（そして切ってから一五分で香りが消えてしまう）ワサビよりも刺激が強いということに気づいたためだ。アメリカには今でも、フェアチャイルドが持ち帰ったワサビを栽培している小規模農家があるが、今日寿司に使われているのはほとんどがセイヨウワサビである――すり潰され、着色されて、偽りの名で呼ばれているのだ。

それから数週間、フェアチャイルドは日本の園芸技術からいろいろなことを学び、それを大いに楽しんだ。アメリカのせわしい街なかにはない、日本社会の規律正しさも気に入った。フェアチャイルドは東京近郊の竹林の中で、人生で最も静かな日々を過ごした。ある日の午後遅く、金色の午後の光の中、背の高い緑の竹稈と風にサラサラと鳴る葉音の中で、彼は一時間、いやもしかしたら二時間、黙って座って瞑想した。

13章　ベルの一大計画

一九〇三年八月、ワシントンDCに戻ったフェアチャイルドはすでに有名人で、ナショナル・ジオグラフィック・ソサエティ相手の講演の依頼があった。彼はこの、旅慣れて冒険好きな男たちの中心的組織と自惚れる、エリートたちの集団については耳にしたことがあった。一八九八年には、ジャワへの渡航について書いたものを、深く考えもせず彼らの冴えないジャーナルに寄稿していた。だが、アメリカで最も教養があり裕福で人脈も広い男たちの巣窟に招かれる、という光栄は、滅多に与えられるものではなかった。彼を招待したのはギルバート・グローブナーだった。ある夜、コスモス・クラブにいたときに、彼はフェアチャイルドに向かって、いろいろと耳にしたことから察するにフェアチャイルドには白い顎髭があるものと思っていた、と言った。フェアチャイルドが若い、と遠回しに言ったのである。

黒い髪を優雅に左側で分けたグローブナー自身、二八歳の若造にすぎなかったし、世故に長けていたわけでもない。雑誌『ナショナル・ジオグラフィック』の編集という仕事は、一連のコネを使い、頼み込んで手にしたものだった。グローブナーにこの仕事を与えたのは、まさにナショナル・ジオグラフィック社の大理石の教会堂に相応しい、著名な発明家アレクサンダー・グラハム・ベルだった。グローブナーがベルの娘エルシーと結婚して間もなく、ベルはナショナル・ジオグラフィック・ソサエティの評議会に働きかけて、義理の息子に安定した収入を確保したのである。グローブナーは雑誌発行の経験などなかったが、『ナショナル・ジオグラフィック』誌を大きくする、あるいは少なくとも潰さないこと、という命令とともに発行を任されたのだった。

社交界デビュー

この頃にはフェアチャイルドにも健全な自我というものがあって、一九〇四年にヒューストン・ポスト紙に掲載されたプロフィールにあったように、「世界で最も旅の経験の多い男の一人」という評判が彼を図に乗せていた。彼は夜な夜な男性専用クラブで過ごした。中でも一番頻繁に過ごしたのは、後にある史学者が「ワシントンDCの知的エリートたちの社交の中心地と呼ぶに最も相応しい」と評したコスモスというクラブだった。新聞に彼の言葉が引用されることはしょっちゅうだったし、植物栽培の権威としてしばしば質問を受けた。

フェアチャイルドが自信過剰になった原因の一つは、彼がワシントンDCの社交界のことを何も知らなかったからかもしれない。数週間の休息期間を除けば、彼は五年近くこの街を離れていたのであり、その間にワシントンDCは、セオドア・ルーズベルトの若々しいエネルギーとともに花開いていた。ルーズベルトは、かつてキューバの戦場でどんな攻撃もかわして見せたのと同じ力強さで為政にあたった。国会議員らと乗馬で遠征し、執務室の近くに記者会見室を作ってジャーナリストたちの機嫌をとった。彼はまた大統領官邸を「ホワイトハウス」と改名して古めかしいヴィクトリア朝風の装飾を取り払うと、若者たちをダンスや社交イベントに招き入れたのである。

それらはすべて、フェアチャイルドのいないところで起きたことであり、彼には知り合いが一人もいないも同然だった。ナショナル・ジオグラフィック・ソサエティの知識人たちが著名であったとしても、フェアチャイルドは彼らのことをほとんど何も知らなかったのだ。

特に、恰幅が良く頰髭をたくわえたスコットランド系アメリカ人発明家、ベルのことを、彼は何も知らなかった。一九〇四年にはすでにアレクサンダー・グラハム・ベルは誰もが知る名前になっていた。電流に乗せて人間の声を伝える魔法のような発明に感謝して、人々は彼を称え、喝采を送った。発明から三〇年、電話のある家はごく少数ではあったが、電話というもののことは誰もが知っていたのである。

部屋いっぱいの、白い顎髭やフサフサした口髭をたくわえた人々の前に立ったフェアチャイルドは、ベルがどんな外見をしているのかまったく知らなかった。彼の聴衆は彼にはみな同じに見えた。だから彼は、特に誰に向けるでもなく話をした。

彼は、これまで何千回もの会話の中で磨きをかけてきた売り口上を披露した。「政府による植物導入事業とは、アメリカに、世界の貴重な作物を、栽培が可能な限り導入し、根付かせようとするものであります。農家には栽培を、国民には食べ方を教え、この最もパワフルな手段によって、アメリカの農業をより豊かにせしめんとするものであります」。彼はこれまでの最大の成功例を挙げた。日本の米、コルシカ島のシトロン、熱帯地方のマンゴー。いかにしてデーツの導入がカリフォルニアに、何百万ドルもの金が動く新しい産業を創生したかについても説明した。そのスピーチは、ほとんどの人は一生持つことのない政治意識や、利益第一の企業が慌てて参入して状況を改善する以前にまず政府による投資を必要とするのがどういう場面であるかを理解する鋭い洞察力を、フェアチャイルドが備えていることを示していた。

「新しい作物を入手して栽培するというのは」民間企業は普通行わないことであります。それはアメリカの土壌がどれだけの富を生み出すことができるのか、という問題であり、アメリカ政府は、公的資金をわずかばかり投入することによってその問題の解決能力があるということを示したのであります。政府は、我々が現在海外から輸入している食べ物その他の製品を国内で生産することを奨励し、今後何世代にもわたって、数十万、おそらくは数百万人ものアメリカ市民を支える農業という産業を確立しようとしているのであります。

スピーチが終わると、聴衆は列をなしてフェアチャイルドに握手を求め、自分の人生にもかつて、フェアチャイルドの言ったことと重なる部分があった、と言った。列は徐々に短くなり、最後にグローブナーがやってきて、ベルがフェアチャイルドを、毎週水曜日にデュポンサークルの自宅で開いている集まりに招待したと告げた。「水曜の夜」というのはベルの個人的な社交の場を意味し、ホワイトハウス訪問よりも光栄なことだと言う者がいるほどだった。招待を承諾した直後フェアチャイルドは、背広を新調し理髪店に行くことに決めた。

フェアチャイルドにとって今回のワシントンDCへの帰還は、長い旅に終止符を打ったという意味でこれまでとは違った意味を持っていた。彼は疲れており、安定を求めていたのである。水平線が窓の外で動かないベッドで眠りたかった。ほとんど無一文だったので、決まった収入も必要だった。三四歳の彼は、植物探しに時間を費やすよりも妻を探すことに時間を割こうかとも考えていた。

ウィルソン長官に会いに行ったとき、フェアチャイルドは遠慮しなかった。彼がワシントンDCに戻ったのはこれが三度目で、その三度とも彼には職がなかった。フェアチャイルドが勇敢に、かつ農務省のために無償でしてきた仕事のおかげでウィルソンは多大な恩恵を蒙ったのだから、自分が農務省に職を求めるのを拒めるはずがないではないか。だがウィルソンは、一八九八年にフェアチャイルドが職業倫理に背いた辞め方をしたことについて、かすかではあるが未だに消えない恨みを抱いていることがわかった。フェアチャイルドの給料の話になると、ウィルソンは年俸一〇〇〇ドルを提示した。これは現在に換算すれば五万ドルで、高学歴で経験豊富なフェアチャイルドの給料としては取るに足らない金額である。もっとひどいことに、ウィルソンはフェアチャイルドに、一九〇〇年以降アメリカに輸入された植物の目録を作るという面倒でつまらない仕事を与えたのだった。

農務省は、フェアチャイルドがまだ駆け出しの植物学者だった初期の頃から急速に拡大し、数十人だった職員は四〇〇〇人になっていた。「この政府機関は、世界でも有数の研究所になったのだ」とフェアチャイルドは書いている。オフィスが手狭になるということがあまりにも頻繁に起きたため、農務省の職員は財務省と内務省のオフィスにまで溢れ出していた。そんなわけで、一九三〇年代になると農務省の質素な赤レンガの本部社屋は取り壊され、四〇〇〇室以上もある巨大な大理石造りの総合ビルに取って代わられて、職務の範囲も目的も拡大した。それは当時、世界最大のオフィスビルだったのである。

フェアチャイルドが、散在するメモや輸送ラベルを整理して目録を作るのには四か月かかった。導入された植物は全部で四三九六種だった。目録の前書きの中でフェアチャイルドは、種子を提供した合計一一名全員に謝辞を述べた。だが彼はまた同時に、大きくなった自分の自尊心をくすぐることも忘れなかった。目録にあるもののほとんどは、目録の「著者」、すなわち彼自身が提供したものであることを明記したのである。

一方、ウィルソンとラスロップの不和は一向に消えず、かつての戦いの炎は消えて残り火にすぎなくなってはいたものの、それでもラスロップは、自分に与えられるべき正当な評価が与えられていないと感じていた。だがこの仕事がフェアチャイルドに、自分の後援者に感謝するための完璧な手段を与えたのだ。「新しく導入された四四〇〇種近い植物の非常に多くは、シカゴ在住のバーバー・ラスロップ氏の探求によってもたらされたものである。農作物調査員として、氏に同伴できたことは喜びであった」と彼は目録に書き、目録は大統領にも送られた。「約四年間にわたる海外渡航を必要としたラスロップ氏の探査活動は、世界の有益な植物の存在を調査するという実用的な目的のために行われたものであり、すべての大陸、また主要な諸島のすべてを網羅した」。彼はラスロップを「公共心のある」人物と呼んだ――それはラスロップの社会貢献に対する政府としてのさらなる謝意であり、フェアチャイルドは、それがラスロップをどれほど満足させるかを知っていたのである。

フェアチャイルドにとって特に誇らしかったのは、「すべての大陸」を網羅したと断言できることだった。もちろん、南極大陸をその中に含める者はいない――アーネスト・シャクルトンでさえ、南緯八二度線にかろうじて到達したばかりだったのだ。だがフェアチャイルドの自慢にアフリカは含まれていた。ただ、訪れはしたものの、広大なアフリカ大陸にはまだまだ調査すべきものがたくさん残っていることを彼は知っていた。エジプトは国際人が集まるところだったが、サハラ砂漠以南の大部分は、ヨーロッパの植民地以外は手つかずのままだった。ラスロップはフェアチャイルドに、腰を落ち着ける前にアフリカに行けと勧めていた――新しい作物がきっと見つかると思っていただけでなく、ラスロップという男は、後で自慢をするためだけに行動する男だったからだ。そういうわけで、ワシントンDCに戻り、ナショナル・ジオグラフィック・ソサエティでスピーチを行い、彼を虜にする女性に出会う直前、フェアチャイルドは最後に「アフリカを一周」していたのである。

アフリカでの収穫

確かに、アフリカ訪問は自慢するに値した。西洋人は、野蛮な民族がいる土地、という人種差別的なイメージのために近寄ろうとはせず、訪れる者はほとんどいなかった。一八九八年、英国の王立地理学協会はエワート・グローガンを送り込んでケープタウンからカイロまでを歩いて縦断させ、途中彼は、それまで誰も接したことのなかった「小さな人々」、ピグミー人について調査した。「これが大きな危険を伴うことは明らかである」と彼は書いている。大々的に伝えられた報告書の中で彼は、ピグミー人を「犬のような顔をしたサル」と描写した。グローガンは人類学者でも生物学者でもなく、アフリカの「野蛮な」人々が実は進化論における「失われた環」、つまり野生の霊長類と現生人類の中間の存在なのではないかという疑問を抱くことを、恥ずかしくもなんとも思わなかったのである。

　フェアチャイルドは同じ結論に達することを避けた。そうした考え方は、直感的に無理があると感じなかったとしても科学的な観点から疑わしいと思ったことだろうが、その理由には、自分があまり内陸部まで立ち入らなかったということもあった。航路での探検は広大な土地の調査には向かなかったが、その代わり便利で安全だった。「何か価値のあるものが見つかることを願っていたので非常にがっかりし、内陸まで足を伸ばす時間があればそういうものが数多く見つかるに違いないと思った」と彼は回想している。この海岸線がつまらなかったのはまた、そのほとんどが、英国、フランス、ドイツ、イタリア、ベルギー、スペイン、ポルトガルの間の勢力争いによって植民地化されていたせいでもあった。実際にはその勢力争いというのは、ヤシ油、天然ゴム、綿花を含む、アフリカ大陸の産物をめぐる争いだった。土地争いは次第に激しくなり、一八八四年にはドイツの首相オットー・フォン・ビスマルクがベルリンで首脳会談を開いてアフリカとその資源を国家間で分割した。この会議にはすべての国家が招かれた——アフリカの国家を除いて。

　フェアチャイルドのアフリカでの植物採集を阻むものは他にもあった。東アフリカには港がほとんどなく、上陸のためには、衣料用の籠に入って蒸気船に横付けした小型ボートに乗り移るという危なっかしい方法を取るしかなく、波があるときには特に危険だった。フェアチャイルドはモザンビークで、小さくて完璧な球形の果物を見つけた。それを食べるアフリカの黒人の蔑称であるカフィアから、カフィア・オレンジ［訳注：和名モンキーボール］と呼ばれる果物である。船まで運ぶことができたのは一個だけで、それは船上で石のように固くなり、乾いて固くなった皮を斧を使って割らなければならなかった。中の果肉は茶色く、熟しきったバナナの味がした。

　さらに南のダーバンでは、真紅の実をつけ、白い葉が南国のプルメリアの花に似ているナタールプラムが手に入った。観賞用の葉と果実を併せ持っているところが人気を呼ぶだろうと考えたフェアチャイルドは（そし

1903年。アフリカ東岸の港は整備が整っておらず、大型蒸気船は入港できなかった。そのため、フェアチャイルドのように上陸しようとする乗客は、籐製の籠に入り、小型のボートに移らなければならなかった。

て彼は正しかった）、フロリダに一ケース送った。ケープタウンでは、一人のシェフが変わった果物、コップほどの大きさしかない一人用サイズのパイナップルでフェアチャイルドを大喜びさせた。フェアチャイルドはそれが世界を変えるのではないかと思ったほどである。「そのパイナップルをフォークでバラバラにしたが、驚いたことにほとんど芯というものがない。それに、これまで食べたどんなパイナップルよりも甘く、筋がまったくない」と彼は書いている。彼はパイナップルの一番上の部分を保存し、それをアメリカに送った。

バナナやリンゴを丸々一個、人と分け合わずに自分で食べるのに慣れているアメリカ人なら誰だって、このパイナップルを丸ごと一個自分で食べたがるに決まっているではないか？　――だがその答えはノーだった。フロリダとハワイの栽培農家は小さなパイナップルには興味がなかったのだ。人々は、その重量や輸送にかかる費用にはお構いなく、大きなパイナップルを――それまで育てていたものよりももっと大きなパイナップルを求めていたのである。そんなわけで、大の大人が一人用サイズのパイナップルを見つけて子どものように舞い上がっていたフェアチャイルドの浮かれ気分は、見事に打ち砕かれたのだった。

グラハム・ベルとの親交

アレクサンダー・グラハム・ベルの家は、デュポンサークルのすぐ南、コネチカット・アベニューの一三三一番地だった。それはワシントンＤＣでも最も優雅な邸宅の一つで、ベルの名声に相応しかった。特別に設計させた三階建ての豪邸は直線的で四角張っており、螺旋階段、高級なオーク材を壁に使った大きな応接間があり、すべての階に、通りに張り出すように下の方が膨らんだ鋳鉄の格子のついた窓が並んでいた。それらはすべて、ベルと妻メーベルの趣味に合わせ、三万一〇〇〇ドルという巨額の費用をかけて設えられたものだった。電話の仕組みを実演してからというもの、ベルには金が湯水のように集まり、移民が成功するチャンスに溢れているところ、というアメリカの評判に一役買っていた。ベルの成功は、悲劇的な過去を乗り越えてのものだった。兄と弟を結核で亡くした一家は、英国からカナダへと移り住み、後にアメリカに移住した。北米に移住したことが、若き日のベルに、英国では叶わなかったであろう成功の高みに到達する道を開いたのだ。電話の発明は有名だが、ベルの最も特筆すべき功績は、それよりもむしろ、三〇年の間に、くたびれた移民だった彼が、アメリカの市民として最高レベルの知的エリートに上り詰めたということだ。

ある意味で、ベルは大勢いるそうした者の一人にすぎなかった。二〇世紀の初頭、科学者たちにとってワシントンDCはまさにルネッサンスの只中にあり、ちょっとした数の人とさり気なく交わした会話が政治を大きく変えるようなところだった。南北戦争後のリコンストラクションの影響で、政府は復興に力を注いでおり、そのために科学団体に資金的援助を行っていた。ナショナル・ジオグラフィック・ソサエティが設立されたのとほぼ同時期に、他にも次々と学会が設立され、その中には米国生物学会、米国化学会、米国人類学会、また昆虫学愛好家の団体もあった。一九〇〇年になる頃には、こうした多数の学会を支えるには科学者の数が不足していた。各学会の会員名簿には繰り返し同じ名前が並び、これら数百名の男たちは、週に二日、三日、あるいは四日も夜間に家を空ける口実が必要なのだろうかと勘ぐられるのだった。

毎週水曜日、午後七時に、三つ揃えのスーツを着た二〇人の男たちがベルの邸宅の一階にある応接間に集った。歓談しているとやがてベルが、年老いた父親、一八一九年生まれのアレクサンダー・メルヴィル・ベルを連れてきて、部屋の中央の椅子に座らせる。ベルは開会の挨拶をし、ときには「探索」「好奇心」などといったその夜のテーマを設定することもあった。それから、科学、あるいは芸術について誰か一人に話をさせた。ベルの父親が、息子がこれほどの知的なエネルギーの中心にいることを誇りに思っていたのは言うまでもない——息子に創作の力を吹き込んだのはメルヴィルだったのだ。ただし、それを後押ししたのはベルの義理の父親、ガーディナー・ハバードだった。ハバードは、あれもこれもと手を出す発明家のベルが何か一つのプロジェクトに真剣になるまでは、娘のメーベルとの結婚を許そうとはせず、一八七六年にベルが電話の特許を取ってようやく結婚させた。
ベルもまた、その高潔な構想の中で、フェアチャイルドにこれと同様のことを企んでいた。ベルがフェアチャイルドの行動を見たことは一度しかなく、二人は挨拶を交わしたこともなかったが、フェアチャイルドはベルに、野心的だが気まぐれで、功績が認められてはいたもののまだまだこれから、という、自分の若かりし日を思い出させたのだった。だがフェアチャイルドはそんなことは知らなかった。彼は部屋の隅に座り、自分がなぜこの場にいるのかと誰も疑念を持たないことを願った。人々の議論に付いていこうと努めながら、彼はベルの書棚に並んだ本の書名に気を取られた。後に彼はこの喜ばしい場面をこんなふうに書いている。

ベル氏がその魅力を最も発揮するのはこういうときだった。彼は客をもてなすのが好きで、礼儀正しく、かつ興味深い質問をしては客から答えを引き出すのである。彼が部屋に入ってきたとたん、他を圧する彼の存在感を感じた――白髪交じりの豊かな髪は秀でた額から後ろに波打ち、顎髭は長く伸び、濃い眉の下には、大きくて黒い、見事な瞳があった。ベル氏は長身で顔立ちが美しく、言い表しようのない大物感があった。彼の全身から発せられる生命力と優しさはあまりにも強く、彼にじっと見つめられると、つまらない考えはみな消えてしまうのだった。彼といるといつも必ず、この宇宙には興味深いことが山ほどあり、観察したり考えたりすべき魅惑的な事柄はあまりにも多すぎて、噂話やつまらない議論にふけるのは、犯罪とも言える時間の無駄使いである、と感じるのである。

ベルは人と対話するのが大好きだったが、この集まりの本当の目的は、異なった分野の人々の間に絆を築くことにあった。違ったもの同士の重なり合いは、新しいものを生み出す可能性を持つ。化学者と昆虫学者が出会い、あるいは環境学者とエンジニアがアイデアを交換し合う。フェアチャイルド自身、初めて参加した「水曜の夜」では、生涯にわたって続くことになる二つの出会いがあった。

一つ目は、国家公務員任用委員であり、セオドア・ルーズベルトの「テニス内閣」という羨むべき地位を持つアルフォード・クーリーとの出会いである。クーリーの説明によれば、それは非公式のグループで、正式なアドバイザーたちからなる堅苦しい委員会とは違ってごく打ち解けた集まりだった。ニューヨーク・タイムズ紙はこのテニス内閣のことをこんなふうに紹介している――「大統領が冗談を言えばみな笑い、話せば耳を貸す。テニスではみな大統領に負ける」。クーリーのことは「精力的な者の中でもことのほか精力的」と評し、彼と、彼の他にいる四人のメンバーは大統領とは非常に親密で、国政のことから言葉の綴りまで、幅広く大統領にアドバイスを提供した。アメリカの硬貨に「In God We Trust」という文字が刻まれることになった後ろにも、彼らの影響があったのである。

一九〇三年四月のある日、フェアチャイルドはクーリーの紹介で初めてルーズベルトに面会した。このとき二人の間で交わされた言葉で記録として残っているのは唯一、人をくつろがせるのが得意な大統領が、フェアチャイルドがアメリカのためにした仕事に対して祝辞を言った、ということだ。ルーズベルトが前触れもなく言った言葉は、フェアチャイルドの心に深く刻まれた――これほど世界の事情に詳しく経験豊富な者は、しばらくじっと一所に、特にワシントンDCにいればみなの役に立つだろう、と彼は言ったのである。

ベルのサロンでフェアチャイルドが知り合ったもう一人はクーリーとは別の種類の人物だった。フェアチャイルドと同年代、色白で茶色の髪、ほっそりした指をした女性である。

ベルの企みは急ピッチで展開した。彼の邸宅で何度か水曜の夜を過ごした後、フェアチャイルドはグローブナー夫妻の家での、親しい者だけの夕食に招かれた。それはベルのアイデアで、彼は娘にそれを仕切らせたのである。フェアチャイルドに割り当てられた食卓の座席は、グローブナーの妻エルシーの妹マリアン・ベルの隣だった。髪を後ろでシニヨンに束ねた二三歳のマリアンは、憂慮すべきことに未婚だった。どう考えてもまだ若い彼女だったが、一族が高い地位にあるおかげで、他の家族ならごく当たり前であろうことが人々の関心の的になったのである。

マリアンはおしゃべりな姉エルシーの企みを知っていたが、フェアチャイルドは知らなかった。

エルシーとギルバートは、夕食を供した後はあまり話さなかった。マリアンは、フェアチャイルドが科学に魅了されているのと同じように芸術に夢中で、彫刻への情熱とニューヨーク旅行のことを話す彼女にフェアチャイルドは二時間耳を傾けた。これほどはきはきと聡明な女性なのだから、決まった相手がいるに違いない、とフェアチャイルドは思った。

だがその夜の集いが終わる前にエルシー・グローブナーが、まるで最初から計画していたかのように、会話の中にさり気なく、妹はまだ婚約していないということを織り込んだのである。

鈍感で気の利かない昔のフェアチャイルドだったら、それほどあからさまな暴露にも気がつかなかったかもしれない。だが、何年もの間さまざまな状況で多種多様な人々と話をするなかで本能的な社交術を身に付けた今の彼には、エルシーのつぶやきで十分だった。

「私はクラクラする頭でベルの家を出た」と、その夜のことをフェアチャイルドは書いている。フェアチャイルドが、自分は結婚しないだろう、成人してからずっと独り身だったし、このまま死ぬまで独り身だろう、と思っていたことは想像に難くない。彼は一度、メーン州の女性と形ばかりの婚約をしていたことがあった。魅力を感じない相手ではなかったが、旅から旅への生活をそのために止めたいと思うほどの魅力ではなかった。

そして何よりも彼に大きな影響を与えたのはラスロップだった。何年も彼と蒸気船で過ごすなかでラスロップは、妻なしでも素晴らしい人生は送れるということを彼に示して見せたのだ。

けれども、マリアンに対するフェアチャイルドの反応は単に、彼がそれまで、彼に相応しい女性に出会えなかったということを意味していた――彼の本能を掻き立てると同時に彼をホッとさせられる女性に。とそこへ、まるで誰かが彼の祈りを祈りになる前に聞きつけて叶えたかのように、輝くような美しさで彼を虜にし、汚れない気品とカリスマ性でフェアチャイルドの関心を独り占めにする女性が現れたのである。「注意を集中することができなかった」――家までの帰路について彼はそう書いている。もはや植物の導入だけが彼の愛情の矛先ではなくなったのだ。

14章　千々に乱れる心

マリアンにどう話しかけようか、とフェアチャイルドは何日も思い悩んだ。彼女の名高い家族に怖気づいたというわけではなく、何を言えばいいのかがわからず途方に暮れていたのである。何年もの間地球を周遊しながらバーバー・ラスロップがフェアチャイルドに教えたことの中には、女性に対する思わせぶりな話し方は含まれていなかった。額が禿げ上がり始めていたフェアチャイルドは、自分のことを特にハンサムだとは思わなかった。後にマリアンもそのことは認めている（最初に彼女の関心を引いたのは彼の「知性」だったのだ）。だがフェアチャイルドの育ちの良さと礼儀正しさはすでに明らかだった。そして、女性に求愛する男性にとっておそらく一番重要だったのは、その女性に気があるという素振りを見せることで当人の関心を引くということだった。

フェアチャイルドは、マサチューセッツ・アベニュー一四四〇番地の、以前とは違う下宿に住んでいた。そこはワシントンDCの社交界の中心だった。ナショナル・ジオグラフィック社の集会所からは目と鼻の先で、ホワイトハウスからも、マリアンが両親と暮らしていたベルの豪邸からも数百メートルしか離れておらず、真冬の木枯らしの中でも、愛を告げる手紙を手渡しに行くのには都合の良い距離だった。

フェアチャイルドが最初の行動に出るまでには一週間が過ぎていた。グローブナー家での夕食のときに彼は、熱いロウを型に流し入れて幾何学模様を描いたジャワのバティック染めの布を収集しているという話をしたのだが、マリアンはこの、本で読んだことはあるが実際に見たことのない芸術に、ちらりと興味を示したのである。そこでフェアチャイルドは、サロンを包みにしてマリアンに届けた。二度書き直した情熱ほとばしる手紙で彼は粗忽にも、そのサロンを贈呈するのではなくお貸しすると書いてしまった。

ベルさま

無地のサロンはシャムのもので絹と綿の交織のように見えますが、模様のあるのはこの世で一番美しいジャワ島のもので、生地はただのマンチェスター産の綿布です。でも、南国の森から採った染料のやわらかな茶色と黄色によってすっかり姿を変えるのです。どうぞいつまでもお好きなだけあなたの研究にお使いください。ジャワの布をご所望なら、ええ、喜んで手に入れて差し上げますよ。木々に映える季節が美しいですね。

それでは
デヴィッド・フェアチャイルド

運命の女性、マリアン

マリアンは素っ気ない礼状を送った。

さらに数日後、フェアチャイルドが捻り出した最良の策は、マリアンを自分のオフィスに招くというものだった。彼が望んだことではなかったかもしれないが、当時の慣習に従って、彼は彼女に付き添いの人と一緒に来るようにと提案した。

一九〇〇年代初頭の男女の交際は、寝ぼけた家猫のごときペースで進んだ――なかなか機智に富んではいるのだが、概してその歩みは遅く、あてにならないのである。男女の交際が、単なる取引関係から楽しむべき行動に変化し始めたのは、ようやく一八九〇年代の終わりになってのことだった。この変化は非常に重要で、「デートする」という新しい言葉ができたほどだった。これは主に、男女の数のバランスが崩れたために起きたことで、より少ない女性が、たくさんいる男性の中から好きな男性を選べるようになったのである。

マリアンが一〇年早く生まれていたら、両親は彼女を、大黒柱である夫と家庭を切盛りする妻、という組み合わせに相応しい相手と結婚させていたかもしれない。だが、一九〇四年、アメリカの人口の半分は二三歳以下で、急増するカップルはそれ以上のものを求めていたし、女性には選り好みが可能だった。女性が仮病を使ったり、わざと気のないふりをしたり、男性の真剣さを試すためにわざと相手を振るといったことも珍しくなかった。肉体的な魅力は、まだ最優先されていたわけではなかったが、それでも大切ではあった。ジョーゼフ・ブッシュ牧師が結婚と交際について書いた手引き書がアメリカで広く流布した。「結婚によって得られるものが美しい顔のみであるとすれば、その取引は失敗である」とブッシュは書いている。「美しさには飽きが来るが、育ちの良さは体に染み付いたものであり、生涯の伴侶を選ぶにあたっては、長く続くものを大切にしなければいけない」。長く続く結婚のために彼が考えた方法とは、魂が洗練され、広い心を持ち、高潔な人を探す、ということだった。これらとは逆の特徴はいずれも避けるべきだった。

一九〇五年一月五日の木曜日、農務省を訪れたマリアンは、齢七七歳にして――夫を七年前に亡くしつつも――未だ気品に満ちた美しさを放つ、祖母のガートルード・マーサー・ハバードを伴っていた。一時間ほどの間、気まずい雰囲気の中でフェアチャイルドは、マリアンとハバード夫人に建物の中を見せて歩いた。途中、できたばかりの頃に「種子と植物導入事業部」のオフィスだったことがある最上階の屋根裏部屋にも案内した。おそらく彼は緊張して硬くなり、自分に自信がない十代の若者に逆戻りして、二人と目を合わせることも自然な会話を交わすこともできず、頭の中では、馬鹿なことを口にする自分に腹を立てていたことだろう。三人は、優しげな白い花が咲き始めたばかりの、木のように茂ったつる植物が植えられているプランターボックスの前で立ち止まった。フェアチャイルドは、それが西アフリカ原産の植物で、アメリカの新しい庭木になるかもしれないのだと説明した。ただし彼はあまりにも謙虚すぎて、ほんの数か月前に彼自身がその西アフリカの、シエラレオネにいたことには言及しなかった。仮に彼が自慢をしたいと思ったとしても、どうすればそれができるのか、彼にはその才能が欠落しているようだった。

数日後、フェアチャイルドは共通の友人から、ワシントン・ジュニアリーグの主催で新しくなったウィラード・ホテルで開かれるワシントン慈善舞踏会にマリアンが出席すると聞いた。間もなく三六歳になろうというフェアチャイルドは、参加する男性の中でも一番年長の部類ではあったが、とにかく彼は参加することに決めた。全部で二〇曲のワルツとツーステップからなるダンスカードにダンスの相手を書き込もうとしたが、彼の相手をしてくれる女性は五人しか見つからなかった。そのうちの最初の四人（うち一人は結婚していた）と踊った後、彼は壁の花となって、他の男性と踊るマリアンを見つめた。彼の番が来ると、バンドはヨハン・シュトラウスの『ウィーンのボンボン』を演奏した――その夜の演目の中で一番長い曲だ。フェアチャイルドがステップを踏み誤るとマリアンは笑った。曲が終わる頃、フェアチャイルドは勇気を振り絞ってマリアンを夕食に誘った。彼はダンスカードのマリアンの名前の横に「夕食」と書いた――まるでそうでもしなければ忘れてしまうかのように。

マリアンはやたらに恋に落ちるタイプではなかった。二十代半ばになっていたが、これまで彼女に言い寄ろうとした若者が一人いただけで、しかもそれがマリアンをすっかり苛立たせたものだから、彼女の両親は、マリアンはいったい男性というものに少しでも興味があるのだろうかと訝ったほどだった。これまでマリアンの注意を惹いた唯一の男性、彫刻家のガットスン・ボーグラムはニューヨーク在住のアーティストで、後に、四人のアメリカ大統領の顔をサウスダコタの花崗岩の山肌に刻むという仕事を依頼されることになった人物である。ボーグラムの作業場はニューヨークにあって、マリアンは徒弟となることを許されると、頻繁にワシントンDCから北へ、彼に会いに出かけた。

マリアンは、ボーグラムの手が彫刻の素材の上を——それが岩であれ粘土であれ——動くさまに惹かれていた。彫刻の主題がその素材の中から姿を表す瞬間がことのほか好きだった。鼻、顔、薄ら笑い。ボーグラムが、セントラルパーク近くのセント・ジョン・ザ・ディヴァイン大聖堂のために聖人や使徒の胸像を彫るのをマリアンは見守った。一九〇四年には、後にメトロポリタン美術館に収蔵されることになる、暴走する七頭の馬の彫刻を制作するのを驚異の目で見つめた。マリアンにはボーグラムの才気が嬉しく、決して自分の作品に満足しない彼が不満を爆発させる様子が好きだった。一度など、一連の見事な天使の彫刻を通りがかりの批評家が何気なく「女性的」だと言うと、彼はそれらを粉々に砕いてしまった。

創造的なものを見る喜びで興奮するのは、明らかにマリアンの右脳だった。このことはマリアンの家族を混乱させた——中でも最も混乱したのは、左脳が優位で、すべての行動が、科学的な方法で次から次へと仮説を検証しているかのような彼女の父親だった。それでもマリアンは発明家の父を心から尊敬していたし、父親もまたそんなマリアンを敬愛していたのである。一八九二年、マリアンが一二歳になった数週間後にベルが母親に宛てた手紙には、「娘は、自立した素晴らしい女性に成長すると思います」とある。そしてマリアンはその通りに成長したが、それは母親の影響が大きい——メーベル・ベルは毎年夏になると、娘とフランスやイタリアで過ごし、コンサートや画廊や美術館に連れていったのだ。

ベルが称賛される功績は多々あるが、この著名な発明家には娘たちに対する愛情が不足しており、後年、それは女性に対するあからさまな性差別であるとみなされた。彼は娘が二人いても自分の家の名を継ぐ者がいないことに失望を隠さなかった（ベル夫妻には息子が二人生まれたがいずれも生まれたばかりで死亡している）。また彼は、メーベルや娘たちと過ごすヨーロッパでの家族休暇をしばしばすっぽかして家に残り、新しい発明に没頭した。一八九八年には、南北戦争中に看護婦として働き赤十字社を創設したクララ・バートンが、米西戦争に従軍している兵士の治療のためにキューバに赴いた際に、当時一八歳だったマリアンを誘ったが、父親はそれをすればマリアンが「傷つく」だけで「良いことは何もない」と考えたために実現しなかった。

マリアンがボーグラムの弟子となることを許されたのは、マリアンがその申し出をすでに受け入れた後までベルがそのことを知らなかったからにほかならない。二一歳になっていたマリアンにとって、ニューヨークは謂わば世界の中心だった。ボーグラムの仕事に夢中になればなるほど、マリアンはニューヨークという街のエネルギーに魅了されていった。マリアンはしばしば、若いミュージシャンのアパートで開かれるコンサートに付き添いなしで参加し、グリニッジ・ビレッジの彫刻家や建築家たちと交流した。これはニューヨークにジャズがお目見えする二〇年前の話であるが、マリアンの両親は、騒々しくて自由で奔放なニューヨークが娘に与える影響を心配した。ベル夫妻が娘の結婚を望んだのは、世間体を気にしたこともあるが、そうすればマリアンが落ち着くだろうと期待したからでもあった。

デヴィッド・フェアチャイルドには、まさに娘を落ち着かせるような影響力があるように見えた。しかも彼は退屈な男でもなかった。科学者であり、素晴らしい冒険の旅をし、その仕事は理性的で整然と組織だったものでありながら、同時に芸術的な側面もあった——少なくとも、アメリカの農業に明るい色彩を加えるという彼の仕事が、彼以前には誰もしたことのなかった仕事である、という意味で。

板挟み

マリアンの家には次々と手紙が届けられた。フェアチャイルドが早朝、出社の途中で回り道をしてベル家に立ち寄って届けたのである。マリアンは自分に向けられた注目に心奪われ、返事を書いたが、叙情的でとりとめのないフェアチャイルドの愛の告白を真似ることは決してしなかった。

一九〇五年一月一三日、二人の正式な初デートに、フェアチャイルドはマリアンをワシントン交響楽団の演奏会に連れていった。スコットランド人ピアニスト、オイゲン・ダルベールを観るためだった。ダルベールがベートーベンとチャイコフスキーを演奏している間、フェアチャイルドはマリアンの手を握っていた。帰りがけに彼はプログラムをポケットにしまった。この日の思い出とするために。その夜、彼はマリアンに手紙を書いた。

あまりにも深く、心を捉える音楽だったので、僕は頭がクラクラしています……。付き合ってくれてありがとう。人を酔わせるような音楽は好きですが、とても派手でちょっと疲れましたね。

デヴィッド

マリアンは喜んで返事を書いた。それは、フェアチャイルドをじらすかのように短く、だがさらに手紙を書きたくなるには十分だった。

貴方の文章が好きです——とてもシンプルで直截だわ。

マリアン

マリアンはフェアチャイルドのいろいろな点が好きになり始めていたし、やがて彼の振る舞いは彼の魅力の一つになった。グローブナー夫妻が主催したあるパーティーで、フェアチャイルドは話をしながら手を激しく動かし、ロウソクをひっくり返して熱いロウを自分の上着一面にこぼして上着をダメにしてしまった。それでもフェアチャイルドは、まるでこんなヘマは何十回もしたことがあるかのように話を続けた。後にマリアンはフェアチャイルドへの手紙に、それがどんなにささやかなものであっても、失敗から彼が立ち直る様子がとても好きだと書いている。

一九〇五年二月は大雪で、二人はそれぞれにワシントンDCを離れた。まずマリアンがアート関係の仕事でデトロイトに向かった。絵画の収集家チャールズ・ラング・フリーアが、私有のコレクションの一部をスミソニアン博物館に寄贈しようとし、マリアンは、父親のコネと美術を学んだ経験から、スミソニアン博物館に寄贈品の検品を依頼されたのである。間もなくしてフェアチャイルドは列車でフロリダへと向かった。彼は農務省のオフィスからマリアンに手紙を書き、フロリダに向けて出発してからは、便箋が手に入りさえすればどこからでも便りをしたためた。列車が停車するたびに彼は自信を深めていき、愛の言葉もより大胆になっていった——相手の気持ちに確信の持てなかった恋人が徐々に確信を深めていくように。

一九〇五年一月三一日

［米国農務省］

マリアン

友だちの写真を顕微鏡で見たことがあるかい？　僕は僕の顕微鏡で君の写真を見ようと思う——新しい顕微鏡でね。緻密に作られたレンズを通して見る画像は、なんというかとても真実味があるからね。この手紙は他の手紙よりも早く着くと思う、最終回の回収に間に合うからね。君のいるところは太陽が照っているといいな。何年も前にアドリア海で、懐かしのイタリア人僧侶と一緒に、今ではカリフォルニアで栽培されている新しいブドウの品種を探した冬の日に見つけた葉を同封するよ。こんな便箋で失敬、許してくれるよね？　前回の旅の使い残しなんだ。さて、雪の中、街灯を頼って手紙を出しに行ってくるよ。

おやすみ
デヴィッド・フェアチャイルド

数日後、彼はノースカロライナ州ウィルミントンから、ホテルの便箋に手紙を書いた。

一九〇五年二月一三日

自分に嘘をつこうとしても無駄だ――君の面影が僕の生活の中で日に日に大きくなっていくよ。一日中、目をやる価値のある美しいものといえば雨雲と空に浮かび上がる木の枝だけだが、その美しさの中に君が、あまりにも大きくあまりにも現実味を帯びて存在していて、とても言葉では表せない。

デヴィッド

フェアチャイルドは、マリアンをバーバー・ラスロップに紹介するのは気が進まなかった。彼がこれまで慎重に作ってきた土台がラスロップの一言で台無しになり、自分まで無作法な男と思われはしないかと恐れたのだ。手紙の中でも、またデートの最中にも、フェアチャイルドはラスロップのことを、人当たりが良いとは言えずどちらかと言えば冷たい人物である、とマリアンに説明していた。フェアチャイルドの人生を豊かにすると同時に彼を苛立たせもするこの男との関係の微妙なあやは、言葉にするのが難しかった。

「僕の友人——誰のことかはわかるね——は、四〇年間に及ぶ旅のおかげで、山のようなプレゼントに囲まれたいたずらっ子のようになってしまったんだよ」と、フェアチャイルドはマリアンに言ったことがあった。「いつだって新しい人間に囲まれていたいんだ。それでいて僕たちは年がら年中一緒に、いろいろな国を旅して、最後に別れたときには涙が出たものだ。僕たちにはお互いのことがよくわかるし、趣味が似ていて気が合うんだよ」

フェアチャイルドの警告はさておき、マリアンがラスロップとの初めての対面のために十分な心の準備をすることなど、どうやってもとうてい不可能だった。一九〇五年の初頭、フェアチャイルドが初めてマリアンを伴ってワシントンDCのホテルにラスロップを尋ねたとき、会話の始まりは予想したよりもひどいものだった。

「バーバー叔父さん、マリアンです」

ラスロップはマリアンをまじまじと見た。

「目が綺麗だね」

それからラスロップはフェアチャイルドに向かって言った。

「おいおい、フェアリー、その髪はどうした？　何か月も散髪してないようじゃないか。さっさと切ってこいよ、ひどい格好だぜ！」

それからラスロップは再びマリアンの方を向き、声を荒らげて言った。

「君の父上の真似をさせる気かね？　君の父上には立派なライオンのたてがみがある。父上なら長髪も似合うが、フェアリーには似合わん」

マリアンは泣きながら部屋を出ていった。傷ついたというよりは恥ずかしかったのだろう。フェアチャイルドは後を追い、廊下でマリアンを慰めた。

ラスロップはこれまで何百回もフェアチャイルドの髪や服装を批判し、怠惰だ、マナーに欠ける、無礼だ、浅知恵だ、他にも数々の欠点を思いつくままに批判してはすぐにそれを忘れた。フェアチャイルドはそれらにすっかり慣れて、気にもしなくなってしまっていた。しかし、女性の前での――しかも彼の恋人である女性の前での――侮辱は彼の心に突き刺さった。なぜラスロップは、この第一印象が、フェアチャイルドにとって大切な人に礼をもって接することが、いかに重要かがわからないのだろう？　ラスロップが不機嫌さを露わにしたのは、自分はあまりに長いこと手に入れられずにいる伴侶をフェアチャイルドが見つけたことを苦々しく思っていたからなのかもしれない。あるいはもっと困ったことに、自分がなにかまずいことを言ったという自覚に欠けていたのかもしれなかった。

「やれやれ、やっちまったな」。自分がマリアンを怒らせたことがわかるとラスロップは言った。

この気まずさを修復したのはラスロップでもフェアチャイルドでもなく、マリアンだった。廊下で泣くのをやめたマリアンは、もしかしたらラスロップの言うことは正しくて、フェアチャイルドは散髪した方がいいかもしれない、と言ったのである。ラスロップに反抗し、ひどい侮辱に対して強硬な態度を見せる機会を目の前にして、フェアチャイルドのとった行動はそれとは違っていた。勝てる見込みがそこそこある場合でなければ戦ってはいけないということを彼は知っていた。だからラスロップに言われた通りにしたのである。

ホテルの理髪店から戻ると、マリアンとラスロップは、ラスロップの話に二人でクスクス笑っていた。第一印象ではしくじったが、二度目のチャンスが与えられたというわけだった。

「ほらね」とラスロップがマリアンに言った。「こっちの方が良いと認めなさい」。そう思ったか思わなかったかはわからないが、マリアンは同意した。

結婚へ

フェアチャイルドとマリアンの交際は、二月のある日、二人が出会ってからちょうど三か月めにクライマックスを迎えた。その間二人は途切れることなく熱いデートを重ね、その上さらに何十通もの手紙を、ときには一日に何通もやり取りしていた。その日マリアンは絵の展示会のためにニューヨークに出かけた。今ではマリアンに首ったけで芝居がかったことをするのも平気になっていたフェアチャイルドは、こっそりマリアンの後を追った。

彼の計画は、グランドセントラル駅でさり気なくマリアンに遭遇するというだけではなかった。同じ列車でワシントンDCまで帰るつもりだったのだ。フェアチャイルドは時刻表を調べ、マリアンが列車に乗車するために通るはずの道筋を暗記した。びっくりしたマリアンを見てフェアチャイルドはさぞかし満足したに違いない。

計画はうまくいった。満面の笑みを浮かべ、カーネーションの花束を持って立っているフェアチャイルドに、マリアンは息を飲んだ。トレントンとボルチモアの間のどこかで、デヴィッド・フェアチャイルドはマリアンに求婚した。そしてフェアチャイルドとマリアン・ベルは、雨の中を南に走る列車の中で、その後の人生をともにすることに決めたのである。指輪の代わりにフェアチャイルドが贈った婚約ネックレスは、メキシコ産の金で作られており、謎の文字が彫られた古代ローマの硬貨が下がっていた。その文字に何か意味があったとしたら、それは二人だけの秘密だった。

1903年。1905年に結婚する前の数か月間、フェアチャイルドはラスロップ（写真中央）と旅行をしなかった。2人が最後にともに旅行した行き先の1つはスウェーデンだった。

二人が結婚を決めたのは何よりも、互いに惹かれ合っていたからだ。だがそのことよりも重要なのは、アレクサンダー・グラハム・ベルがそれをどう思うかだった。彼の一言で、娘の結婚を許すことも否定することもできたのだ。

その頃には、結婚の許しは主に形式的なものにすぎなかった。ベルはフェアチャイルドを気に入っていた——そもそも二人を会わせたのは彼のアイデアだったし、二人の婚約は当然のことではあった。それでも、フェアチャイルドは三日かけて、由緒正しい自分の履歴を述べる長々とした手紙をしたためた。「親愛なるダディーさん——マリアンにそうお呼びしてよいと言われました」。長ったらしい彼の手紙はそういう書き出しで始まった。彼は自分の家族と自分が家庭で受けた躾について、また大学の学長、教授、その他学者を輩出した血筋について書いた。母親から、イギリスが最初に任命した護民官、オリバー・クロムウェルと血がつながっているかもしれないと聞いたことも書いた。自分が受けた教育のすべてと、カンザスからニュージャージーへ、そこからワシントンＤＣに移り住んだ経緯を詳細に述べ、それからバーバー・ラスロップと知り合って、ジャワ、オーストラリア、南太平洋の島々へと世界が開けたことも書いた。自分がこれまで仕事をした科学者の名を、有名無名を問わず書き連ねた。ベル博士を感心させようとしたと言うよりも、それはあたかも著名なベル家の一員となる資格が自分にはあるということを正式に申し立てているようなものだった。

誰も驚きはしなかったが、ベルは結婚を承諾した。ひょっとすると彼は、離れたところにいたり死去しているという理由で一人も会ったことのない、質素なフェアチャイルド一家のことは心配だったかもしれない。だが彼は昔から冒険することに価値を見出していたし、娘が恋に落ちたのは冒険家兼科学者という、一九〇五年には——それどころかいつの時代にも珍しい人物だったのである。

東海岸の新聞は、有名な発明家の芸術好きの娘と政府に雇われた科学者の結婚を喜んで記事にした。センセーショナルな報道が、マリアンの持参金は一〇〇万ドルという途方も無い高額であるという噂を広めた。本当のところはそれより少なく、五万ドル程度だっただろう。それでも、所持金が五〇〇〇ドルに満たない未来の義理の息子にとって、それは天文学的な金額だった。

婚約期間はわずか八週間と短かった。また幸運なことにそれは、セオドア・ルーズベルト大統領が二期目に就任したことでワシントンDCに新たな活気が溢れ、街中で華やかなパーティーが開かれた時期と一致していた。フェアチャイルドは、家から近い年金局の建物で開かれたルーズベルト大統領就任記念舞踏会の入場券を二枚手に入れた。後に隣がチャイナタウンとなった場所である。彼はダンスカードにマリアン以外の名前を書こうとしなかった。そしてダンスが終わると、浮かれた人々は、牡蠣のクリーム煮やグリーンピース、チキンコロッケやデビルドハムを貪るように食べた。その夜の食事で一番素晴らしかったのはデザートだった――レーズン、チェリー、パイナップルなど、砂糖漬けにしたフルーツの盛り合わせである。それは舌で味わう世界の果物の探検旅行だった。

一九〇五年四月二五日、二人の結婚式当日、ウッドリー・ロードにある白亜の豪邸ツイン・オークスへの道はベル一族でごった返し、フェアチャイルドは危うく、マリアンのために特別注文して桜の花で作らせたコサージュを渡すのを忘れるところだった。マリアンは、婚約者の語る冒険物語の中で一番のお気に入りの話に出てくる桜の花が何よりも気に入っていたのだ。フェアチャイルドは自分用にお揃いのブートニエールも作っていた。

式の直前、彼は最後にマリアンに手紙を渡した。それは前日の夜遅く、結婚を前にした男がいつの時代も緊張するように、眠れないフェアチャイルドが月明かりの中で書いたものだった。

一九〇五年四月二四日

愛するマリアン、僕だけの愛しい人。一緒に水に流れる二枚の木の葉のように、僕たちは人生を一緒に流れていくのだということを忘れずにいよう。どんな砂州も浅瀬も、どんな渦も潮流も僕たちを隔てることがないように、ともに広い海へと流れ着こう。

愛する人よ、ともに生きよう、そして人生が、世界が求めるのはただ笑顔と優しさだけだということを学んだ君や僕のような人間に与えるものをともに受け取ろう。今日は結婚式だ。長い間誰かを愛したくてたまらなかった僕はようやく君に出会えた。心の底から愛しているよ。誰よりも愛おしい、最愛の君よ。愛している、愛しているよ。

デヴィッド

ワシントンが最も美しい季節である春の日、木々とマリアンのたくさんの親戚に囲まれて式は執り行われた。ツイン・オークスはワシントンDCで一番美しい庭園として知られ、フェアチャイルドとマリアンがここでの挙式を許されたのは、マリアンの祖父母であるガーディナー・ハバードとその夫人ガートルードが所有者だったためである。夫妻は季節によって、ツイン・オークスと、たった三キロしか離れていないデュポンサークルの家とを行き来していた。

アレクサンダー・グラハム・ベルは、風に顎髭をなびかせながら娘とバージンロードを歩いた。アコーディオンプリーツのシフォンにポンパドールシルクをあしらった白いドレス、流れるようなヴェール、そしてマリアンの明るい笑顔にみなが注目した。贈られた桜の花のコサージュを彼女がつけ忘れたことには、近づいてくる花嫁を前に呆けたような笑顔で立っているフェアチャイルドはもちろんのこと、誰一人気づかなかった。

式の後、マリアンが花を忘れたことを二人は笑った。それからこのエピソードが良い記念になると思いつき、マリアンのコサージュとデヴィッドのブートニエールの桜の花びらを摘んで二枚の封筒に入れ、封をした。結婚式の思い出の品は二人がもうけた子孫に、一〇〇年後、時の流れがとうとう花びらを塵にしてしまうまで、代々受け継がれたのである。

15章　サクランボのならない桜の木

フェアチャイルドが、結婚式で彼の隣に立つベスト・マンの第一候補に選んだのは、幼なじみのウォルター・スウィングルだった。だがスウィングルは海外赴任中で、どこかで何かを探していた。ともに地球を駆け巡ったバーバー・ラスロップの行動を束縛することはできず、彼は式には出席できなかった。そこでフェアチャイルドが選んだのは、カンザスのフェアチャイルドの隣の家で育ったというだけのチャールズ・マーラットだった。

マーラットはその頃、虫に夢中の奇妙な隣人だった。今では彼は立派な資格を持つ昆虫学者となり、アメリカの昆虫の研究に没頭していた。昆虫の多くが海外からアメリカに渡ってきたものである点はフェアチャイルドが持ち込んだ果物と同じだったが、マーラットは、国境を超えて入ってくる昆虫に注意を払わずにいるとアメリカにとって良くない結果になると思っていた。彼自身、虫がどんな被害を与え得るかをその目で見たことがあったのだ。一八八〇年代、彼はサンホセカイガラムシという醜い黄色の虫がカリフォルニアで農作物に群がって畑を壊滅させるのを目の当たりにした。彼は、サンホセカイガラムシの天敵を探すため、必死の、かつ危険に満ちたアジアへの探検旅行に出た。

サンホセカイガラムシをやっつける可能性がある虫を見つけると、彼はコロニーごとそれを持ち帰ることにした。それは赤と黒の交じった甲虫で、その姿がとても優雅で女性らしかったので、レディバグ［訳注：虫の貴婦人。てんとう虫のこと］と呼ばれるようになった。マーラットのてんとう虫はアメリカで最初のものとされている。マーラットが持ち帰ろうとしたコロニーの個体はそのほとんどが帰国の途中で死んでしまい、たった二匹しか生き残らなかったことを考えると、それは驚くような成果だった。新聞が「ミスター・レディバグとミセス・レディバグ」と呼んだその二匹は、誰の助けも借りずにコロニーを再構築し、サンホセカイガラムシを駆逐したのである。マーラットに忍耐強さが備わっていたとしたら、この緊迫した事の顛末ですっかりそれを使い果たしてしまった。

宿敵あらわる

もともとマーラットはフェアチャイルドが好きだった。フェアチャイルドより六歳年上のマーラットにとってフェアチャイルドは弟のような存在だった。二人とも科学を深く愛しており、ある意味では、フェアチャイルドにジャワへの憧れを抱かせたのはマーラットだった。一八七〇年代に、有名なアルフレッド・ラッセル・ウォレスがこの町にやってくる、と最初にフェアチャイルドに告げたのはマーラットだったのだ。それをフェアチャイルドが父親に伝え、父親はウォレスに自宅に一晩泊まるようにと誘い、その夜ウォレスは、マレー諸島の様子を鮮やかに描写してジョージ・フェアチャイルドの息子を魅了したのである。

だが、私的なつながりよりも仕事の上の人間関係が多いワシントンDCでは、子ども時代の友であるフェアチャイルドに対してマーラットはあまり良い感情を抱いておらず、どちらかと言えば冷ややかだった。マーラットから見れば、フェアチャイルドにはとてつもない特権が与えられていた――最初は家族のコネのおかげで農務省の仕事に就き、それからバーバー・ラスロップと知り合って彼の金で世界中を旅したのである。マーラットはそれほど運が良くなかった。カンザスでは政府の昆虫学者の見習いとして働き、それからテキサス州の綿花畑とバージニア州の果樹園で野外研究を行ったために婚期が遅れた。ようやく結婚すると、ハネムーンと公務を兼ねて中国へのカイガラムシ探しに妻を伴ったが、マーラット夫人はそこで腸内寄生虫に感染して死んだ。四年後の一九〇五年、マーラットは帰国し、農務省の昆虫学部門の長に任命された。フェアチャイルドの人生が幸運と彼の懸命の努力の結果だとすれば、マーラットのそれは、運の悪さと、一層懸命な努力の必要性に貫かれていた。彼にとって外来の昆虫との闘いは、私怨を晴らす闘いでもあったのだ。

若い頃マーラットは、昆虫と菌類は気候と同じで止めようがなく、国境は何の意味もないものと考えていた。だが一八九八年、彼にある天啓がひらめいた。虫に食われたリンゴやカビの生えたブドウは、コレラに罹った人と同じくらい危険であることに気づいたのである。植物の病気はあっという間に遠くまで拡散し、一つの産業を壊滅させかねない。二〇世紀に入って最初の数年間、新たな旅の機会やアメリカ人に開かれた世界に人々が沸き立つなか、マーラットは、耳を貸してくれる人には片端から、新しい苗木を運んでくる列車が、船が、運河が、同時に害虫を、雑草を、病気を運んでくるのだ、と説明した。彼の出身地であるアメリカ中西部の平原を定期的に襲うセミの集団発生のことを例に挙げ、また雲のように群れをなすバッタの大群は、聖書の出エジプト記に描かれたバッタの大発生と同様の災である、と説いたのである。

もっと恐ろしいことに、連邦政府は害虫の検査を各州に任せ、各州の責任は州内に限られていた。このつぎはぎのシステムは、州の境界を越えて広がった虫や病気の流行、最悪の場合は海外から持ち込まれた病気に対処しようとする連邦政府の取り組みを困難にした。昆虫学者は昆虫の目を通して世界を見る。マーラットが目にするいたるところに、各州が病気を拡散させる一方で連邦政府はただ傍観したまま何もしない、という事例が溢れていた。

マーラットはもう一〇年以上もこの危惧に突き動かされてきた。そして一九〇五年、マーラットとフェアチャイルドがともにワシントンＤＣの社交界での地位を築き、同じパーティーや集会に参加するようになっていたまさにこの時期に、二人が意見を衝突させるある作物が——やがて世界に「ワシントンＤＣの木」として知られるようになる木が——ゆっくりとアメリカに近づこうとしていた。

ワシントンDCに桜を

結婚式の後、デヴィッドとマリアン・フェアチャイルドは、自分たちは都会には向かないと判断した。もっと広い土地、少なくとも自分たちの庭を持てるくらいの土地が欲しかった。フェアチャイルドの植物好きはアート好きな妻をも感化し、新婚カップルという自由な身分の二人は、ベル夫妻が持たせた潤沢な持参金で、メリーランド州チェビー・チェイスのすぐ近くに、森深い一万二〇〇〇坪の土地を購入した。娘と義理の息子の郊外での生活を助けるため、ベル夫妻は、最高時速二〇キロという素晴らしい自動車をプレゼントした。後に戦時救急車の運転手として雇われたマリアンは、ワシントンDCで運転免許を交付された初めての女性となった。

二人とも自分たちの土地をこよなく愛し、その土地の所有者となった初日には、何もない地面の上でキャンプした。「まるで子どものように、小川の中を歩き、リスを追いかけ、樫の木の下で焚き火をした」とフェアチャイルドは書いている。質素な木の家を建ててからは、朝、ヒヨコマメのマフィンを焼いた。ヒヨコマメが余ればフェアチャイルドがスープを作った。

さんざん世界を旅した後、とうとうフェアチャイルドは自分自身の土地を、数々の旅の中で彼のお気に入りとなった樹木や低木でいっぱいにするキャンバスを手に入れたのだった。彼は大きな竹林を作り、行ったことがある外国の植物園から根茎を注文した。ヨーロッパの観葉植物、中国のニガウリ、日本で見つけたクズも輸入した。クズは根付かせるのに苦労したが、根付いたクズが庭の一部の植物に絡みついて枯らせてしまうと、始末するのはもっと大変だった。

けれども、マリアンが欲しがったのは日本の桜の木だけだった。マリアンは単にそれを「桜の花」と呼んだ。フェアチャイルドは、少し前に輝くような夏を過ごした横浜の横浜植木株式会社に、一二五本の苗木を注文した。この会社の持ち主、鈴木卯兵衛は、フェアチャイルドから連絡があったこと、アメリカ人の顧客ができたことに大喜びで、一本一〇セントという無料に近い値段でそれを売った。

六か月後の一九〇六年春、桜の木は初めてピンク色の花を咲かせ、そしてそれと一緒にブームが起きた――それは、まだ映画の大スターがいなかったこの時代、園芸にしか引き起こせない類いのブームだった。フェアチャイルドは毎朝早く、夜明けの薄暗い空を背にして朝露に花びらをきらめかせる桜の木々の間を歩いた。花を拡大して撮れる新しいカメラを抱え、日本ですっかり魅了された繊細な美しさでフレームを満たした。フェアチャイルド家の異国情緒溢れるピンク色の花を見ようと家の庭には大勢の人が押しかけ、フェアチャイルドはチェビー・チェイスの町への贈り物としてさらに三〇〇本を取り寄せた。

これはワシントンDC郊外の町ではことさらに目立った。そもそもワシントンDC自体、二〇世紀の初めにはあまり見栄えの良い都市ではなかった。ワシントンDCで一番優れていたのはその都市設計で、整然とした道路は清潔で幅が広く、効率的だった。だが街の設計図は絵葉書にはならない。出来たてのワシントン記念塔も自慢にはならなかった――立派ではあるが建てられた場所が良くなかったのだ。記念塔の近くにポトマック川が流れ、一帯は年がら年中泥の海だった。バーバー・ラスロップの妹と結婚したトマス・ネルソン・ペイジは、一九一〇年五月四日、ワシントン・ソサエティ・オブ・ファインアーツの会合で演説し、ワシントンDCを美化するために誰かが何かすべきだと呼びかけた。「我々は、今やワシントンDCは全米で最も美しく、また世界でも最も美しい街の一つであると主張します。それどころか我々は、何についても一番であると主張しがちであります」と彼は言った。「だが失礼ながら言わせていただければ、このような考え方は、比較する対象をほとんど知らない田舎者の考え方であって、偉大な方々には相応しくないものであります」

一国の首都とはその国の信頼性と大志を象徴するものである、というのがペイジが真に言わんとしたことであり、それは長年、アメリカの最も誇り高き支持者たち――とりわけセオドア・ルーズベルト――の自尊心を

横浜植木株式会社は、日本で唯一、花の観賞用の桜の木を販売する会社だった。1901年の商品カタログには社の最高級品が載っている。フェアチャイルドはこの会社のオーナーに直接手紙を書いて100本以上の桜の木を注文した。彼はその後何度も注文を繰り返し、それがアメリカ人の桜の需要を拡大した。

掻き乱していた。大統領としての二期目の任期中ルーズベルトは、ワシントンDCを、ヨーロッパの輝かしい首都の数々に負けない、堂々とした街にすることを最優先した。彼は国会に、ワシントン記念塔の周囲の更地を埋め立てて地盤を固め、公園にするよう要請した。水浴場、ポロの競技場、野球場、徒歩と自転車のための遊歩道と、それとは別にもっと高速で走る自動車のための道路を造るなど、先見の明を持った多くの人々からさまざまなアイデアが寄せられた。この一帯は後にスピードウェイと呼ばれるようになり、そして何人かが、桜の木はタイダルベイスンを優雅に彩ってくれるだろうと考えたのである。

ワシントンDCのダウンタウンと桜は堂々とした組み合わせになるだろうと考えたのは、フェアチャイルドが最初ではなかった。ジャーナリストであり、ワシントンDCで顔が広く、ナショナル・ジオグラフィック・ソサエティに所属していた数少ない女性の一人であるエリザ・シドモアは、もう何年も前から桜に魅せられていた。兄が日本領事であったため、シドモアは度々太平洋を渡って日本を訪れたが、特に印象的だったのが一八八七年、初めて桜の木を見たときのことだった。だが彼女のこの情熱は、ワシントンDCではうまく人々に伝わらなかった。もしかしたら政治環境が良くなかったのかもしれないし、あるいは、自惚れの強い男たちの街にいる一風変わった女性であったことが理由かもしれないが、人々はシドモアの嘆願に嘲笑的な問いで応えた——「サクランボのならない桜の木など何になる?」

だが、フェアチャイルドが植えた桜の木は、サクランボがなるからではなく毎年一斉に咲かせるピンク色の花が人々を惹きつけるということの証しだった。フェアチャイルドが一本輸入するたびに、二本か三本の需要が生まれた。一時はほとんど、桜の個人輸入の注文書を記入する植物輸入業が仕事になりそうなほどだった。それでも人々の桜への関心が嬉しかったフェアチャイルドは、桜の木が、子どもたちの関心を植物学に向けさせる機会になるのではないかと考えた。一九〇八年三月二七日——その日はたまたま植樹祭の日だった——、フェアチャイルドは、彼とマリアンが「森の中」と名付けた自宅に各学校から一人ずつ男子生徒を招き、桜の木を一本と、学校の校庭に植樹する方法についての説明書を渡した。

その翌日は土曜日で、マリアンは車でフェアチャイルドを街まで送った。一三番街とKストリートの交差点にあるフランクリン・スクールで、ワシントンDC中から集まる生徒やその両親たちに向けて講演をするためである。フェアチャイルドはシドモアを招待し、「日本に関する著述では最も有名な」執筆家と紹介した。彼は、講演で必ず受けの良い数々の旅の体験談を語り、日本で初めて桜を見たときのことを話した。講演の最後は、ワシントン記念塔付近の見苦しいスピードウェイの写真を見せ、桜の木を植えるにはぴったりの場所であると言って締めくくった。

フェアチャイルドが講演の最後に言ったことは、翌朝のワシントン・スター紙の一面に取り上げられた。タイダルベイスンを囲むスピードウェイに近々に桜を植えれば、翌年の春には花が咲き、それから間もなく「ワシントンは桜の花で有名になるだろう」と新聞には書かれていた。

これは、ベル家とグローブナー家の一族となったことで突如フェアチャイルドの評価が高まったことを示す一つの事例だった。シドモアが何十年にもわたってやろうとしてきたことを、フェアチャイルドはいとも軽々とやってのけたのだ。それから間もなくしてアメリカは新大統領にウィリアム・ハワード・タフトを迎え、ワシントン市の住民が、首都であるこの街に桜の木を持ち込むというアイデアを気に入り始めると、ファーストレディであるヘレン・タフトもまた乗り気になっていった。

桜と外交

タフト夫人が桜の美しさに感嘆する一方、その夫は桜を外交ツールと捉えた。アメリカという国は、ヨーロッパの影響のもとヨーロッパの習慣から生まれた西欧諸国の一つであり、アメリカ人にとってアジアは、距離的にも概念的にも遠い、自分とは無縁のところであって、長い間、その謎めいた文化を拒絶していた。

こうした態度を自民族中心主義として片付けるのは容易なことだ。アメリカ人は外国人を、その人の中身よりも見た目で忌避し、アメリカ人の仕事を奪ったと非難した——一九〇五年にサンフランシスコの労働組合のリーダーがそうしたように。一九〇七年には一部の都市で日本人と韓国人が強制的に人種別の学校に送られ、あるいは街なかで暴行を受けることもあった。日本は、満州と韓国の土地をめぐってロシアと戦っていた。ニューヨークの新聞の編集者は浅はかにも、このまま対立がエスカレートすれば太平洋で戦争が勃発すると書き立てた。

この緊張を緩和するため、タフトの前任だったルーズベルト大統領は、停戦協定を結ぶことが最も分別のある解決法であると考えた。協定の内容は、アメリカは日本人に対する不当な扱いをやめ、日本政府と日本人はアメリカに移民を送るのをやめるというものだった。それは子どもじみた協定で、一時的な気休めにすぎず、誰もが——アメリカは特に——そのイメージを損なうこととなった。耳目を開いている人ならば、誰にとっても開かれた国であるという土台の上に築かれたアメリカという国がいつの間にか、歓迎すべき人種を選別するようになったことは明らかだった。

だがタフト大統領は日本人を誰よりもよく知っていた。フェアチャイルドが結婚したのと同年の一九〇五年、タフトは陸軍長官として日本を訪問し、横浜港で、彼の訪問を記念する花火とともに迎えられた。大統領となった今、日米関係の友好化を望むタフトは、桜が二国間の反目をやわらげる完璧な手段となり得ることにすぐに気づいたのである。桜の木を輸入するのは、人を——特に仕事目当ての人々を——輸入するよりも許容されやすかった。一方日本にとっては、アメリカの首都で日本の良いところを見せつける良い機会だった。日本の役人たちはまた、アメリカの方が日本より大きく、人口が多く、経済力もあるにもかかわらず、二国はある意味で対等の立場にある、ということが暗に認められたことを喜んだ。ニューヨーク・タイムズ紙は、日本の木をアメリカの心臓部に植えるというのは、日本にとっては非常に特別な機会であるという論評を掲載した。

アメリカ人の生活には、桜が日本人にとって意味するものと同じことを意味するものは存在しない。だが、プリマスロック、独立宣言、奴隷解放宣言が意味するもののすべてを——自由、愛国心、人民の団結、そのすべてを体現する自然界のシンボルがあったとしよう。それからアメリカ大統領が何かの折に、その象徴の中でも最高級のものを三〇〇個厳選し、友好国の重要な祝典があった際に、アメリカ国民からの祝辞としてそれらを正式に贈ったとしよう。そのような贈り物が何を意味するか、おわかりではないだろうか?

そういうわけで、東京中で一番上等な桜の木を見つけ、掘り起こしてアメリカに送るという任務が東京市長に与えられると、それは彼にとっての最優先事項になった。この取り決めは誰にとっても喜ばしいものであるように見えた。

ただし一人だけそれを喜ばない者がいた——チャールズ・マーラットである。彼はそもそも外国の植物が入ってくることを望まなかった。そして、たった一匹でも害虫がいれば、ホワイトハウスに参上し、彼の幼なじみがしようとしていることを撤回させざるを得ない、と覚悟していた。

三〇〇〇本という当初の計画は結局二〇〇〇本になった。東京市長であった尾崎行雄は、トップレベルの外交に関与できることが嬉しくてたまらずに桜の木を選び続け、とうとう桜の木を運んで太平洋を渡る蒸気船は、これ以上枝一本も乗らないくらい満杯になってしまった。ワシントン市で長く生き続けるように、と選ばれたのは若木で、船上のスペースを節約するために根は短く切られていた。

日本のアメリカ大使だった高平小五郎からアメリカ国務省に桜を贈るのをフェアチャイルドが仲介してから一年が経っており、双方の政府が絡む手続きはより複雑になっていた。交渉を始めたのはフェアチャイルドだったが、それが政府のトップレベルまで進むと、農務長官となって一二年目のジェームズ・ウィルソンが責任者となった。一九〇九年一一月一三日、ウィルソンはシアトルの植物産業局事務所に、非常に重要な貨物が一二月一〇日に到着する旨通達した。この貨物には、歓迎すべき理由がいくつもあった。政治家は、ワシントン記念塔のそばで桜の木の写真を撮影することが外交的に果たす重要な役割を想像したし、一般人にとっては、なにか新しくて美しいものがやってくる、という期待があった。そしてフェアチャイルドのような植物好きにとっては、こうして植物が交換されることで両国がより豊かになるのは間違いなかったのだ。

桜の木は予定通りシアトルに到着した。港湾労働者がそれを、温度が一定に保たれた貨車に積み込み、列車は一三日間かけてワシントンDCへと向かった。

フェアチャイルドは、桜の木のように無害なものについて心配する理由などないと思っていた。すでにアメリカには何百本もの桜が植樹されており、そのほとんどが彼自身が注文したものだった。セイヨウスイカズラ、ホテイアオイ、タンブルウィードなど、アメリカの土壌に害をもたらした外来植物とは違って、桜の木は野ネズミと同じくらい罪がないように思えたのだ。だが、今回の寄贈計画はフェアチャイルドが一人でしていることではなかった。フェアチャイルドはこの計画に対する支持と期待感を盛り上げるのに寄与したが、一方でマーラットは、フェアチャイルドが接近したのと同じ政治家らに、その危険性について警告して歩いた。ナショナル・モールを横切って国務省まで行き、国務長官のフィランダー・ノックスに、この計画は思慮に欠けると主張した。桜の木は未だ到着しておらず、普通の人ならば、害虫は付いていないかもしれないと考えるところだったかもしれない。だがマーラットにとっては、誰もその木が安全だと証明していないという事実は、害虫がいるということの証明に他ならなかった。ノックス長官は生物学的なリスクよりも外交面での利益の方が大きいと考えたものの、念の為、マーラットの警告をタフトに伝えた。

タフトは優柔不断な男だった。肩幅が広くがっしりした体躯のタフトを後継者に選んだのはルーズベルトだった。大統領の任期を大人気で終えたルーズベルトの推薦なら、たとえ木偶の坊でも大統領選に勝利したことだろう。ルーズベルトの支持のおかげでタフトは、通常なら大統領選に付き物の壮絶な論戦や政治的駆け引きをせずに済んだのだが、初めからそれをしていたら国民は、彼が大統領には不向きであることを理解していたかもしれない——四年後の大統領選で歴史的な敗北を喫したように。

ルーズベルトとタフトはある意味では似ており、どちらも進歩主義者で企業の圧力を嫌った。だがタフトは、思慮深さと言うよりも臆病さのせいで、用心深く慎重で、自分の決断を疑うことがあり、反対されれば簡単に考えを変えた。彼はそれまで、訴訟長官を務めた弁護士、フィリピン総督、また陸軍長官としての実務を楽しんでいた。どれも、政策や法の細かい点に没頭できる仕事だ。彼はインタビューを受けたり写真を撮られることを嫌ったが、それは一つには、一五〇キロを超える体重のせいであったかもしれない。ルーズベルトはタフトに最高裁判所裁判官任命を提案したことがあったが、妻ヘレンが、フィリピンでの任期を全うし、彼自身が大統領になる可能性を残しておくように、と夫を説得した。ルーズベルトもまたそのアイデアを気に入って、ルーズベルト大統領の三期目を自分の代わりに務める者としてタフトを売り込み始めたのである。だが、タフト自身が示したように、その計画には欠点があったのだ。ルーズベルトがカリスマ性溢れるエンターテイナーであったのに対し、タフトは内向的で面白味がなく、大統領という任務の重責が重荷で、自分にその責を担う力があるかどうかが不安だった。

マーラットは、ノックス国務長官経由でタフトの気を変えさせることはできなかった。だが大惨事になるかもしれないという可能性は彼を躊躇させ、植樹の前に、ワシントン記念塔の近くの植物倉庫で徹底的に検査をするように命じた。このときすでに、日本の桜にかけてはアメリカで右に出る者のない専門家と目されていたフェアチャイルドに、検査の遂行が依頼された。マーラットは自分も立ち会うと言って譲らなかった。

燃やされた桜の木

木箱の一つをこじ開けたとき、フェアチャイルドが真っ先に思ったのは、木が大きすぎるということと、根を短く切りすぎているということだった。そのせいで、一か月に及ぶ日本からの船旅の間に根腐れが起きやすくなっていた。

日本政府が大きな木を送ったのは悪意ではなく、成熟した木の方が早く花を咲かせるという親切心からだった。フェアチャイルドはそれらの木々を助けられると思った。木の上の方を剪定してストレスを軽減し、輸送のトラウマから木を回復させればなんとかなるだろう。「若木の方が健康なのは間違いないし、若木を輸入した方がリスクはずっと低かっただろう」と、後日マーラットは書いている。

だがマーラットには、一回分の積み荷が健康かどうかということよりももっと大きな懸念があった。その桜の木は何かがおかしかった。そして根をつぶさに検証したマーラットは小さな昆虫を見つけたのである。「ひどく蔓延している」と書いたその言葉には、だから言わんこっちゃない、とほくそ笑む様子がありありだった。桜の根には、根こぶ線虫、二種類のカイガラムシ、奇妙な新種のキクイムシ、その他六種類の危険な昆虫が取り付いていた。マーラットは、果実を貪り食って木を枯らしてしまうことで知られる中国の白いカイガラムシも見つけたし、木に穴を開ける鱗翅目昆虫の幼虫も見つけた——木の葉や木質を食べて生きる虫である。

さらに、おなじみの厄介者サンホセカイガラムシもいた。マーラットによればこの虫は、サンホセという名前がついてはいるがもともとは中国が原産である。

桜に対する情熱はさておき、フェアチャイルドは、これらの昆虫がアメリカの土壌にとって危険であるというマーラットの意見に同意せざるを得なかった。彼自身、送った作物が使い物にならないのには慣れていた。すべての種子や挿し穂が大事にされる必要はない。だが彼が何よりも悩んだのは、緊迫した外交関係における友好の象徴である桜の木に問題があるという悪い知らせを、大統領にどのように伝えるか、ということだった。日本のさまざまなものを拒絶してきたアメリカが、贈られた木も拒絶しなければならないということを。

取り繕いようがなかった。そしてこの状況はフェアチャイルドを不安にした。「ありとあらゆる害虫が見つかり、私は桜の輸入に反対して大騒ぎする病理学者や昆虫学者に取り囲まれていた。彼らはみな、荷を丸ごと焼却しろと言い張った」と彼は書いている。

マーラットのように土着生物保護主義者で、植物を外国から輸入することの意義を疑問視するような人物に支持が集まることは目に見えていた。アメリカ中の農家がプラントハンティングの恩恵を受けていたにもかかわらず、新聞の報道はそれがもたらす害にばかり焦点を当てる傾向があった。キューバ、フィリピン、太平洋諸島にアメリカを進出させたのと同じヒステリーが、今、植民地主義の弊害について人々を激昂させていた。いくつかの新しい果物を手に入れることの恩恵は、新しい害虫がアメリカの農業全体を壊滅させる危険性に見合うようなものだろうか？　記事には、過去に穀物を「食べ尽くした」コムギタマバエ（Hessian fly）や、在来のルリツグミと縄張りや食べ物を取り合って「戦った」失礼極まりないイエスズメ（English sparrow）のことが引き合いに出されていた。それらはみな害をもたらしたが、何が一番許せないと言って名前が外国風であることが、諸外国より優れ、またあらゆる意味で非凡な国と自惚れるアメリカにとっては許しがたいことだとその記事は暗に言っていた。

だが実際には、こうして国から国へと有害なものが広がっていくのはほぼ避けられないことであり、グローバル化の中にあってはなおさらだった。扉はすでに開かれており、アメリカに入ってくる侵入者に政府の研究所の中で対処する方が、いずれ旅人の靴底にくっついて入ってくるのを待っているよりマシではあったのだ。アメリカが、望まないものが入ってこないように壁を造ることができないのは、エジプトや中国が大切な農作物をデヴィッド・フェアチャイルドによって持ち出されないようにすることができないのと同じだった。

ただ、今回の生憎な状況をさらに悪化させたのは、農業が、貿易、観光、軍事同盟といった外交問題に悪影響を及ぼしかねないということだった。自然界に存在する疾病をアメリカが忌み嫌うのを、自然資産を用心深く守ろうとしているのではなく、頑なな外国嫌いであると相手国に解釈されても仕方なかった。

桜の木に害虫が付いていたことを記したマーラットの報告書はタフトに選択の余地を与えず、一九一〇年一月二八日、彼は桜の木の焼却を命じた。フェアチャイルドは最後にもう一度、木を救うため、自ら剪定を行い、数日かけて丹念に根から六本足の侵入者を取り除いてはどうかと考えた。だが無駄だった。

日本が自国の文化に対して非常に高いプライドを持っていることを知っている者はみな、東京が見せるであろう反応を、また日本人との関係を修復しようというアメリカの試みがおそらくは永久に汚されてしまったであろうことを覚悟した。マーラットと彼のチームが桜の木をティピ［訳注：ネイティブアメリカンが移動式住居として用いる円錐型のテント］のように組み立てると、誰かが新聞記者を招いて点火に立ち会わせた。記事は翌日のニューヨーク・タイムズ紙の一面を飾り、ワシントン・ポスト紙は海外から輸入される植物の危険性について二ページにわたる記事を掲載した。それは事実上、マーラットと彼の子分たちが国民にこう言ったようなものだった――「だから言っただろう？　我々がいて助かったよ」

とは言え、国全体としてはこの結果に満足はしなかった。アメリカは自惚れてはいたかもしれないが、良識をなくしたわけではなかったのだ。桜の焼却はこれほど堂々と、あからさまに行われなければならなかったのか？　並外れた創造力を持つアメリカには、誰のメンツも潰さないやり方を考え付くことができたのではないか？　東海岸の新聞社数社に宛てて、匿名で、日本に対するこの仕打ちによってどんな利があったのか、と詰問する手紙を書いた者もいた。

桜の木を焼却し、日本政府にその事実とその理由を告げ、また公衆に知らしめるとは、ことわざの語順を入れ替えて言えば「賢いが趣味が悪い」ことだったと申せます。いや、賢いことでさえなかったかもしれません。アメリカ政府は、桜の木を植える前に何か「事故」が起きるよう、周到に計画すべきだったのです。明らかに防ぐことのできない、「不可抗力」の事故を。それから関係各省庁の職員を通じて、我々が非常に遺憾に思っていることを伝えればよかったでしょう。そうすれば、誰にも恥をかかせることなく事は済んだのです。

この手紙を書いたのはフェアチャイルドだったかもしれない――それは怒りと悲しみに満ち、と同時に、燃やす以外の方法はなかったということを理解するだけの科学的思考力を持った手紙だった。彼にとってさらに痛かったのは、木を燃やしたことで、未知のものに対する恐れに火がついたことだった。日本の園芸家による不幸な過ちが、外国を毛嫌いするアメリカ人に、世界は偉大なアメリカ合衆国の輝く鎧を汚そうと狙っている、という証拠を与えてしまったのだ。桜の木とそれが入っていた木箱は一時間ちょっとで燃え尽き、その残り火が消えるとともに、アジアで最も進んだ国、日本との関係が修復される望みはほぼついえたのだった。

東京市長のリベンジ

東京市長であった尾崎行雄は、桜の木が焼却されたことが報道されたとき、ちょうどワシントンＤＣにいた。日本を代表する大切な桜の木がアメリカの首都に到着するのを見届けようと、数週間前からアメリカに滞在していたのである。

木が焼却されて間もなく、尾崎が滞在するホテルをデヴィッド・フェアチャイルドが訪ねた。フェアチャイルドは謝罪のために――いや、この生物界のしでかした大失態について、威厳をかなぐり捨てて平身低頭、謝罪するために来たのである。これは誰の責任でもない、と彼は説明した――ただ、自分のように経験豊富な者ならば、日本からの荷物をもっと慎重かつ巧みに荷造りし、健康な状態で到着する可能性は高まったであろうが。

だが尾崎の反応は誰もが予想しないもので、アメリカの政治のトップにいる者が国際関係や異文化との――特にあまり知られていない極東との――外交の仕方をまるでわかっていないということを浮き彫りにした。

実際には、フェアチャイルドの謝罪は尾崎のそれに遠く及ばなかったのだ。贈り物を燃やすという失礼極まりない行動を取ったことにアメリカ政府が身をすくませていた頃、東京ではこの問題を、自分たちが贈ったものに問題があったのだと捉えたらしかった。親切な行為のつもりだったものが実は病気の塊だったかのように。「桜の木をあのように対処してくださったことに大変に満足しております。この先ずっと問題の種となったのでは、我々は未来永劫苦しむところでした」と尾崎は説明した。

木を焼却するのは当然のことだった、と尾崎は言った。そして、もしもタフト大統領がまだ受け入れてくださるなら、日本はすぐにも二回目の荷をお送りしたい、今度はもっと良い木を、専門家に荷造りさせて。

一連の顚末を喜ぶ者は一人もいなかったが、アメリカの役人が驚いたのは日本政府の反応がいかに慇懃で申し訳無さそうであったかということだった。昔から誇り高く礼儀正しかった日本がこれほど慇懃に振る舞っているのは、アメリカの偉大さの証しであり、アメリカが日本を必要とする以上に日本がアメリカを必要としていることの表れだ、と解釈してもおかしくなかった。尾崎の妻はヘレン・タフトに宛てたこびへつらうような手紙の中でこの不運な出来事について再び謝罪し、二度目の荷は「アメリカ合衆国と日本の友情を記念するものである」と書いた。

再び桜の木を選抜するために、日本各地から園芸家や化学者が東京に招集された。今度こそうまくやりおおせなければならなかった。高峰譲吉という著名な化学者に監督の命が下り、二度目の荷に失敗は許されないと言い渡された。ワシントンDC向けに選ばれた桜は余裕を持って三〇二〇本、それらを運ぶために、より少ない日数で太平洋を横断できるより大きな船が選ばれた。桜の木はまっさらな土に植え替えられ、根は湿った苔で包まれた。虫を窒息させるため、青酸ガスによる二度の燻蒸消毒が施された木は、代謝を遅らせるために低温保存室に保管された。

チャールズ・マーラットは二度目の荷が届くと聞いて嬉しくはなかったが、最初の荷の問題点が国民の目に晒されたことで自分の主張が正しいと証明されたことはささやかな勝利であると考えていた。外来生物の国内への持ち込みは、成り行き任せにしておくわけにはいかなかった。今回の出来事で、アメリカに持ち込まれるものはどれも恩恵を与えてくれるものばかりで危険は一切伴わない、という幻想は見事に打ち砕かれたのだ。

フェアチャイルドはフェアチャイルドで、二度目の荷が届き、「詳細かつ慎重な検査」の後、桜の木には害虫はおらず、若くて健康であるというお墨付きが与えられたことに勇気づけられた。

一九〇八年にフェアチャイルドがワシントン市の学校に桜の木を贈ってからちょうど四年後の一九一二年三月二七日、ポトマック川の岸に近いウェスト・ポトマック・パークで非公式の式典が行われ、タフト夫人が最初の一本を植樹した。続いて日本大使の妻が二本目を植えた。エリザ・シドモアとデヴィッド・フェアチャイルドも続いて植樹した。三〇二〇本の桜はタイダルベイスンの周囲だけでは入り切らず、余った桜は、ホワイトハウスの敷地内、ロック・クリーク・パーク、アメリカ赤十字の新しい本部がある一七番街とBストリートの交差点の近くに植樹された。わずか二年後には桜の木は誰からも愛されるようになり、少なくともアメリカ政府が何か返礼をしなければと考えるほどだった。デリケートな桜の美しさと肩を並べられる木はアメリカにはないが、役人らは次善の策として、アメリカに自生し真っ白な花を咲かせるハナミズキを日本に贈ることにした。

　ワシントンDCの桜は一〇〇年以上咲き続けており、その元気を保つために、それぞれの木が二五年ごとにクローンと挿し穂によって差し替えられる。桜が育つのとともに関連産業も生まれた——生え抜きの園芸家グループ、広報を担当する人々、満開日を予想する気象予報士。旅行者は、桜の満開日の前後に旅行の日程を合わせるよう奨励された。やがて、最初にワシントンDCに届いた桜から取った挿し穂が、気候が適した他の都市にも広がった。コロラド州デンバー、アラバマ州バーミンガム、ミネソタ州セントポールなどである。

　桜の木が一度目は拒絶され、二度目に受領されたことを考えると、マーラットとフェアチャイルドはある意味どちらも勝利したと言える。だが二人の考え方の相違はその後さらに大きくなった。子どもの頃は友人だった二人の対立は、勝った方がすべてを手に入れる争いへと発展した——この後一〇〇年にわたってアメリカが、まだ見ぬ世界の不思議を受け入れるか、それとも恐れをなして逃げ出すかは、この争いの勝者が決めることとなったのである。

第4部

行き詰まる採集事業

16章　羽をもがれて

結婚生活は素晴らしかった。マリアンはフェアチャイルドの旅行や植物について飽きずに質問し、本心からか妻としての義務だと思ったのかはわからないが、フェアチャイルドが子どもの頃に感じたのと同じように、自分もジャワに憧れるようになった。二人の間に一九〇六年に生まれた息子、アレクサンダー・グラハム・ベル・フェアチャイルドは後年、マリアンがデヴィッドと結婚した唯一の理由は、デヴィッドがマリアンをジャワに連れていくと誓ったからだ、と冗談を言った。

円満な家庭生活はしかし、犠牲を伴っていた。わずか三年の間にフェアチャイルドは、独身者から夫へ、そして父親へと変貌し、その責任は彼の旅行を制約することとなった。結婚したことを知らせる電報を受け取った数日後、エジプトにいたラスロップは長々とした返事の手紙を書き、年季の入った独り者からの諦めの交じった祝辞を述べた。フェアチャイルドの幸せを我が事のように思っている様子のラスロップは、自分が可愛がっている弟子が、彼自身には――意図してなのか、単にそういう定めだったのかはわからないが――手に入れることのできなかったものを手にするのを、五七歳にして目にすることになったのだった。

彼自身にはその経験はなかったものの、ラスロップは、結婚生活についてのアドバイスを贈らずにはいられなかった。それは、彼が夫としては自分の方がフェアチャイルドよりも優れていると思っていること、生まれ変わったらこんな夫になるだろうと彼が思い描く像を表していた。

シェパーズ・ホテル、カイロ

一九〇五年三月一八日

親愛なる友よ

君の希望を——いや、切望を、と言うべきだろうか——綴った手紙は三日前に受け取ったよ。電報は昨夜届いた。

この歳に似つかわしくないみっともなさで部屋中を踊り回り、何度もカウボーイみたいな雄叫びを上げた後、すぐに返信を打ったんだが。

趣味が合う女性が見つかり、君たちは独身でいるより夫婦でいたいようだね、嬉しいよ。君は正直者で優しい男だ。ただし念の為に言っておくが、俺のような俗物にとってよりも、君にとっての方が、女性はなおのこと謎めいた存在なはずだ。何年も俗世界から離れていた君は、世の中の男より真面目だが世間知らずでもある。だから、この老いぼれ独身男の忠告をよく聞いてくれたまえ。ちなみに君も知ってるように、俺は善良な女性のことは何よりも尊敬している。いいかい、あまりにも奥方を独り占めばかりしていると奥方に嫌がられるよ。他の男にもチャンスを与えてやりたまえ——そうすれば、そいつらのつまらないおしゃべりの後で、奥方は君の話を前より面白いと思うようになるぜ。

奥方と話したり手紙を書いたりするときはあまり堅苦しくしないこと。君は素晴らしい文章を書くし、話し方も知的で面白いが、社交の技術にかけては落第だ。君が受けてきた教育や交友関係は思索に向いている。そこから逸脱すると君は混乱してしまう——都会の奴らが派手に、かつ軽やかにやってみせることが君にはできない。頼むから、誰かと話すのは科学の話だけにしてくれ。ただし、相手の気を引こうとはしないこと。頭の鈍い男を我慢できるご婦人はほとんどいないが、知り合う価値のある女性なら、自分の本性を偽ろうとする男のことはすぐに見破るものだ……。結婚というゲームに参加する二人のそれぞれに俺が贈る忠告は、要約するとこんなふうになる――あるがままでいること――ただし意地を張ってはいけない。与えられることより、与えることに懸命になれ。同士たれ。

……君は結婚向きの男だ。幸福な人生を送るために必要なものが君には全部揃っていることをとても嬉しく思っている。幸運を祈るよ……。もう一緒に旅行できないことだけが唯一の心残りだ。

心を込めて
バーバー・ラスロップ

それはことさらに正直な、胸を打つ手紙で、ラスロップの愛情の深さが伝わってきた。けれども、これまでのラスロップからの手紙全部の中で、フェアチャイルドには最後の一行が一番堪えた――それは、元には戻せない何かの、消し去りようのない証しだった。

ラスロップの言う通り、二〇世紀初頭の結婚が彼に求めるものは、彼から羽をもぎ取ったと同じだった。まるで座礁した船のように、そこで幸せではあったものの、動けないことに変わりはなかった。大きな政府機関の、多様な年齢の職員がいるところが職場であったなら、このことは特に問題ではなかっただろう。だが、フェアチャイルドは単に「種子と植物導入事業部」の部長であっただけでなく、この事業全体の司令塔でありまた推進力でもあった。七年以上の間、彼は世界各地から、誰よりも大量の新しい果物、花、木、低木をアメリカに送った。彼は、プラントハンティングが重要な仕事であることを長年主張し続けてきたが、自分が動けなくなった今こそ、自分の代わりにプラントハンティングをする人員がもっと必要だった。

農務省はすでに三人を雇っており、一人はロシアでアルファルファを、一人は地中海地方でデーツとオリーブを、もう一人はキューバで世界最高のタバコを探していた。アーサー・コナン・ドイルの探偵小説を最初に掲載したことで知られる月刊誌『ストランド・マガジン』は、フェアチャイルドのチームをシャーロック・ホームズと同列に並べ、彼らを「農業の特命使節」と呼んだ。だが、息をつかせぬような彼らの活動を報告する記事を読んでもフェアチャイルドは満足しなかった。自身の経験から、この三人はいずれも、新しいものに対する燃えるような好奇心に――暗闇を手探りし、未知のものに頭から飛び込んでいこうとする本能に欠けていることを彼は知っていたのだ。

来る日も来る日もオフィスに座ったまま、フェアチャイルドは中国に固執した。今も誰も知らない宝物に溢れ、西洋人がまだ十分に探検していない国。中国の植物関連機関に宛てた彼の問い合わせは、誤解されたか、あるいは無視された。ラスロップの友人で四川に暮らすアイルランド人から届いた手紙には、「切手代と時間を無駄遣いせず、人を送ってよこしなさい」と、役に立たないアドバイスが書かれていた。

なけなしの予算でコルシカ島での任務をやりおおせた若い頃のフェアチャイルドなら、危険も顧みず、試練にも立ち向かう覚悟で自ら中国に行ったかもしれない。だがそれは結婚前のことであり、ラスロップ流の贅沢に甘やかされる以前の話だった。

後継者、フランク・マイヤー

こんな危険な任務の適任者が他にいるだろうか？

「変な男ですよ」と、ある日、フェアチャイルドの助手の一人が言った。「ちょっと変人だな、一か所に長くいたくないらしいですからね」

その男とは、農務省の温室で働いているオランダ人、フランク・マイヤーだった。彼は落ち着きがなく集中力に欠け、あたかも冒険の旅に出たくて仕方ないように見えた――完璧ではないかもしれないが、中国を探検するという仕事には適していた。

実際フランク・マイヤーには独特の雰囲気があり、一風変わっていた。彼が園芸の道に進んだのは子どもの頃の好奇心からだった。また彼は理想主義者でもあった――彼が育ったのは、ヘンリー・デイヴィッド・ソローの著書『森の生活』をモデルにした理想郷を目指すコミュニティだったのだ。一九〇一年にアメリカに移住する前は、著名なオランダ人遺伝学者で「突然変異論」を最初に発表したユーゴー・ド・フリースの助手を務めていた。

だがまたマイヤーは辛抱強さに欠ける男でもあった。二五歳で移住した後、ミズーリ植物園で植樹の仕事をしたり、カリフォルニアの農業試験場で苗木の増殖をしたり、ワシントンDCでは農務省の下級職員として働いていた。どの職場でも彼は、一か所にずっといることに落ち着かなくなり、結局辞めてしまうのだった。

マイヤーは植物に対する取り憑かれたような情熱を持っていた。一二歳のとき、大人になったら何になりたいかと両親に訊かれると、世界中を旅して食べられる植物を探したいと答えた。父親は、彼らは貧しくて科学の勉強はさせてやれない、だから何か実用的な技術を――たとえば楽器作りとか――を身に付けた方がいいと答えた。

1905 年。フェアチャイルドはフランク・マイヤー（写真）の何から何まで——歩くのが好きなこと、植物収集に対する情熱、危険をものともしないこと——を一目で気に入り、1 人で徒歩で中国を横断するという長く危険な旅に完璧に適していると判断した。

マイヤーがオランダを去ったのは、そんな運命から逃れるためだった。彼は木や低木にその手で触れ、味わいたかった。すべての植物を五感で感じたかったのだ。彼にとって植物は家族に近かった。彼の植物を見る目は、慈愛と辛抱強さと献身的な愛情に溢れていた。ほとんどの人は単なる教養のない人間の奇妙な行為で片付けるであろうこの特異さは、植物を理解しようとする者にとっては不可欠の、後から教えることのできないスキルとしてフェアチャイルドをいたく感心させた。「マイヤーはよく、乾燥させた植物の一片をむしって口に入れたり、彼の素晴らしい記憶力のありったけで覚えようとするかのように植物の匂いを猛烈に嗅いだりしていた」とフェアチャイルドは書いている。

新しいものの発見と冒険に飢えている男の価値を見定めようと、フェアチャイルドはマイヤーを面接に呼んだ。彼はものすごい大汗をかき、汗でびしょびしょの服でやってきた。その第一印象をフェアチャイルドは、「熱心さが見て取れる彼の顔は、生まれつきの旅人が持つ本物の光に輝いていた」と記している。

マイヤーの経歴は、この分野の研究者が少ないとは言え立派なものだったが、彼には一風変わったところがあった。彼は大きく目を見開いて座り、フェアチャイルドの背後にある壁に釘付けになっていた。深い、オランダ語訛りの英語で質問し、まるで一方的に面接をしているかのように質問に自分で答えた。「この世界には、僕たちの知らないことがまだまだたくさんあります」――訝しげな顔で彼はそう言った。植物に関する彼の知識は学者並みだった。

さらに、マイヤーには素晴らしく価値のある特徴があった――歩くのが大好きだったのだ。フェアチャイルドとの面談の数日前、マイヤーはワシントン市の南三〇キロほどのところにあるマウントバーノンまで歩いていた。イタリアのオレンジ畑を見るためにアルプス山脈を徒歩で横断したこともあったし、メキシコを何百キロも歩いたこともあった。彼は、機会が与えられるなら、今度は中国を横断したかった――道がほとんどなく、徒歩で横断する以外には方法がない土地である。中国横断について彼は「小さくて細かい方が大きくて粗いよりいいんだ」と言うのだったが、それが何を意味するのかは誰も知らなかった。

まさにこの仕事にうってつけの男だった。金にも栄光にも贅沢にも興味がなく、世界で最も危険だが豊かな植物に恵まれた地域を歩いて横断することを厭わないプラントハンターである。

マイヤーがフェアチャイルドの眼鏡に適わなければ、適う人間などこの世に一人もいなかった。

まずは、マイヤーをマリアンとその高名な両親ベル夫妻にどうやって紹介するかを考えなければならなかった。フェアチャイルドはマイヤーを買い物に連れ出し、緑色のディナージャケットを買ってやった。ベル夫妻はたちまちマイヤーを気に入った。体が臭かろうが、無精髭が伸びていようが、目を合わせるのを嫌おうが、話が横道に逸れて長々とまとまらない傾向があろうが、アレクサンダー・グラハム・ベルはマイヤーを一目見るや、彼が学ぶことに飽くなき関心を持っていることを見抜いた。それだけで、彼は知己となるに値する男だったのだ。

マイヤーの中国探査

一九〇五年七月二七日、マイヤーは、中国に三年間滞在できる書類を携えて最初の旅に出立した。お役所仕事と官僚主義の壁はあまりにも対応が大変で、中国内陸部で得られるであろう豊かな農作物のことを知らなかったら、フェアチャイルドはこの計画を諦めたかもしれない。エジプトでは世界で最も発達した農法を学ぶことができたように、中央アジアでは、何千年もの間、人間の手で淘汰され改良されてきた農作物そのものが手に入るはずだった。

フェアチャイルドの依頼で、マイヤーの最初の任務は、北京に着いたらまず、ぷっくりとして種のない、grindstone persimmonと呼ばれる柿を探すことだった。フェアチャイルドが最初に中国南部を訪れたときに目にした、「北京の市場で売られ、中国に住むヨーロッパ人に人気のある」柿である。それが済んだら、あとはどこへでも自由に、彼自身の味覚と本能を頼りに進めばよかった。

マイヤーは出発前に一度だけチャールズ・マーラットに会う機会があったが、それは通りがかりの、せわしないものだった。フェアチャイルドが本能的にマイヤーの能力を信頼したのと同じように、マーラットは本能的にマイヤーに疑念を抱いた。オランダ人であるマイヤーはまさに、海のものとも山のものともつかぬ外来の存在の化身であっただけでなく、未知のものだらけの土地に行こうとしていたのだ。フェアチャイルドが「移民」と呼んだのと同じ植物が、マーラットにとっては「敵」だった。マーラットにしてみればマイヤーは、それが味方に対する裏切りの行為であると知らずに敵の陣地に踏み入ろうとしているスパイのようなものだった。

マーラットはマイヤーの中国行きを止めることはできなかった。彼が監督する害虫局にその権限はなかったし、一九〇五年の時点では、海外から輸入された植物のすべてに対して組織的な防塞を築くこともできなかったからだ。だがマーラットは、フェアチャイルドの軽率さに対する激しい怒りを行動に移す決意をした。マイヤーが太平洋を渡って長い旅に出る準備をする間にマーラットは、マイヤーのような輩が、彼やフェアチャイルドが抱く「生物学的調和」という幻想のもとに母国の土を汚染することのないように、ある計画に着手したのである。

マイヤーはと言えば、こんな敵意には気づかず、興奮と称賛の嵐の中にいた。ワシントン・ポスト紙はマイヤーの写真を一面に掲載し、彼を「農務省のクリストファー・コロンブス」と呼んだ。ロサンゼルス・タイムズ紙はマイヤーが立ち向かおうとしている危険――「中国の無法者、残忍な強盗、はびこる疫病」――についての長期連載記事を開始した。「これが農作物ハンターの仕事である。これまでと違う、より頑健なブドウ、穀物、アルファルファ、その他さまざまな作物の品種を求めて世界各地に赴き、それらがアメリカに輸入されて我々の農園や果樹園をさらに豊かにするのだ」

マイヤーの勇敢な（後に英雄視された）行動の報道には明らかに尾ひれがついていたが、プラントハンターのベテランであるフェアチャイルドさえ、どんな冒険がマイヤーを待ち構えているのかはわからなかった。フェアチャイルドは二度広東に行ったが、それはどちらも贅沢旅行だった。西洋式のホテルに泊まり、男たちが肩に担ぐ籐の椅子で移動したのだ。一方マイヤーが持っていたのは、彼の身分を保証する書類と、食べ物と郵送料を支払うのに十分な金だけだった。また彼は、削り取って賄賂に使うための銀の塊と、種子を保存するための薬剤、病気になったときのための薬、それに外科用の機器をいくつも携えていた。「このような旅においては、医師と牧師と悪魔の役割を一人でこなさなければならないのだ」と、未来を予言するかのようにワシントン・ポスト紙の記者は書いた。

この危険極まりない一人旅こそ、マイヤーが何よりも求めていたものだった。一度彼は友人に、「俺は生まれつき悲観的なんだ。人間社会は御免だが、植物相手にしていればほっとできる」と言ったことがあった。今こそ彼の世捨て人的な性分にたっぷり栄養を与えるときだった。

悲観的なマイヤーは、中国に向かう蒸気船の上で、甲板の手すりの向こうを楽観的に眺めた。出港するほんの数日前、彼はオランダの家族に宛てた手紙に、こんな「素晴らしい仕事」ができて自分は非常に幸運だ、と書いている。フェアチャイルドに宛てては、「国民のためになる作物によって、アメリカ合衆国をより豊かにするために全力を尽くす」覚悟であると書いた。

こうして船が上海に着くと、マイヤーが望んだのはただひたすら、方角を決めて歩きだすことだったのである。

フェアチャイルドが最後にラスロップと遠洋船に乗船してから三年が過ぎていた。一緒に旅をしたのはアフリカが最後だった。フェアチャイルドがアメリカに戻り、新しい人生を歩みだすと、ラスロップは舵を失った——旅から旅への彼の生活を意義あるものにしていたのがフェアチャイルドだったのだ。寂しさと不安に苛まれながら、ラスロップはとにかく豪勢な世界旅行を続けた。自分が得意なのはそれだけだということが、彼にはわかっていたのである。

彼は何度か若い青年に声をかけ、フェアチャイルドとの魔法がかった関係を再現しようと試みた。そのうちの一人、ボヘミアンクラブでの友人の息子でドラモンドという名の若者はいい線まで行った。ドラモンドには、知り合ったばかりの頃のフェアチャイルドのような世間知らずの朴訥さがあった。だが彼のような生気と有望さには欠けていた。

フェアチャイルドがラスロップと行動をともにしていた数年間、フェアチャイルドは人生の上り坂にいたが、ラスロップはその間に人生を上り詰め、その後は次第に下り坂に向かった。一緒に旅をするのをやめて間もなく彼はフェアチャイルドに手紙を書いている。

毎日植物の話をしたり、植物を収集したり、荷を送ったり、導入の成功や失敗の知らせを聞いたりしなくなることがこれほど寂しいとは、夢にも思わなかったよ。植物探しが始まる前は、趣のある町や人を見るだけで旅は楽しく、飽きることがなかった。だが今は以前のような満足感はない。この一年ほどはまったく退屈だ——こんなことはかつてなかったよ。こんなことは人には白状せんし、そんな素振りも見せないようにしているが、以前は強い関心を持っていたことのほとんどには関心がなくなってしまって、最近は、彷徨える俺の魂にこの先何が起こるのかと考え始めている。どんなふうに終わるとしてもそれはそれでいいし愚痴を言う気はないがね——カタツムリみたいにノロノロ生きている奴らに比べたら、俺は少なくとも二人分の人生を生きたし、素晴らしい昔の思い出がもやもやした頭にピリッとスパイスを利かせてくれるからな。

こんな物悲しい手紙を見れば、フェアチャイルドが大西洋を横断する蒸気船S・S・フルダ号の上で初めてラスロップに出会い、十数隻の蒸気船をいっぱいにできそうなほど大きく膨らんだ彼の自尊心に遭遇して以来、彼がどれほど変わったかがわかった。

フェアチャイルドは、ラスロップと過ごした日々を懐かしく思い返した。だが、そんな思い出に浸っている時間は彼にはなかった。「植物導入の事業は恐ろしいほどの速さで進んでおり、僕は仕事に忙殺されています」──ラスロップへの返事を、彼はマリアンに書き取らせた。過去の輝かしい日々にも、ラスロップが抱える不安のことにも一切触れなかったのは、フェアチャイルドにとってはそれはどうでもいいことだったのかもしれないし、あるいは今のことに精一杯で過去を振り返る余裕がなかったのかもしれない。

新技術の誕生に立ち会う

フェアチャイルドには他に考えなければならないことがあったし、それは植物のことに限らなかった。アメリカは日々大きな変化を遂げていた。空を飛ぶ、という自然の摂理を超えた夢をオハイオのとある兄弟が実現させたことに始まる、一九〇三年から一九〇八年までの奇跡のような数年間、その一年一年が、アメリカの歴史における「驚異の年」だったのだ。

フェアチャイルドはオーヴィル・ライトを知っていた。彼はライト兄弟の弟の方で、チェビー・チェイスのフェアチャイルドとマリアンの家に桜の花を見に訪れたことがあり、コスモス・クラブで夕食をともにしたこともあった。コスモス・クラブは、フェアチャイルドが、彼をナショナル・ジオグラフィック社に、やがて妻マリアンに紹介したギルバート・グローブナーと知り合った、人脈作りの拠点である。フェアチャイルドを含む多くの人が、なぜライト兄弟は初期の飛行を秘密裏に行ったのかとオーヴィルに尋ねた。それを秘密にしたことは彼らの信憑性に傷をつけた――他の者が公に長距離飛行を試みていたのだからなおさらである。それに対してライト兄弟が何度も繰り返した答えは、自分たちの設計が人の目に触れ、盗まれるのを防ぐため、というものだった。ただし、歴史を振り返ってみれば、そんな用心はほぼ不要であったことがわかる。

ぶかぶかのズボン、大きすぎる上着、汚れた帽子を被ったオーヴィルの身なりは褒められたものではなかったが、フェアチャイルドの目には、彼は頭が良く野心的に映った。二人には、トム・セルフリッジという陸軍中尉である共通の友人もいた。セルフリッジの父親がラスロップの知り合いだったのである。一九〇五年、セルフリッジはまだ二三歳の若さだったが、ルーズベルト大統領から、兵役を中断して飛行についての調査団に加わる許可を得ていた。人間が空を飛ぶところを見たい、そして最終的には自分自身で空を飛びたいという熱意によって、彼は驚いたことに、アレクサンダー・グラハム・ベル、ライト兄弟、そしてグレン・カーティスという名のエンジニアの全員に――彼らは空気より重い機械を飛ばしてみせようと競合していたにもかかわらず――可愛がられた。セルフリッジが自分の敵と交流があることを誰も気にしようとはせず、唯一の例外は、彼がベルのスパイではないかと疑っていたライト兄弟だった。「あいつのことはこれっぽっちも信用していないが……、好意のある振りをするのがうまいやつだ」と、オーヴィルは兄のウィルバーに言っている。だがセルフリッジの「好意」には結局オーヴィルも負け、一九〇八年、バージニア州フォート・マイヤーでの試験飛行の際、歴史上初の飛行機の乗客となるチャンスを彼に与えた（オーヴィルとセルフリッジの乗った飛行機が思いがけず墜落すると、セルフリッジはまた史上初の飛行機事故による犠牲者となった）。

フェアチャイルドがベルの味方だったのは、ベル家に対する忠誠心もあったが、義父であるベルが世界を一変させるような発明をしたという実績の持ち主だったからでもある。さらにベルは、人間が宙を飛ぶための秘密は、オハイオ州とノースカロライナ州でライト兄弟が開発していた長方形の複葉機よりも、四面体の凧の方がアイデアとしては可能性があるのではないかと考えていた。ベルは大きな四面体の構造物を造り、そこに人間が一人座れる席を装備した。凧から落ちないようにするにはしっかり摑まっているしかなかった。

歴史は、人類初の有人飛行の栄誉を、一九〇三年にノースカロライナ州でライト兄弟が記録した一二秒間の飛行に与えている。ただしそこに立ち会った者が少なかったために、これを疑う者も多かった。ライト兄弟が飛行機の設計を精緻化していく一方で、ベル、カーティス、セルフリッジをはじめ、同じ野望を抱く多くの者もまた自分の設計に磨きをかけていた。一九〇七年には『サイエンティフィック・アメリカン』誌が、翼を広げた鷲が地球儀の上に配された銀製の彫刻を、同誌の記者立ち会いのもとで一キロ飛んだ者に進呈すると発表した。賞品がかかったこの競争は、結果的に、挑戦する者をわずか二つのチームに絞ることとなった。片や負けん気の強いライト兄弟、そして、より実績と資金の豊富な、ベル、カーティス、セルフリッジ、それにダグラス・マッカーディーという名のカナダ人エンジニアからなるチームである。ベルのチームは一九〇七年の夏を、空を飛ぶ思いつく限りの方法を実験して過ごした。それが複葉機だろうが凧だろうが構わなかった。その年、何よりも貴重なのは時間だった。

飛行試験をするたびに、男たちは集まってメモや観察記録を突き合わせ、次の試験飛行までに必要な調整について話し合った。おなじみのニッカーボッカーとベレー帽姿のベルは、常にチームからより多くの情報を求めた。技術革新の大いなる構想に突き動かされる男はまた、それと同じくらいにディテールにもこだわった。計測値を分析し、物理の方程式を練り、失敗の原因を突き止めようとして夜を明かし、日が昇ると床に就いて午前一〇時頃まで眠り、それから起床して再びテストや計測を行う。細ければ細かいほどよかった。大きな発見は小さな発見を積み上げた結果であるというのが彼の信条だったのだ。

その年、フェアチャイルドとマリアンは、ノバスコシア州バデックのベル家の地所に滞在した。それは何十年もかかってベルが手に入れた半島で、あちらこちらに小さな土地を買い足し、やがてそれらが一つづきの、七〇万坪を超える土地になったのである。ベルはこの土地を、その端に聳える山々にちなみ、ゲール語で「美しい山」を意味するベイン・バリーと名付けた。その半島の先端にある湖の岸のすぐ近くに、豪邸中の豪邸、赤レンガ造りの城が建っていた。十数室の寝室があるその家は、後に孫やひ孫たちの格好の探検場所となった。

フェアチャイルドは、ハゲワシが巣から魚をめがけて急降下する丘の斜面から、男たちが次々と飛行試験を繰り返すのを眺めた。試験のたびに飛行時間と距離は伸びたが、一キロにはなかなか届かなかった。丘の斜面には、中には長さ一〇メートルを超える数々の凧が、何らかの原因で飛行に失敗しては打ち捨てられていた。「一九〇七年、私は漠然と、空気より重い空飛ぶ機械の開発において非常に重要な時期に自分はこのバデックにやってきたのだと感じていた」と彼は後に書いている。

ベルらの開発は重要な進歩を遂げた。翌年の夏、一九〇八年六月、グレン・カーティスは、サイエンティフィック・アメリカン誌の申し出に挑むところを見に来るように、とフェアチャイルドをニューヨーク州ハモンズポートに招いた。挑戦に使われたのは新しい複葉機で、コガネムシの美しい飛翔にちなみ、ベルによってジューン・バグ（コガネムシ）号と名付けられていた。アメリカが誕生した七月四日、フェアチャイルド夫妻がこの試みに立ち会うためにこの地に到着したとき、空は曇り、風が強かった。飛行機は貧相で、フェアチャイルドの言葉を借りれば「華奢でほっそりとしており、緩衝支柱やワイヤーや白いキャンバス生地の機体が自転車の車輪の上に取り付けられていた」。だがカーティスはそれまでオートバイのエンジンの製造が仕事だったし、初期の飛行機が最も必要としていたのは、地面から飛び立つのに十分な推進力のある強力なエンジンだったのだ。カーティスは、答えを見つけた男の自信をみなぎらせていた。

雷雨による遅滞の後、審判は、一キロという距離を測るため、使われなくなった競馬場、ジャガイモ畑、人間が落ちてくれば刺し貫くであろう尖った支柱とフェンスに囲まれたブドウ畑に沿って、長い糸を引いた。

エンジンが轟音を響かせた。風に茶色の長髪をなびかせながら、カーティスは飛行機を地上一〇メートルに浮かせた。ものすごい音で、人々は耳を塞いだ。だが目をつぶる者は一人もいなかった。飛行機は、墜落に近いぶざまさでどしんと着陸した。怪我はなく、飛行機も無事だったが、一キロには届かなかった。

日は沈みかけていたが、カーティスは諦めなかった。フェアチャイルドをはじめ、観客はカーティスを手伝って飛行機を、さっき飛び立ったばかりの場所へと押して戻した。カーティスはもう一度離陸し、見守る観客の頭上を飛び、一キロの印を超え、そのもうちょっと先まで飛んだ。カーティスが飛行機から姿を現すと人々は歓喜の声をあげた。サイエンティフィック・アメリカン誌の仏頂面の懐疑論者さえ、カーティスが挑戦に成功し、トロフィーを勝ち取ったことを認めた。

カーティスの成功が特筆すべきなのは、それがしっかりと記録されている、という点だ。一人の男が空を飛び、それを人々が目撃し、科学的に信頼ある雑誌がそれを確認したのである。とは言えこれは、後に航空史に残ることになった画期的な出来事に比べれば大したことはなかった。ライト兄弟の数時間に及ぶ飛行、チャールズ・リンドバーグによる一九二七年の大西洋横断飛行、そして、いつの日か世界の反対側に爆弾を落としに行くことになる大型ジェット機の登場などである。

だが、フェアチャイルドや、その義父であるベルのような科学者にとって、理論を証明する最初のブレークスルーは非常に価値があった。ガラスの天井は一度しか打ち破れない――その後に追随する者は、割れたガラスをもっと小さく砕くことしかできないのだ。「ハモンズポートでのあの短い午後が、世界というものに対する私の見方を変えてしまった」とフェアチャイルドは書いている。「空に飛行機が溢れ、やがて人々が空を、より速く、地上を旅するよりももっと安全に移動する日がやってくるだろうということに、私は一片の疑問も持たなくなった」

未来がやってきたのだ。そして今度もフェアチャイルドは、それを最前列で目撃したのである。

最初のダイズ

一九〇八年七月七日、カーティスの有名な飛行の三日後に、フランク・マイヤーは中国から帰国した。髭は伸び、目は窪み、肌は乾いてブーツの革のようだった。三年間伸ばしていた爪は上向きにカールしていた。オフィスを満たす興奮は、マイヤーが帰国したことよりも、彼が送った種や苗木についてのものだった。彼はそれらを、中国、満州、韓国、さらには彼が、これも徒歩で横断することにしたシベリア東部から送っていた。人々はそれぞれについての説明を聞きたがった。

マイヤーは、上海から、オーツ麦、キビ、皮の薄いスイカ、そして綿の新種を送った。フェアチャイルドの部下たちは、マイヤーからの荷物が開梱されるたびに期待の眼差しで見守った。野生のナシや柿の新種の種子。アメリカのホウレンソウの専門家がこれまでで最高のホウレンソウだと太鼓判を押した、いわゆる満州ホウレンソウもあった。正式にアメリカに輸入された最初のアスパラガスの標本を届けたのもマイヤーだ。一九〇八年の時点では、中国中央部では一般的な緑色のマメ科植物、ダイズを見たことがある人はほとんどいなかった。それから一〇〇年のうちに、マイヤーが送ったこのダイズから進化した子孫が、アメリカ中西部を絨毯のように覆うなどと想像した者はもっと少なかった。ダイズの用途は、家畜の餌、人間（中でも菜食主義者）の食事、バイオディーゼルと呼ばれる再生可能な燃料など、それまでのどんな作物よりも多岐にわたった。

マイヤー自身、手ぶらで帰国したわけではなく、大荷物を持ち帰っていた。中国から乗ったスタンダード・オイル社の蒸気船は客船ではなく、荷物が積み放題だったし、船上の環境も植物の輸送に向いていたのであ

1907年。マイヤーは定期的に中国から手紙を送り、自分で現像した写真を添付することもあった。手紙には、仕事の進展について、また現地を歩き、意思を疎通させ、植物を収集するために雇ったスタッフについて書かれていた。
この手紙には、「北京から五台山に向かうキャラバン5260。ロバ8頭と人間7人からなる我々のキャラバンは、ゆっくりと、今は乾いている川床を進む。山が伐採されているために川幅はどんどん広くなり、農地はすべて流出している。1907年、中国山西省五台山の近くにて、F・N・マイヤー」と書かれている。

る。彼が持ち帰った荷は二〇トンに及び、その中には、赤いブラックベリー、野生のアプリコット、大きなケヤキの木が二本、ヤバネヒイラギモチ、アメリカシロゴヨウ二二本、一八種類のライラック、食べられる赤い実をつけるガマズミ四本、小さな白い花を咲かせるバラ科シモツケ属の低木、ピンクと紫の花の咲くシャクナゲ、ジンチョウゲという常緑の低木、竹三〇種類（うち数種は食用）、ユリ四種類、それに青々とした芝生の新種などが含まれていた。

仕上げは、彼が国立動物園のために持ち帰った希少なホオジロテナガザルだった。二匹のテナガザルは植物には真似のできないような魅力で新聞記者を惹きつけ、フェアチャイルドの部署にとって素晴らしい宣伝効果を発揮した。

マイヤーの旅が楽なものでなかったことは明らかだった。それはフェアチャイルドがラスロップとともにした大名旅行のような華々しいものでもなかった。中国の村人たちがマイヤーを「西から来た悪魔」という目で見たこと。公衆浴場で裸で体を洗う彼を人々が見物し、ときには白人を見物しようと大勢が集まったこと。一九〇六年には、外国人はいつ殺されるかわからないという噂が繰り返し広まった。彼は殺されはしなかったが、その年の二月には強盗に遭い、血だらけになるまで殴られた。彼を何十回となく死から護った唯一の防策と言えば、一年中、ずっしりと重い羊の皮の外套を着ていたこと、それが着ている彼を強者に見せていたことだった。外套は大きくて分厚く、幾重にもこびりついた埃は決してとれなかった。彼は重いブーツを履き、丸い羊毛の帽子を被って、茶色の顎髭は伸び放題にしていた——そしてそれらのおかげで彼は、いかにも恐ろしい様相をして、もしかすると格闘能力の高い、いや、もっと悪くすれば人に移る病気を持っているかもしれない男に見えたのである。

殴られたことは他にも数回あったし、少なくとも一度は絞め殺されかけた。腹をすかせたクマ、トラ、オオカミにも出くわしたが、いずれも逃げ足の速さか相手を出し抜く知恵で逃げ切った。三年間、彼は一日三〇キロ歩くのが普通だった。それは歩くのが大好きな男にはうってつけの冒険だった――果てしのない、危険に満ちた大陸という冒険である。

マイヤーは、フェアチャイルドが思った以上にプラントハンティングに長けていることがわかった。彼の荷造りは細部まで行き届き、完全に汚れを落とした種は、輸送中に乾燥したりカビが生えたりしないよう、水気を絞ったピートモスの上に並べられていた。マイヤーは高級ホテルやゲストハウスの誘惑を拒絶し、質素な宿屋に泊まってその土地の食べ物を食べたため、農務省――すなわちアメリカ政府――には何千ドルもの節約になった。さらに人々を感心させたのは、彼が予定よりも早く、しかも予算以下で任務を終えたということだった。送った植物の詳細を記した一覧は、郵便代を節約するために薄い紙に書いた。経理担当者は彼の領収書を念入りに調べる必要がなかった――角張った漢字で書かれた領収書はすべて整然と並べられ、担当者を驚嘆させたのである。

フェアチャイルドは、マイヤーの成功を祝って自宅でバーベキューパーティーを開いた。焚き火を囲み、マイヤーは事務局のスタッフを「東洋」の話で楽しませた。そう呼ぶのが流行していたのだ。マイヤーは中国人の奇妙な逸話を披露した。たとえば村人が、彼の懐中電灯の中の「ロウソク」に驚嘆したこと。人々が彼のブーツやズボンに触り、彼の碧い目をまじまじと見つめたこと。彼は盗賊の物真似をし、シベリアで殴られたときの様子を再現して見せ、害虫がウヨウヨしている硬い石のベッドで眠ったこと、天井から落ちてくるバッタから身を護るために蚊帳を吊ったことを話して聞かせた。三度の冬の少なくとも一度は、気温が零下三二度になった、と彼は言った。

その寒さがことさら不都合だったのはある宿屋に泊まったときのことだった。その宿屋の壁には、誰か外国人がフランス語で「トコジラミ一〇〇〇匹の宿」と書いていた。マイヤーは、寒空に外で寝るか、部屋の中で火を熾し、煙で充満した部屋の虫たちを活発化させるか、どちらかを選ばなければならなかった。彼は温かさを選び、小さなテーブル三台をくっつけて即席のベッドを作った。もう一つの問題は臭いだった。「誰もしびんやトイレの存在を知らない、と言えば、あとのことは想像できるだろう」と彼は言った。

だがこうした苦労は、マイヤーにとっても、アメリカにとっても、それだけの価値があったのだ。そのときはまだ明らかになってはいなかったが、マイヤーの人生最大の功績の一つは、この最初の旅の間に起きたのである。それはあわや彼が逃すところだった、世界を変えた発見である。

北京を発つ数週間前のこと、マイヤーは小さな村に立ち寄り、一軒の家の入り口に、卵の黄身のような黄色の小さな実をつけた低木があるのに気づいた。それは観葉樹で、一年中実がなるので大事にされてはいるが果実は普通は食べない、と説明する男の言葉をマイヤーは無視した。その果実は、マンダリンとシトロンが交配したもののように見えた（このことは後に遺伝子検査によって確認された）。それはレモンだったが、通常のレモンより小さくて丸かった。シトロンより甘く、オレンジよりも酸っぱいその味はマイヤーを驚かせた。果実一個が二〇セント、木まるまる一本だと一〇ドルというその値段は、柑橘類がふんだんにあるこの地で、人々がこの木を非常に大切にしていることを窺わせた。

マイヤー・レモンの誕生

マイヤーの荷物はもういっぱいだったが、彼は両刃のボウイナイフで、枝がVの字になっているところを挿し穂として切り取った。遺伝物質を確保するためにはそこが一番いいのである。

挿し穂は無事にワシントンＤＣに着き、それからカリフォルニア州チコの農場試験場に送られて、甘さの強い品種が手に入ったことを喜ぶレモン業界を活気づかせた。このレモンはマイヤー・レモンと呼ばれるようになり、やがてこのレモンからレモンタルト、レモンパイ、そして大量のレモネードが作られたのである。

この貢献に対するマイヤーへの報酬はわずかだった。政府は彼の旅費と荷の送料を負担したが、年額一二〇〇ドルという給料は、これほど高く評価され、有名になりつつある男にしては低いように思われた。最初の遠征の後、フェアチャイルドは黙って彼の給料を一四〇〇ドルに引き上げた。そして、マイヤーがもう一度中国とその近隣地域に行けるよう手配し、さらに三度目の遠征まで手配した。遠征のたびに、マイヤーが驚くような新種の植物を持ち帰ることが期待されたのももっともなことだった。

冒険に満ちてはいるが身も心もくたくたになるマイヤーのプラントハンティングは、無名だった彼を全国的に有名にした。フェアチャイルドはナショナル・ジオグラフィック社のギルバート・グローブナーに、「フランク・マイヤーが三年の中国北西部への遠征から戻った。農作物探しについて面白い話が聞けるだろう」と電報を打った。また、マイヤーとセオドア・ルーズベルトの面談も仕組んだ。ルーズベルトは大統領としての任期は終わりに近づいていたが、ますます活気に満ち、環境保全に精力を傾けていた。フェアチャイルドは、マイヤーが中国東部で目撃した森林破壊や、木が伐採されて裸になった山の斜面の恐ろしい影響について、ルーズベルトが聞きたがるのではないかと思ったのである。

マイヤーがいやいやながら招待を受け入れたのは、フェアチャイルドが言い張ったからにほかならなかった。彼は、一九〇八年の夏にルーズベルトが滞在していたロングアイランドのオイスターベイの別荘に彼を訪ねた。彼は北京の東にある五台山の写真を持参した――そこで、壊滅的な森林破壊が起こした地すべりが川を遮断し、農地を飲み込み、村を丸ごと押し流すのを目撃したのである。当時、人好きのするルーズベルトの言うことにノーと言える者はほとんどいなかった――だから大統領に、その写真を国会向けの報告の中で使っていいかと訊かれたマイヤーは、貧しい移民から大統領にこんなことを訊かれる身分になった経緯に仰天しながら、イエスと答えたのだった。

こんなことがあってもマイヤーは謙虚さを捨てず、物やわらかに話し、人に褒められるのを嫌がった。だが稀に、フェアチャイルドと二人で安心していられる場では、彼は健全な自意識を見せた――その自尊心こそ、何か月もの間、寒く、暗く、報われない日々を、盗賊の攻撃や通訳との言い争いや無法者の手にかかってあわや死にかけているという噂の渦中で過ごした彼に、力を与えたのだ。彼は自信を人には見せなかったが、心の中では、命知らずのプラントハンターとして重ねつつあった実績を誇りに思うようになっていた。彼はこんなことを言ったことがある――「俺は有名になるよ、一世紀かそこら待ってみるがいい」

17章　マイヤーの躍進

フランク・マイヤーの成功は、チャールズ・マーラットの怒りをやわらげはしなかった。それどころか、彼はますます強い疑念を抱いた。一九〇九年になる頃には、マイヤーに対する彼の警戒心は、完全な軽蔑に変わっていた。

フェアチャイルドと幼なじみでなかったら、マーラットはマイヤーを訴えたか、最悪ならば暗い路地に連れ込んだかもしれない。怒りのあまり嫌がらせに走りそうになることもしばしばだった。政府に雇われた昆虫学者がアメリカ国内で新たに中国の昆虫を見つけた際に新種の昆虫に命名する任務も負っていたマーラットは、復讐心を剝き出しにして、その厄介な虫に*Dynaspidiotus meyeri*と名付けたほどだ。

マーラットはフェアチャイルドのことはそこまで嫌ってはいなかった。二人の妻は仲が良く、一緒に編み物教室に通っていたし、二人は表向きは友好的かつ礼儀正しく振る舞っていた。けれども、親しい仲間とのプライベートな会話の中では、二人はそれぞれに相手の愚かさをなじった。フェアチャイルドはマーラットの大げさな反応を、マーラットはフェアチャイルドの無知を非難したのである。

マーラットの頑固さは理性から出たものではなく、彼がパニックに陥っている印だった。それは恐れと、新しい植物を探すという行為そのものが不必要なリスクを招くという考え方に根差していた。元々の自然環境ではごく普通の生き物が、他の場所では危険な生物となる可能性があり、またそれは予告もせずに起きると彼は考えたのである。「最大の危険は往々にして未知のものから起こる」とマーラットは警告した。「我々は、我々が知らない、見つけることのできないものからこの国を守らなくてはならないのだ」。その最もわかりやすい例として彼が挙げたのは、アメリカ西部開拓時代の辺境を象徴するクリの木に、当時甚大な被害をもたらしていたクリ胴枯病だった。この病気の病原菌はもともとは中国のどこかで発生し、中国では無害だったのが、アメリカに渡ると危険な菌となったというのである。

フェアチャイルドVSマーラット

フェアチャイルドには、こんなことは正気と思えなかった。都合の良いいくつかの例に基づいて未知のものを恐れるというのは政策とは呼べない——それは単なる衝動的行為にすぎず、しかも愚かである。マーラットが指摘する害悪の一つひとつについて、フェアチャイルドはそこから同時にもたらされた恩恵を挙げることができた。中国から渡ってきたクリ胴枯病のことを思うとマーラットは夜も眠れなかったらしいが、それは同時にアメリカに新種のナシとクリをもたらした。どちらもさび病に強いので、アメリカの農作物としては有利である。「アジアや日本から送られたリンゴの苗木が、アメリカで育つ木と同じく清潔で病気を持っていないかどうかわからないからと言って、それが望ましくない『移民』の代表であり、この国から排除すべきであると考えるのは、極めて公正を欠くことであります」——ある日フェアチャイルドは、マーラットに理解を示す者もいる森林官の一団に向かってそう主張した。

それでもマーラットは自説をさらに声高に、さらに強固に主張した。害虫の脅威は日に日に高まっている。一〇年前にアメリカに渡ってきたワタミゾウムシは、綿花の花や蕾を好んで食べ、今や、南北戦争終結後ようやく立ち直ろうとしていたアメリカの綿工業を壊滅させようとしていた。マーラットはまた、発疹チフスや黄熱病、それにマラリアの流行も、侵入した害虫のせいであると主張した。こうした主張を裏付ける科学的な根拠はなかったが、そんなことはどうでもよかった。マーラットはただ単に人々の関心を高めようとしていたのであり、その過程で、「汚染された」「破滅させる」「危険な」といった恐ろしい言葉を織り込むことも辞さなかった。彼自身が政策を変えられる立場にあったなら変えたことだろう。だが彼も、彼と志を一にする仲間たちも、議会制民主主義においては、永続的な変化は上意下達ではなく国会の場で起きなければならないことを知っていた。

桜の木の輸入の顚末についてマーラットが非常に腹を立てた理由の一つは、無謀な植物輸入を国会での投票で止めさせようとしたマーラットの初めての試みが見事に失敗したことだった。彼は、アメリカへの入国地点のすべてで、すべての苗木の検査を義務付ける法案を起草していた。それは植物の輸入を禁じるものではなかったが、輸入の手続きがあまりにも面倒になるため、フェアチャイルドをはじめとするプラントハンターたちは植物の輸入を止めざるを得なくなるはずだった。マーラットは、彼の意見に賛同して法案を国会に提出してくれるカンザス州選出議員を見つけ、法案は、誰もやる気がなく機能不全に陥った一九一〇年の国会にこっそり提出された。法案は委員会を通過し、下院本会議で可決され、それから上院の委員会を通過した。大統領が署名して正式に成立する前に残るステップは上院本会議での可決のみだった。ところが上院での投票の前夜、栽培園主たちに同情的な数人の議員がマーラットの「国家保安」計画を聞きつけた。マーラットの提案が通れば、フェアチャイルドの局の仕事を減速させるのみならず、輸入される台木を使って樹木を育てる人々の業界ごと首を絞めることになる。議員たちは法案の通過を阻止した。マーラットの負けだった。

マーラットの上司は、「これに懲りて諦めるんだな」と言ったが、マーラットはこれを拒み、すぐにも新しい法案を立案すると明言した。

最初の失敗から四か月後、彼は再び、前回とは違う法案を成立させようと試み、今回はこっそりやるのではなく、国民の衆目のもとに堂々と行うことにした。一九一〇年四月、マーラットは国会の証人喚問に臨み、アメリカ合衆国にも、いわゆる「植物の敵」の侵入を阻む「万里の長城」が必要である、と証言した。それはまるで茶番劇だった。マーラットは、ぞっとするような単語や空恐ろしくなるような数字を並べ、それがあまりにもひどかったので、たまたま米国栽培園主協会の代表を務めていたフェアチャイルドの友人ウィリアム・ピットキンは、マーラットのはったりを歪曲、それどころか完全な嘘と断じた。

栽培園主の主張の論拠は――そしてそれはフェアチャイルドにとっても同じだったのだが――、アメリカは恐れに基づいて行動すべきではない、というものだった。世界中から輸入される植物のほとんどは問題がなく、疑わしい荷を責任を持って検査しさえすれば十分だと彼らは考えたのである。栽培園主たちは口にはしなかったが、マーラットが提唱する検疫システムは彼らには莫大な出費となり、またアメリカ経済の成長にとっても計り知れない損失となることは間違いなかった。こうした栽培園主たちの発言力は大きかったが、もっと強大な声を持っていたのが、全国に数千人の会員を持つ女性園芸クラブだった。会員の女性たちは、自分たちが園芸に使える植物が一つでも減ることを拒んだ。そしてその多くは海外から輸入されたものだったのだ。

おそらくはそのせいで、議会はその年も、その翌年も動こうとはしなかった。しびれを切らしたマーラットは、法改正への熱意を州政府に向けた。各州の政府には、その州に外から入ってくるものを取り締まる権限があり、どこよりも入ってくる植物が多いのがカリフォルニア州だった。これは主にハワイ諸島からのものである。一八九八年にハワイがアメリカ合衆国の領土となってから、ホノルルとサンフランシスコの間には定期船が通い、砂糖やパイナップル、時折グアバなどを運んだ。マーラットは、首都サクラメントの政府の役人に、最近オアフでチチュウカイミバエが発見されたことを知っているかと尋ねた。ハワイからは毎週サンフランシスコに蒸気船が入港し、ほとんどまったく検査されていないということは？

厳密に言えば、カリフォルニア州が単独で行動するのは違法だった。州の権限が行使できるのは州境までであってそれを超えることはできず、州と州にまたがる事案を管理できるのは連邦政府だけである。だが、恐怖を煽るマーラットの運動は西海岸を狂乱に陥れ、当時カリフォルニア州知事で、一年後、セオドア・ルーズベルトの副大統領候補として選挙戦に敗れることになったハイラム・ジョンソンは、一方的な行動に出ることを決めたのである。

ジョンソン知事は愛想のない短気な男だった。彼は、迫りくる攻撃から国会がカリフォルニア州を守ってくれるのを待つ気は毛頭なかった。カリフォルニア州政府は防疫機関を作り、ほとんど一夜にして、検査されていようがいまいがお構いなく、ハワイからのすべての果物の輸入を禁止し始めた。旅行客については、靴、鞄、身体を検査されないことが保証されていたため、ジョンソンはハワイとカリフォルニア間の航路を運営していた蒸気船会社に圧力をかけた。カリフォルニアの港に入港できなくすると脅かされた蒸気船会社は、乗客に対し、身体検査を拒否する権利を放棄するという書類への署名を強要した。それでアメリカがより安全になるのなら、と乗客たちは喜んで従った。

だがフェアチャイルドは激怒した。マーラットが引き起こした恐怖感は度を越していた。その上、トーマス・ジェファーソンが打ち立てた連邦共和国という枠組みを侮辱するかのように、州政府をけしかけて連邦政府を馬鹿にしたのだ。フェアチャイルドはこれを自分への当てこすりと捉えた。彼はマーラットのオフィスに乗り込み、二人は怒鳴り合いの喧嘩を始めた。

二人とも、まるで峡谷を隔てているかのような大声で相手を罵り合ったのである。

だが事態はさらに悪化する。最悪の事態は、この時点ではまだ起こっていなかったのだ。最悪の事態が起きたのは、一九一一年、カリフォルニア州が新政策を施行してほどなく、フランク・マイヤーが二度目の遠征先から植物を送り始めてからのことである。マイヤーは、引き続きコーカサス地方、ロシア領トルキスタン、中国領トルキスタン、シベリアを徒歩で横断し、中国東部から荷を送った。

フェアチャイルドは、マーラットとの公の場での争いにマイヤーを巻き込まないようにしていたため、マイヤーは、自分が送った山のような挿し穂、苗木、種子がようやくサンフランシスコに到着したときにどんな目に遭うかなど知る由もなかった。

マイヤーが送った荷には、細心の注意を払って梱包し、ラベルを付けて整理された、三〇トン分のアジアの植物が詰まっていた。その中には、新しい産業を興す柑橘果実、いつの日かアメリカにとってかけがえのない宝となるリンゴの品種、あるいはアメリカのワイン製造の発達を何十年も早めるブドウが含まれていたかもしれない。それは誰にもわからない。

病気、犯罪、死が蔓延する大陸でとんでもなく屈辱的な目に遭い、人間が犯し得るおぞましい行為の数々を目にしてきたマイヤーでさえ、彼の荷が、サンフランシスコに着くやいなや押収され、燻蒸消毒され、そして燃やされて灰になったと知ったときには、目玉が飛び出そうなほど驚いたのだった。

外来植物をめぐる争い

その夏、フェアチャイルドはマーラットとの戦いをしばし休戦した。その緊張と、ワシントンDCのうだるような暑さから逃げ出したかったのだ。換気の悪い農務省のオフィスにいられるのは早朝だけだったので、フェアチャイルドは夜明けとともに出勤し、タイプする時間を省くために手書きで書簡を書いて、蒸し暑い建物の中にいるのが我慢できなくなるまで働くのが習慣になっていた。そんな生活にうんざりすると、彼はマリアンに、ノバスコシアの両親を訪ねようと言った。

ベル夫妻はいつでもフェアチャイルド夫妻を、とりわけ「フェアチルドレン」とあだ名を付けたいたずらっ子たちを大歓迎した。デヴィッドとマリアンの間には二人の子どもがいた――二人目の娘がその春に生まれていたのである。二人はその娘をバーバラ・ラスロップ・フェアチャイルドと名付け、バーバー・ラスロップを大喜びさせた。

デヴィッドとマリアンがカナダに着くと、マリアンの母方の祖母であるハバード夫人が二人に、旅行を延長して、自分が毎夏を過ごすイギリスまで遊びに来ないかと誘った。二人はワシントンDCからさらに離れることに異存はなかった。フェアチャイルドが初めての海外遠征のときに乗ったのと同種の、大西洋を横断する蒸気船に、今度は彼とその妻、そして二人の子どもが乗ったのである。フェアチャイルドが初めてラスロップと出会い、彼の人生を変えることとなった船旅に比べ、今度の旅はいたって平穏で、船はきっかり予定時刻に着き、二人はスコットランドとの境に近いハバード夫人の英国式邸宅で午後のお茶を飲んだ。

フェアチャイルドとマリアンは、ひんやりと湿った空気の中、ハバード夫人の隣人たちの庭園を訪ねて歩いた。彼は巨大な針葉樹の数々に驚嘆した——その多くは、近年アメリカにも導入されていた。一五世紀に建てられたマースリー・キャッスルにも行った。ワシントンDCでの身を切るような論争のことをしばし忘れた彼は、彼が一生を捧げた植物の導入という仕事が衰退の危機に晒されているという事実から目を逸らしていたのである。

外来植物をめぐる争いはフェアチャイルドがいない間も途絶えなかったが、彼が帰国するとそれは一層熾烈さを増した。農務省の中で始まった争いは国会議事堂へ、さらにカリフォルニア州の州議会議事堂へと争いの場を移し、次はいよいよ国民を巻き込むこととなった。世論をかけての戦いである。

フェアチャイルドは作戦を練った。ワシントンDCにある学会での講演を提案し、子どもの頃読んだ雑誌『ユース・コンパニオン』に記事を書いた——それを読んで感銘を受けた子どもがその両親に、プラントハンティングは良いことだしエキサイティングだと思わせてくれることを期待したのだ。またライターである友人エドワード・クラークに、全国の新聞が最新情報や解説記事の情報源とする、影響力の強い『テクニカル・ワールド』誌に記事を寄稿してくれと頼んだ。彼はクラークに、種子や挿し穂と一緒に毎回マイヤーがアジアから送ってきた手紙の束を渡した。フェアチャイルドには、見も知らぬ農家のために命懸けで仕事をしているマイヤーのことを知れば、もう一〇年以上前からアメリカに豊かさをもたらしてきた植物導入事業に異を唱える者がいようとは思えなかったのである。「プラントハンター、マイヤー氏は、標高の変化とともに、凍えるような寒さと溶けそうな暑さを交互に味わい、野生の動物や、それらと同じくらい野蛮な人間たちに遭遇した。政府の役人や、自分たちの土地に侵入した彼を警戒する人々からは間断なく疑いの目を向けられた。それでも彼は、目的のものを手に入れたのである」とクラークは書いた。フェアチャイルドがクラークに送った資料の中には、大衆を引きつける、マイヤーの仕事の魅力を物語る記事の数々が含まれていた。たとえば一九〇八年にロサンゼルス・タイムズ紙に掲載された記事には、マイヤーがいかにして「苦力と荷車」だけを道連れに「無法者と追い剝ぎと人殺し」だらけの土地の征服に向かったかが詳細に書かれていた。

フェアチャイルドはクラークに、植物導入の成功を——ほぼすべてがフェアチャイルドによって、または彼の監督のもとに、アメリカにもたらされた素晴らしい食べ物の数々を——強調するよう促した。アメリカのアルファルファの種類を「抜本的に拡大した」アンデス原産のアルファルファ。導入されたその年にカリフォルニア州南部とアリゾナ州で「五トン」もの収穫があった中近東原産のデーツ。フロリダのマンゴーは、何もなかったところから巨大産業に成長した。リストは際限なく続いた。種無しの柿。新種のサクランボ。一〇種類のオリーブ、リンゴ、ザクロ、野生種のマメ、耐寒性のオレンジ。

だからといって害虫が侵入する危険が減るわけではなかった。しかし、フェアチャイルドはクラークに——あるいは日ごとに外界に対する恐怖感が強まっていくアメリカで、耳を傾ける者なら誰にでも——それらの侵入を防ぐ手立てはすでに取られている、と訴えた。海外からの害虫が侵入する危険を根絶するのは政府機関の科学者のすべきことであって、国中の港できちんとした教育を受けていない港湾労働者がすべきことではない。フェアチャイルドの予想通り、クラークの記事は、ミネソタ州ダルース、オハイオ州サンダスキー、アイオワ州コーニングなど、農業の重要拠点であり農業への理解が大きな意味を持つ地域で、数々の新聞に掲載された。

一方マーラットが採った戦略はそれとは違っていた。政策決定者はワシントンDCとニューヨークを結ぶ鉄道の路線に沿ったところにいるのに、なぜ農家の機嫌をとる必要があるだろう？　それよりも、採るべき戦術は非民主的なやり方だった――つまり、ワシントンDCで影響力を持つ有識者に働きかけ、彼らから国会に圧力をかけて、植物検疫を義務付ける法律を成立させるのだ。それを農家が気に入らなかろうが知ったことではない。

基本的には戦術に沿ってのことだったがいくぶんの嫌がらせも手伝って、マーラットはフェアチャイルドの一番弱いところを突いた。彼の家族である。マーラットは、植物とともに侵入する害虫の危険性に関する記事をナショナル・ジオグラフィック誌に寄稿した。フェアチャイルドとスウィングルが共同編集者として名を連ねる雑誌である。編集長であるギルバート・グローブナーと、かつてはナショナル・ジオグラフィック・ソサエティの代表だったこともあるアレクサンダー・グラハム・ベルは、フェアチャイルドの味方ではあったが、マーラットにこうした議論を展開するに足る実績があることは二人とも否定できなかった。ナショナル・ジオグラフィックは学術雑誌であって、彼ら一族の広報誌ではなかったのである。

一九一一年五月、フェアチャイルドを擁護する（と同時にマイヤーを褒め称える）クラークの記事が全国的に掲載された一か月後、マーラットの記事は、強烈なタイトルとともにナショナル・ジオグラフィック誌の巻頭特集を飾った。

害虫と寄生虫

害虫が寄生する、あるいは病気に侵された植物の輸入を防ぐための全国的な法令が必要とされる理由

チャールズ・レスター・マーラット

マーラットの記事は冷静さを欠き、感情的なものではあったが、説得力はあった。写真を掲載することが多くなっていたナショナル・ジオグラフィック誌は、マーラットの記事とともに三一枚の写真を掲載した。そのほとんどが、害虫のコロニーに侵された木の写真だった。これらの害虫は甚大な被害をもたらした、とマーラットは書いた。アルゼンチンアリはルイジアナ州の柑橘類を「破壊」し、アルファルファタコゾウムシはすでに「ユタ州の何百というアルファルファ農場を全滅させ、隣接する州に広がろうと」していた。この先発見されるかもしれないさまざまな病気――ジャガイモやトウモロコシや小麦の畑を壊滅させる可能性がある病気は言うに及ばずだった。

この国で猛威を振るう主要な害虫のうち、ゆうに五〇％は外国原産のものである。その中にはコドリンガ、コムギタマバエ、ジュウシホシクビナガハムシ、ホップイボアブラムシ、キャベツを食べるチョウ目の幼虫、小麦につくアブラムシ、リンゴカキカイガラムシ、マメゾウムシ、チャバネゴキブリ、バクガ、牛につくノサシバエなどが含まれ、また比較的近年になってからは、綿花につくワタミハナゾウムシ、サンホセカイガラムシ、ニューイングランド地方のマイマイガとモンシロドクガ、ニューオリンズのアルゼンチンアリ、ユタ州のアルファルファタコゾウムシなどが入ってきている。検疫を義務付ける法律が適切に施行されていたならば、すべてとは言わないまでも、現

在、我が国の農場、果樹園、森林に毎年多大な被害を及ぼしているこれらの害虫の多くは防げたであろう。

証拠を示すこともなくマーラットは、害虫による年間の被害は一〇億ドルという「想像を絶する」ほどの額に及ぶ、と主張した。その数字に比べれば、フェアチャイルドが業界の成長の例として挙げるささやかな数字(五トンの収穫！　数十本の木！)は実に古めかしく見えた。マーラットはまた、農務省の頑なな態度についても非難した。「検疫設置の努力を阻んだのは主として、アメリカ全体に与える影響を顧みず、自分たちの自由な事業運営にわずかばかりの抑制が加えられることを恐れるごく少数の人々である」とマーラットは書いた。フェアチャイルドや、彼の花形プラントハンターであるマイヤーなど、植物を輸入する人々に正面から言及したのである。

彼の記事はもっともな点を突いていた。世界の変化とともに、植物の病気はかつてなかったほどの速さで広がった。旅行の黄金時代はまた輸送の黄金時代であり、良いものも悪いものもすべてが、前例がないほどの量とスピードで海を渡って運ばれたのである。それに、マーラットの写真には何の加工もされていなかった。見る者にショックを与えようという意図で撮られたものではあったが、それは実際にアメリカで起こっていることだったのだ。蛾の幼虫の大群や発疹さび病は深刻な問題で、場所によっては、松林をまるまる切り倒さなければならない町もあったのである。

とは言えマーラットの論法は、その責任が誰にあるかという点で破綻していた。レモン、アプリコット、あるいは桜の木などの小規模な輸入が、病気の大流行や農場の絶滅の原因なのだとしても、マーラットはその証拠を示さなかった。新しい法律を正当化するためにはマーラットに立証責任があったわけだが、彼にはそれはできなかったのだ。

フェアチャイルドにはそのことがわかっていたが、彼にも悪いところがないわけではなかった――彼は彼で、あまりにも自然を理想化しすぎ、植物の病気を根絶させるのは容易であり、調査・研究がもたらす恩恵はそれに伴う危険を凌駕すると考えていたのである。だが、フェアチャイルドの意見はグローバル化という概念に沿っていた。壁を作って孤立するのは、アメリカにとって有利なことではなかった。そんなことをすれば競争力を維持することができなくなってしまう。「世界の潮流は、より大きく交わることであり、より頻繁に商品をやり取りすることであり、より大きな他とのつながりであり、地球上の植物や植物から作られるものがより大きく混じり合うことである」というのが彼の主張だった。国境を閉ざせばアメリカは、フィジー島の先住民族のように世界から孤立し、生き残るためには不適切な習慣を身に付けざるを得なくなってしまう――。

ナショナル・ジオグラフィック誌に掲載されたマーラットの記事を読んだとき、決して衝動的とは言えないフェアチャイルドが最初に駆られた衝動は、ナショナル・ジオグラフィック誌の役員の職を辞するというものだった。この雑誌の運営を握っていたベルとグローブナーが、科学的裏付けのないヒステリーをこれほど大きく扱ったことが彼を驚かせたのだ。だがマリアンは、この論争があっという間に彼に対する個人攻撃になったことに混乱しながらも、言葉による攻撃にはより優れた言葉で反撃すべきだと夫を説得した。初めの頃にラロップがそうしたように、マリアンは、ふくれっ面をして議論に背を向けるよりも、論戦を継続し、どのような修辞的犠牲を払ってでも勝つべきだとフェアチャイルドを励ました。辞職すればフェアチャイルドは科学者としては小物で、事実よりも自尊心が大事な男として片付けられてしまうだろう。

そこでフェアチャイルドは応酬することにし、一九一一年にナショナル・ジオグラフィック誌にマーラットの記事が掲載された五か月後、一〇月号の巻頭に彼の書いた記事が載った。フェアチャイルドは、議論をやわらげようと努めた。一般読者を不快にさせている節があるあまりにも感情的な論調を排し、恐ろしい話題を、ほとんど人道主義的とも言える視点から論じたのである。

新種の植物という「移民」
デヴィッド・フェアチャイルド

プラントハンティングは「まだその可能性の端緒に触れてもいない」と彼は説明した。これまでアメリカには三万一〇〇〇種類の植物が持ち込まれたが、それはまだこれから発見されるのを待っている豊富な植物の、ごくわずかな一部にすぎなかったのだ。それらは、「農業研究の進歩が生み出している可能性の大きさ」を示している、とフェアチャイルドは書いた。

フェアチャイルドが特に誇らしく思ったのは、身の毛のよだつような害虫の姿を写し出したマーラットの三一枚の写真と比べ、彼の写真に写っていたのは美味しそうな植物であったという点だった。頑健な竹林。熟したデーツの山。みずみずしいアルファルファ。大きく膨らんだ柿。さり気なく、そしてフェアチャイルド以外の誰も気づかなかったかもしれないが、彼の写真は全部で三三枚あった。

植物検疫法の制定

現実には、敵対するこの二つの記事など大した話題にはならなかった。誰も彼もが大声で喚き散らしているような時代だったからだ。一九一三年の前半、植物導入の世界には再び大きな地殻変動が起きた。三月四日にウッドロウ・ウィルソンが大統領になり、それと同時に、一六年間に及ぶジェームズ・ウィルソンの農務長官としての任期が終了した。これはアメリカ史上今日まで、閣僚の任期としては最長である。大統領の就任式の後、デスクの整理をするために費やした期間を含めると、彼は四人の大統領の政権下で閣僚を務めたことになる。その間、農務省の職員と経費は六倍に膨らんだ。

ウィルソン長官は職を去ることに異存はなかった。貧しいスコットランド移民からアメリカ農務長官に上り詰めるというのは、世界でも最も華々しい出世街道であり、世界中から集った最も優れた人々の力によって強くなろうというアメリカの決意の生きた証拠だった。かつては政治的駆け引きに長けた冷酷な政治家だった彼も、歳をとるとともに人格が丸くなり、謙虚ささえ見せるようになった。大統領が新任するたび、彼をそのまま農務長官として継続させたということは心底彼を驚かせた。それは彼の能力を物語っていたし、またマッキンリー大統領、ルーズベルト大統領、そしてタフト大統領が、食べ物と土壌に関しては自分自身の専門知識をほとんど信用していなかったということを表していた。

ウィルソン大統領を勝利に導いたのは、主に彼の国内政策だった。選挙献金の金額の上限が高すぎる。国民全員に所得税を課さないわけにはいかないのは連邦政府に金が足りないからである。アメリカで最も弱い人々が助けを求めている——つまりそれは、外交政策は後回しでよいということを示唆していたし、質問される日によっては外交政策はどうでもいいと答えることさえあった。マッキンリー、ルーズベルト、タフトといった男たちが何十年にもわたって作り上げてきた、アメリカが自由に搾取できる世界がその中心にある植民地政策は、危険と懐疑心に満ち溢れた世の中では馬鹿げたことのように見えたのである。マッキンリーやルーズベルトやタフトが、植民地（ハワイ、プエルトリコ、フィリピン）を獲得し、他の国（キューバ、パナマ）を保護することによってアメリカの覇権を拡大してきたのに対し、ウィルソンは、高価で手に入りにくい海外のものを手に入れようとしなくても、国内にあるものだけでこと足りると考えていた。彼の公約の一つはフィリピンの独立だったが、これは彼が道義的責任を感じたと言うよりも、一〇年間、アメリカの富をさんざん吸い上げるだけで見返りに生むものがほとんどなかった領地など、なぜ必要なのか?と考えたからだった。

こうして、ウィルソンが右手を挙げて就任の宣誓を行うと同時に、一四年間に及ぶアメリカの植民地政策は終わりを告げた。

ウッドロウ・ウィルソンが大統領に選出された一九一二年は、フェアチャイルドにとっては他の意味でも悲しい年になった。世界でアメリカが取るべき立ち位置に関するウィルソン大統領の、対外政策よりも国内政策を重視するという方針は、農業にも当てはまったのである。ウィルソンは、アメリカの農業の未来は新しい作物よりも「生産効率」にかかっていると考えていた。つまり、より賢い農業を行うことでより多くを生産するということだ。富国を目指す国にとって、それは確かに価値のある目標ではあったが、フェアチャイルドは大規模農業のことなど何一つ知らなかった。彼の専門は植物学であって農場経営ではなかったのだ。そしてそのことによって、彼と彼の部署は有用性を失ったのである。

それだけではなかった。ウィルソン大統領が選出される直前に国会がしたことの一つがフェアチャイルドに大きな打撃を与え、彼とマーラットの間の長期にわたる争いはついに、一九一二年八月二〇日、片方が勝利して決着を迎えた。国会が植物検疫法を制定し、マーラットが勝利したのである。単刀直入なその名の通り、それはアメリカ合衆国へのすべての植物の入国を規制するという法律だった。

アメリカは海外への扉を閉ざすべきであると長年にわたって訴えてきたマーラットが、フェアチャイルドを打ち負かしたのだった。植物検疫法は、かつてマーラットが提唱した「万里の長城」でアメリカを囲む、というのとは違っていたが、無制限に植物が入り込むのを止めたという意味では同じだった。

勝利を手にしても、マーラットは戦いをやめることができなかった。農務長官には植物の入国を許可する権限があることを知った彼は、そのように具体的な決定権は農務長官ほど広範な権限を持つ者には相応しくないと主張した。結局、植物検疫法は修正されて、連邦植物栽培局と呼ばれる新しい機関にその権限が付された。そして好都合なことにその機関はマーラットの支配下にあったのである。

過去にフェアチャイルドと衝突したことがあったとは言え、ウィルソン長官が退官せずにいたならば、彼は大きく拡大したフェアチャイルドの植物導入事業にとっては強い味方であったことだろう。ウィルソンにはフェアチャイルドの成功から得たものがあり、それは少なくとも、彼がこれほど長くこの職にあった理由の一つでもあったのだ。それにウィルソンはフランク・マイヤーを寵愛し、中国から届く彼の手紙を熱心に読んでいた。一八九〇年代には植物導入事業について懐疑的だったジェームズ・ウィルソンは、冒険と現代的な植物栽培の熱烈な支持者になっていたのである。ウィルソン長官が農務省を去るということは、彼よりもこの事業に理解のない、アメリカには海外からのものは必要ないというウィルソン大統領の考え方を共有する新しい長官が後を引き継ぐということだった。

暗い先行きの中に一つだけ明るい点があるとしたらそれは、フランク・マイヤーがプラントハンティングを続けていたということだった。マイヤーが見つけたものに対する検査と監視体制は日に日に厳しくなってはいたが、少なくとも、植物を輸入する道は狭いながらもまだ残されていたのである。新しく農務長官となったデヴィッド・ヒューストンは農業経験を持たない大学教授で、フェアチャイルドに対し、マイヤーに二足のわらじを履かせるよう要請した――つまり、有用な(かつ検査に合格できる)植物を探すと同時に、アメリカの植物が感染している病気への対抗手段を海外で調査する、ということだ。この指令により、マイヤーは三度目の探索に出発した。行き先は中国北西部、甘粛省を通ってチベットとの国境に至るというものだった。

ヒューストンはマイヤーに、アメリカのクリの木を毒している胴枯病は中国から発生したものなのか、仮にそうならば、何百年という栽培の歴史を持つ中国の人々はどうやってそれを止めたのかを調査するよう要請した。

その答えを得るため、マイヤーはまず北京に向かった。彼はそこで胴枯病の菌を見つけた。また、彼以外は誰もが驚いたことではあるが、中国人はとうの昔にこの菌に耐性を持つ木を育種したこともわかった。マイヤーはそうした木から挿し穂を切り取った。彼が送った荷が届くと、病理学者の一団がフェアチャイルドに、マイヤーがしたことはこの一〇年間の病理学研究において最も重要な功績だと言った。マイヤーが奇跡を起こすのには慣れっこになっていたフェアチャイルドもこれには喜んだ。このことはまた、プラントハンティングは問題だけでなくその解決法も提供できるのだということを一例として示してみせたのだった。

フェアチャイルドは、最終的にマイヤーから送られ、念入りに検査された荷を見て満足した。クルミ、ヘーゼルナッツ、クリの新しい品種や、ナツメ、ナシ、リンゴ、モモ、それに小さくて赤いベリーのようなサンザシの新種の種が送られてきていた。それは、これまで中国からワシントンＤＣに送られた荷物の量としては新記録だった。すべてが検疫に合格した。

マイヤーがプラントハンティングに出かければ、こうした豊富な収穫は驚くに当たらなかった。だがそのことによって引き起こされたある出来事は、フェアチャイルドにも予想できなかった。

ロサンゼルス・タイムズ紙に連載されていたマイヤーの冒険談、九死に一生を得た事件やハリウッド流の悪党との遭遇を詳しく綴った記事が、カリフォルニア州アルタデナで子どもの頃から園芸に親しみ、後に園芸店を経営するようになる一人の若者の目に止まった。

二一歳、ウィルソン・ポペノーという名の多感なその青年は、フェアチャイルドに宛てて、自分はアボカドにことのほか夢中であり、自分もマイヤーのように、銃を担ぎ、旅の困難をものともせず、危険を求めて探検をしたい、と手紙を送った。自分はすでに一度、園芸店を経営する父親のためにデーツを探して世界を一周したことがある、と彼は書いた。だが今度は、政府の職員として本物のプラントハンターになりたかったのである。収入も増えるし、冒険もできるし、マイヤーに負けない仕事ができれば栄光は自分のものだ。

フェアチャイルドはポペノーに返事を書き、プラントハンティングは細かくて面倒な仕事であり、最近は規制や障害も多いし、うまくいっているときでも、相当な経験が必要だし計り知れない危険がついてまわる、と説明した。

ポペノーは、自分にはこの仕事をこなす素質がある、と請け合った。かつてフェアチャイルドが命懸けで辿り着いたバグダッドの街を自分は歩いたことがある。外国の港町でマラリアに罹ったこともあるし、赤痢で何週間も動けなかったこともある。ウィルソン・ポペノーは弱冠二一歳にして、プラントハンティングの何たるかを知っていたのだ。しばらく考えた後、四四歳になっていたフェアチャイルドはポペノーに合意した。新しい植物を探すという面倒な仕事を継続するために、腕の立つ若者を見つけることがフェアチャイルドのライフワークになっていた。

18章　大きな足枷

検疫法による新たな規制のもと、植物の導入は違法ではなかったが、以前よりずっと難しくなっていた。アメリカに入国した植物はすべて、まっすぐにワシントンＤＣに運ばなければならず、マイヤーが西海岸に着いた荷を運んだときのように、途中あちこちに立ち寄ることはできなかった。フェアチャイルドはナショナル・モールに集荷所を作るよう命じられ、五〇〇〇ドルの予算が与えられたが、その金額では、一度火事があればこの制度そのものが崩壊してしまうような、簡易な掘っ立て小屋を建てるのがやっとだった。昆虫学者たちは毎週ここで新しい検体を受け取り、検査待ちの検体のリストに加え、検査をし、合格ならばフェアチャイルド管轄の科学者に検体を戻す。科学者たちはそれを繁殖させて種子を採り、農家に送った。植物の導入は今も可能ではあったが、新たに設けられた障害が、かつては遮るもののない高速道路だったところを、赤信号や一時停止の標識だらけにしていた。

止めたくても、フェアチャイルドにはマイヤーを止めることはできなかった。マイヤーはプラントハンティングを続けたが、時とともに彼の感情は不安定になっていった。あちらにいたかと思えばこちらにおり、植物収集の仕方も、世界との関わり方も、どんどん熾烈さを増していった。誰も予測していなかった場所に突如現れ、オランダの親族を訪ねたかと思えば次はサンクトペテルブルクへ、続いて中国領トルキスタンやモンゴルの僻地で数か月を過ごす。フェアチャイルド宛の手紙には、彼がいかにして死を――ときには連日のように――免れたかが綴られていた。彼は始終強盗に遭ったり、脅迫されたり、有益な作物があるが立ち入るなと警告された場所にお構いなしに立ち入ったりしていたのである。凍えるように寒い地方にも行ったし、山を登頂したかと思えばすぐに反対側に下山した。とにかくじっとしていることが嫌いだった。

二度目の調査旅行で彼は、野生のアプリコットの挿し穂とアスパラガスを入手してワシントンＤＣに送った。どちらも栽培園の元に届き、やがて農家の手に渡った。マイヤーの見つけたものは、大抵が同様の過程を辿るようになっていた。彼は最新の、より頑健なプラムの品種や、暑い地方で豊かな実をつけるチェリーをアメリカに送った。ダイズも送った――彼はさんざんダイズを勉強して、その見た目の微妙な違いによって生育の仕方がわかるようになっていた。外国人として目立ってしまう文化圏で、常に毒を盛られるのではないかと恐れていたため、食べ物はパンとソーセージのみ、飲み物はお茶だけで、ビタミンは、調査のために齧ってみる果物や野菜から摂るものがすべてだった。

止まらないマイヤー

マイヤーを止めることのできるものはほとんど存在しなかった。無鉄砲で冷徹な彼は、あまりにも恐ろしいことの数々を経験していたため、山賊や動物に襲われると警告されても、それが実際に起きるまでは、彼にとってそれは単なる作り話と同じだった。ただし、中国の領土で争いが起きていることは信頼できる筋から聞いていた。一九一二年の中国では、その一年前に始まった、中国最後の王朝となった清朝の打倒を目指す反乱が進行中だったのである。だが、こうした問題や制度上の障害、革命の脅威、彼の仕事が対象となる新しいアメリカの規制などがあったにもかかわらず、彼の幸運は尽きることがなかった。「まるで、私の仕事に関心を持つ多くの人々の願いが、私の周りに私を護る空気を作り出しているかのよう」だと、帰国に先立って彼はフェアチャイルドに書き送っている。

まさにその通りだった。大西洋を渡る前にヨーロッパに立ち寄ったマイヤーは、またしても、彼のトレード

1911年頃。マイヤーは、新しい食べ物を見つける手がかりを探しながら徒歩で数千キロを移動した。中国領トルキスタンの町アクスでは、アクス川が削って作った奇妙な谷底に驚嘆した。「これほど独特の文明があるところで新しい農作物が見つからない方が不思議だ」と彼は書いている。彼はこれらの家々の持ち主に台所を見せてくれと頼み、そこにある食べ物を味見して、気に入ったものの種を集めた。

マークとなった偶然による幸運のおかげで悲劇を免れたのである。

一九一二年四月、マイヤーは、アメリカに帰国するため、壮麗な新遠洋定期船タイタニック号の切符を持っていた。かつて建造された中で最も素晴らしく丈夫な船である。出航の前日に体調を崩し、切符を四日後に出港する次の客船モーリタニア号のものと取り替えていなかったなら、救命ボートに乗る資格のない成人男性であるマイヤーは、冷たい大西洋に消えたはずだったのだ。

マイヤーは、ワシントンDCに戻ってほんの数か月後には再びアジアに戻りたくなった。アジア大陸と、そこにある無限の植物の持つ何かが彼を惹きつけたのだ。その思いは強烈で、ほんの数か月前に彼が中国を去る原因となった争いのことはさっさと忘れてしまったのである。

だが、短い間でもワシントンDCにいたおかげで、マイヤーはウィルソン・ポペノーと会う機会があった。若きポペノーのマイヤーに対する憧れと称賛は、マイヤーが言葉を失うほどだった。

彼は人から疑いの目で見られ、生命を脅かされることには慣れていたが、間の抜けた笑顔ととろんとした目で彼を見つめる崇拝者には慣れていなかったのだ。マイヤーは弟子など欲しくなかった。それでなくても仕事が忙しすぎるのである。「体が七つあればいいんだが」――急いでやらなければならないと感じる仕事を完了するための時間が足りない、と後日マイヤーはフェアチャイルドに愚痴をこぼしている。

実際、アシスタントが六人いたら役に立っただろう。マイヤーに一番不足していたのは資金でもエネルギーでもなく、時間だった。中国で起きている混乱は、世界が始めようとしているもっと大きな戦争に比べれば些細なことだった。史上初めて世界の主要国のすべてを巻き込み、「大戦争」として知られることになる第一次世界大戦に、アメリカはまだ参戦してはいなかったが、参戦の方向に向かいつつはあったし、世界の様相が変わるという可能性が、マイヤーの仕事に期限を与えることになったのである。

1916年頃。ポペノーはフェアチャイルドのアドバイスに従い、またフェアチャイルドの足跡を文字通り辿って、初期にはグアテマラに優れたアボカドの品種を探しに行ったりもした。ポペノーはアボカドがたいそう気に入り、その後の10年間を、中央および南アメリカで、アボカドを専門に集めて過ごした。

アジアに戻る前に、マイヤーはアメリカ国内を旅することにした。観光旅行ではなく、調査のための旅行である。彼は、中国の動乱から隔離されているとされる甘粛省に行きたかった。訪れる人がそれほど少ないということは、西欧人が見たことのない植物が豊富であろうと考えるのが理に適っていたからだ。その通りなら、とても全部を持ち帰ることはできない。だから彼は、どんなものを農家が望んでおり、どんな栽培環境があるのかを理解する必要があった。彼はボストンからシアトルの近くまで、アメリカの北部の農家を訪ね、彼らが働いている畑にふらりと立ち寄った。農民たちは大概、この薄汚い髭もじゃの男はなぜ自分の作物を齧っているのかと訝りながら納屋から出てきた。

後継者不足

一方ワシントンDCでは、マイヤーに素っ気なくされたポペノーが、代わりにデヴィッド・フェアチャイルドの弟子となっていた。フェアチャイルドは彼の上司でもありまた大家でもあった。ポペノーは、メリーランド州にあるフェアチャイルドの家の一室を借り、フェアチャイルドが決めた八〇〇ドルという破格の給料の中から家賃を払った。年俸がこれほど高かったのは、かつてフェアチャイルドが、十数人のプラントハンターを雇うための予算を持っていたからかもしれない。検疫に関する規制が新たに制定され、また植物導入に悪評が立ったおかげで、植物導入は非常に難しく、感情的な批判に晒されやすい仕事になってしまい、以前の請負人たちの多くが辞めてしまった。一九一五年になる頃には、フェアチャイルドが期待できるのはほぼマイヤーとポペノーだけになってしまっていたのである。

ポペノーは、彼のフェアチャイルドへの売り込みの手紙の中で言及したバグダッドに旅したのが最後で、旅をしたくてたまらなかった。ただとにかく船に乗り、どこか知らないところに行きたかったのだ。彼は来る日も来る日も同じズボンを穿き、めったに髪をとかすことさえしなかった。ほとんどあらゆる意味において、彼は若い頃のデヴィッド・フェアチャイルドに似ていた――情熱には溢れているが方向性がなく、どこかへ行きたいもののどうやってそれを始めたらいいのかわからない。唯一の違いは、ラスロップにジャワ行きの手段を提供されながら長い間ジャワに行くことを阻んでいたフェアチャイルドの自信のなさ、身動き取れないほど考えすぎる傾向が、ポペノーにはなかったことだ。ポペノーは言われればすぐにでも出発する準備ができていた――どこに行くのかを誰かが決めてくれさえすれば。

知識と経験の違いが、フェアチャイルドをラスロップに似せていた――目の前にいる若者が夢に見ていることをことごとく目にし体験済みの、世事に詳しい先輩という立場である。フェアチャイルドは、かつてラスロップが自分に与えてくれたもの――それがあるとないとでは展開が大きく変わってくる援助――を恩送りする機会を楽しんでいるようだった。「局長はいつでも、『バーバー叔父さん』が局長を助けたように僕を助けてくれました」と、ポペノーは後日人々に語っている。フェアチャイルドはポペノーにはっぱをかけ、叱り、髪を切るように勧めた。フェアチャイルドがラスロップと旅行をするようになった当初ラスロップがそうしたように、フェアチャイルドは、半ば冗談ではあったが、植物導入の仕事をしている限りは結婚はしないとポペノーに約束させた。「女性には近づかないことだ。しばらく我慢すれば、欲しいものは何だって手に入るよ。今結婚すれば君の出世の大きな妨げになる」。それでもフェアチャイルドは、ポペノーが結婚を焦り、この仕事から逃走するのではないかと心配だった。

一方ラスロップは今でも時折フェアチャイルドの職場に顔を見せたり、世界のあちらこちらから手紙を送ってきたりした。フェアチャイルドという伴侶がいなくなったラスロップは旅の目的を失い、熱帯の国々の港を彷徨い、関節炎が悪化しない温暖な気候の土地を好んだ。退屈すると熱帯の栽培園主たちと話をし、フェアチャイルドから頼まれた質問をしたり、ワシントンＤＣのデヴィッド・フェアチャイルド宛に彼らの植物を送るよう説得したりした。そんな彼の仕事の見返りに、フェアチャイルドはラスロップに農務局「特別調査員」という肩書を与えて年俸一ドルを支払ったが、ラスロップは一度も給料の小切手を換金しなかった。

ポペノーに最初の任務を与えるにあたってフェアチャイルドは、比較的危険が少なくて成果の上がる可能性が高い任務を考えた。彼はポペノーに、人気の高いネーブルオレンジの原産地と言われるブラジルへ行き、すでに飽和している柑橘類市場の農家を助けるより良い品種を探させたかった。

フェアチャイルドにとってそれは有意義な任務だった。なぜならネーブルオレンジは、偶然に起きた植物導入という数少ない事例の一つであり、信じられないような幸運な偶然が重なった結果だったからだ。一八六九年、ときのアメリカ政府の筆頭園芸家だったウィリアム・サンダースが、各国のアメリカ領事たちに、その国にある貴重な植物の種子を送るよう依頼した。ブラジルの領事の一人は、サルバドールの港の近くに育つ、種無しで甘いオレンジの枝を送ったが、枝は輸送中に枯れてしまった。次に彼はブラジルから苗を送り、それをサンダースが台木に植え、繁殖させてフロリダへ送ったが、今度も苗木は枯れてしまった。

信じがたい幸運だが、サンダースはたまたまワシントンDCで以前近所に住んでいた女性に苗木を二本渡していた。この女性はカリフォルニア州に移住し、伝わるところによればこの苗木を「玄関先」に植えて手で水をやっていた（夫がケチできちんとした水やりのシステムを作らなかったのだという）。一八七九年、彼女はカリフォルニア州の園芸コンテストに、種のないオレンジを出品した。そのオレンジの底面には奇妙な出っ張りがあって、それがネーブル（「おへそ」）と呼ばれるようになる。彼女のオレンジは一等賞を取り、誰も知らなかった質素なオレンジが広く知られることとなったのである。

フェアチャイルドにとって、そんな都合の良いことが起きたというのは信じ難かった。何十年も植物導入に携わってきた彼は、植物導入には落とし穴や失敗がそこら中に待ち受けているということを知っていた。遠い異国で見たのとまったく同じ果物を再現するためには、どんな専門知識と栽培環境、そして園芸手腕が必要であるかがわかっていたのだ。優れたオレンジがたまたま育った、というのは、いつの日か人類が月面を歩く可能性と同じくらい突飛なことに思えた。

だが、ネーブルオレンジが本当に、それに魅了された領事と一連の幸運によってもたらされたのだとしたら、どんな植物を探せばいいのかについて訓練されたプロには、もっと素晴らしいオレンジが見つかるだろう、とフェアチャイルドは考えた。フェアチャイルドは、冒険家ポペノーに柑橘類の専門家二人を伴わせ、三人をブラジルへの遠征に送り出した。出発に先立つ数週間、ポペノーは、仕事を完璧にこなす技術と知識を身に付けるためにポルトガル語を勉強してフェアチャイルドを感心させた。

ポペノーと柑橘類の専門家二名は、一九一三年一〇月四日にニューヨークを発った。驚いたことに、彼らが乗船したS・S・ヴァンディック号にはセオドア・ルーズベルトも乗っていた。任期を終えて退屈した元大統領は、厳しく危険な冒険の旅に出ることにしたのである。

チャンスは見逃さないポペノーは、甲板で新聞記者たちが質問とカメラのフラッシュを浴びせるルーズベルトの隣に立っていた。ルーズベルトと息子のカーミットは、アマゾンで船を降り、「疑いの川」を探検することになる。ポペノーは報告書に、ルーズベルトの隣に立っている間は「凛とした」態度で、そこにいるのが当然に見えるように努めた、と書いている。

激務が続く

一九一四年の春、フェアチャイルドはかつてないほど忙しかった。検疫法が植物導入の足枷になっていたのである。この新しい法律によって、民間の栽培園が独自に植物を輸入することは不可能になり、アメリカに入ってくるすべての植物をフェアチャイルドの部署が監督することが義務付けられたおかげで、そこがボトルネックになっていた。

温室で、送られてきた荷の受領や開梱を監督しているとき以外は、フェアチャイルドのオフィスには訪問客が次々と訪れ、事前の約束もなく現れる者も多かった。何週間もの航海の間の瞑想的な沈黙や、農場から農場へと一人で歩き回るのが好きだったフェアチャイルドは、こうした絶え間のない活動が嫌でたまらなかった。「ほとんどの役所の職場は非常にやかましく、その中で重要な研究を行うのは、うるさい街角で優れた詩を書くのと同じくらい困難であり、めったにできることではない」と彼は書いている。

フェアチャイルドは、まだ独身で家に彼を待つ者がいなかった若かりし頃と同じくらいの長時間を仕事に費やしていた。だが彼には今や三人の子どもがいた——三人目のナンシー・ベル・フェアチャイルドが一九一二年に誕生していたのである。メリーランド州からの長い通勤時間を避けるため、オフィスに泊まることもあった。そのことについて義母のベル夫人は、彼が子どもたちをなおざりにしていると言って彼を責めた。不満を寛大さに包み隠すのがうまいベル夫人は、お金に困っているならお手伝いするわ、と何気なく言うのだった。

だが問題は金ではなかったのだ。問題は、フェアチャイルドが生涯かけて築き上げたピラミッドが、砂の楼閣のように彼の指の間から崩れ去っていくように感じられた。その無知が農業の発展にどんな影響を与えているかを理解しない、何もわかっていないアメリカという国が、そのピラミッドを否定したのである。彼は夜遅くまでオフィスに残って対策を考えた。彼から見れば、この法律の施行の方法には莫大な費用がかかり、それは本来ならば、植物の病気そのものについて、さらにはその病気を駆逐する方法を研究するために使うことができたはずの金だった。もっと仕事がやりやすければ、若かった頃の彼のように植物学や園芸を仕事に選んだかもしれない若者を、この法律が邪魔している、と考えるたびに彼は怒りを覚えた。

それだけではない。フェアチャイルドには、検疫法が農場の運営の足枷にもなりつつあるのがわかった。

一八九〇年代に比べれば、新しい農作物の必要性はそれほど高くはなくなっていたが、一世代後の農家は、現在栽培している作物のより良い品種を必要としていた。「検疫によって民間の取り組みを妨げた政府には、農家のために作物を導入し普及させる独自の方法を開発する義務があると強く感じる」と彼は書いている。つまり、種子と種子を掛け合わせてハイブリッドを作り、研究所で新しい果物や野菜を創造するということだ。これは本来なら民間企業のすべきことで、ある農場が競合する他の農場より優位に立つための研究である。アメリカの参戦が近づくにつれ、これ以外にも、民間企業ではなく政府によって、社会的な問題解決のための要領を得ない取り組みが行われ、アメリカで最も権威ある食の専門家の一人となったフェアチャイルドには多くの指令が回ってきた。人々は彼に、どうすれば限られた土地でより多くの食料を育てられるのか、できた食料をどうやって保存すればいいのか、海外からの輸入が途切れた場合のために、どうやったら薬や油を作れるのか、と尋ねた。

これ以降の一〇〇年間にアメリカで発達したバイオテクノロジーがあれば、これらの問題――一エーカーあたりにより多くのトウモロコシを栽培する方法や、パンをより遠距離まで運ぶ方法や、賞味期間が何か月にも及ぶ果物の缶詰めを作る方法など――は容易に解決できたはずだ。やがて、初めは戦争の脅威が、後にはビジネスとして儲かりそうだという見通しが動機となってこうした問題についての研究を行う、アグリビジネスの大手企業が登場することになる。モンサント、シンジェンタ、デュポンなどである。だが、第一次世界大戦直前のアメリカは、世界規模の戦争への備えなどできておらず、実験をしている時間も、マイヤーやポペノーのような男たちによる遠征がさまざまな問題を一気に解決してくれることに望みを託す時間もなかったのである。

フェアチャイルドの元に届いた初期のアイデアの一つは、あまりにもシンプルでわかりやすく、彼はなぜ自分が先にこれを思いつかなかったのかと驚いたほどだった。果物や野菜を乾燥させれば、腐る危険なしに保存できる。軽いので輸送もしやすいし、何年も保つ。水に浸せば一晩で、何事もなかったかのように「元通り」

になり、人々はそれが乾燥されたものであったことにさえ気づかないのではないか？

この分野を発達させたのは、ミズーリ州の黒人奴隷の家に生まれながら成長して著名な植物学者、発明家になったジョージ・ワシントン・カーヴァーである。カーヴァーは、野菜の乾燥法について話し合うため、一九一八年一月のある日フェアチャイルドのオフィスを訪れた。彼はフェアチャイルドがそうであったのと同じく先駆者だった――二人とも、農家の多角化を助けたのである。フェアチャイルドのやり方がプラントハンティングだったのに対し、カーヴァーのやり方は研究だった。彼は、ピーナッツやサツマイモといったごく普通の食べ物の新しい用途を見つけようとした――そうすることで市場が拡大し、農家の売り上げが増えることを期待したのである。彼は、ジャガイモは粉末状にでき、小麦の代わりになることを実演して見せた。農務省でジャガイモを使ってパンを焼いたのである。ジャガイモは、挽いて粉にする前にまず乾燥させる必要があった。

翌日彼は再び農務省に出向き、具体的に、三五二立方メートル分のジャガイモを乾燥させるパイロット・プロジェクトの詳細についてフェアチャイルドと話し合った。会見が終わる頃にはすっかり感心したフェアチャイルドが、握り拳で机を叩き、「今すぐに行動しなければいかん。あまりに長い時間を無駄にしてしまった」と言い放った。

理論は筋が通っていた。だがそれを台所に届けるというのは別問題だった。誰かに勧められたからと言って誰もが新しい食べ物を口にするわけではないということは、フェアチャイルドにはとっくにわかっているはずだった。食べ物の導入には、おだてたり説得したり、それによほどの幸運が必要なのだ。

カーヴァーの計画は素晴らしかったし、フェアチャイルドは家に窯を造って自ら実験し、さまざまな食べ物を乾燥させるのに最適な温度と時間を割り出した。彼もマリアンも、一度乾燥させてから水で戻した野菜のうち、子どもたちが合格点を出すのはどれかを眺めて楽しんだ。だが、このアイデアに食欲をそそられる人は少なく、乾燥させた野菜を食べる人はもっと少なかった。ヨーロッパでの戦闘を控え、この便利な食べ物があれば役に立ったであろう兵士たちは一切それを口にしなかった。陸軍省が、この不味そうで屈辱的な食べ物から兵士を護ったのである。

ある日、フェアチャイルドは旧友エミル・クレメンス・ホルストとともに、乾燥野菜は不味そうに聞こえるが実はそれほどでもないということを軍の司令官たちにわからせようと、ある計画を立てた。ホルストは、トウモロコシ、ジャガイモ、ビーツ、ニンジン、ホウレンソウその他、二六種類の乾燥野菜の、四〇人が味見するのに十分な量をカリフォルニアからワシントンDCに運んだ。水分がなくなった乾燥野菜は軽いので、彼はそれを列車に持ち込んだのである。

十数年前にフェアチャイルドが妻マリアンと初めてダンスをしたウィラード・ホテルで、彼とホルストは部屋の隅から、軍人、化学者、栄養士、赤十字の職員などが行儀よく、だがしかめっ面をして乾燥野菜の見本を食べるのを見守った。「ほとんどの客は礼を失しないように嘘をついた」と後にフェアチャイルドは書いている。「だが、何も言わずに姿を消した人もいた」

その中の一人は、アメリカ合衆国食品局の上級職員で、彼女は局長であったハーバート・フーヴァーに乾燥野菜に関する報告書を提出している。ホテルでの昼食の後、彼女は自分のアパートに戻ると食べたものを全部吐いてしまった。

19章　戦渦に巻き込まれる

ポペノーと柑橘類の専門家がブラジルから戻った日は喜ばしい日ではなかった。フェアチャイルドはその事実を隠すため、彼らの帰国を祝うバーベキューパーティーをメリーランド州の自宅で開き、彼らが戻ってきて「ワクワクしている」と言った。けれども、何か月も歩き回った挙げ句にブラジルからポペノーが持ち帰ったものがフェアチャイルドを大して感心させなかったことは誰の目にも明らかだった。ポペノーが集めた雑多なものの中には、ブラジル産のチェリー、カシューワイン、グアバのジャム、透明のアプリコットのような果物、ジャボチカバと呼ばれるブラジル産のブドウなどが含まれていた。三人は挿し穂を入念に梱包し、害虫や菌がついていないことを手間隙かけて確認したにもかかわらず、検疫に合格したのは荷のほんの一部だった。

カリフォルニア州の土地を独り占めしていたネーブルオレンジに匹敵するような他の品種はどうやら存在しないらしく、ネーブルオレンジを上回るものは見つからなかった。新しい植物の導入がどんどん困難になりつつあったアメリカでは、すでに導入されている品種が他より優れている、と確認できたことは、それ自体祝うべきことではあった。

ポペノーがいない間に、農務省内の彼のオフィスは昆虫部門のための検疫所になってしまっていた。それは、プラントハンティング根絶に向けて仕組まれたゆっくりとした動きの一つだった。フェアチャイルドは、数か月間にわたってポペノーに新しい任務を与えようと画策した――たとえばマイヤーに倣った単独遠征だ。だが、世界は外国人に不信感を抱くようになっていたし、アメリカは未知のものを警戒するようになっていたので、残された選択肢はほとんどなかった。

第一次世界大戦勃発

ポペノーが帰国した二か月後、海の向こうで、フェアチャイルドの職場での苦労など些末なことに思えるような出来事が起きた――しかもそれは、誰にも予想し得なかったほどのスピードで起きたのである。一九一四年六月二八日、サラエボで、一人のセルビア人反体制活動家が、車に乗っていたオーストリア＝ハンガリー帝国の皇位継承者、フランツ・フェルディナントに銃を向けた。それだけなら国際的なニュースになることもないような出来事だったが、その一発が彼を、また別の一発が、隣に座っていた彼の妻を死亡させたのである。事件は暴動を引き起こし、街なかで武力弾圧が始まって外交的危機となり、それがあっという間に悪化して、世界各国の軍隊が、慌てて中立を宣言するか、あるいは戦いの準備を始めたのである。

後に第一次世界大戦と呼ばれることになる世界大戦の引き金となったこの事件に驚いたのは、国際的な交流が盛んになったことがもたらした、国粋主義、外国嫌い、文化的不安定の高まりという流れに気づかずにいた人だけだった。五週間も経たないうちに、やがて人類史上最大かつ最も熾烈な世界的紛争に発展する最初の戦闘のためにドイツ軍が国境を越えた。

アメリカが参戦するのは一九一七年になってからである。数の上でも、情熱という点でも、アメリカには強い軍隊がなかった。このヨーロッパの戦争に参戦すべきか否か、アメリカ人の意見はほぼ二分していた。最も影響力があったのはウッドロー・ウィルソンの意見で、彼は、戦争に参加すれば、アメリカがそれまでに遂げてきた数々の進歩――独占企業の解体、公平な所得税を課すことによる政府の強化、連邦準備銀行と呼ばれる政府銀行による国家予算の管理――が頓挫してしまうと説いた。「この戦争に参加すれば、我々が勝ち取った改革はことごとく失われてしまうだろう」とウィルソンは断言した。戦争は華やかなものでもなかった。今も南北戦争による死者を覚えている年長世代の人々は再び戦争で家族を亡くしたくはなかったし、若い世代の親たちも、戦場での息子の武勇を約束されてもそれによって心が動くことはなかった。このことは、一九一五年に最も人気があった歌、『I Didn't Raise My Boy to Be a Soldier（兵士にするために息子を育てたんじゃない）』によく表れている――「誰がマスケット銃なんか担ぐの／どこかの母親の大事な息子を撃つために?」

ポペノーも、大事な息子の一人だった。戦争になど行きたくなかった。プラントハンターとしてのキャリアが始まったばかりだったのだ。フェアチャイルドは彼に、グアテマラでアボカドを収集するという任務を与えた。そこは、少なくとも今のところは平和な地域だった。ポペノーはグアテマラで三年を過ごし、何千キロもの距離を馬に乗って移動し、マメとアボカドとハヤトウリを食べて暮らした。農園から農園へと渡り歩き、気に入ったアボカドの品種を見つけるとそれをメモして、何度もそこに戻って味を詳細に検分した。何千本ものアボカドの木を調べた後、アメリカに導入すべく彼が持ち帰ったのは二三品種だった（彼はそれを「最高級品」と呼んだ）。彼はそれらを、検疫に合格するように念入りに検査した後、錫製の円筒に油紙に包んで入れて運んだ。

世界情勢を考えれば、フェアチャイルドはその結果に満足だった。ポペノーの父親フレッドもまた満足し、息子が見つけて自分が売るアボカドはポペノー家のファミリービジネスになったとご満悦だった。

しかし、ポペノーにとって本当に意味のある評価はたった一つであり、それは一九一七年の初頭にフェアチャイルドに届いた一通の手紙の中にあった。それは中国からマイヤーが送った手紙で、ウィルソン・ポペノーは「土地を捉えた」と書かれていた。マイヤーは、かつて自分にこびへつらっていた若者は、今や自分と対等の仕事をしていると認めたのである。「後世の人々のために、誰が一番多くの植物を導入できるか、彼と私が競い合うことになるでしょう」と彼は書いた。

歳をとりつつあるフェアチャイルドにとって、配下のプラントハンターたちがこうして競い合うのは誇らしいことだった。マイヤーがプラントハンティングを続けられる限り、いや、少なくとも生きている限りは。

マイヤーの孤独

各地を歩いて探検するという仕事がしたくてたまらなかったフランク・マイヤーは、この仕事を意気揚々と始めた。だが三度の遠征は彼を落胆させた。遠征のたびに修羅場は増え、収穫は減っていった。三度目の遠征中には、反乱軍が支配している地域に入るなんてマイヤーは頭がおかしい、と口にした通訳を階段から突き落とした。彼が、種子や植物が入ったトランクに忍ばせて阿片を密輸しようとしているのではないかと疑った中国の役人とは殴り合いの喧嘩になったが、そういう彼の態度は嫌疑を晴らすことにはならなかった。守衛の一人は彼を痛めつけ、顔に唾を吐いた。

一方世界の反対側では、チャールズ・マーラットがマイヤーの仕事に対する攻撃の手を強めていた。彼は、マイヤーが送った荷の一つが、中国からワシントンDCに運ばれる途中、テキサス州ガルベストンまで来たところでハリケーンに遭い、破壊されるのを目撃した。その荷がそのときテキサスにあったのは検疫のためだった。マーラットが作った法律がなければ、荷はまっすぐに農場試験場に届いたかもしれないのだ。マイヤーはショックを受け、激怒した。マーラットにとっては、それは正義の鉄拳だった。

フランク・マイヤーにとって唯一、本当に楽しいと感じられるのは、広大な土地を歩いて植物を探すことだけだったが、一九一五年にはそれが日に日に困難になっていた。ワシントンDCでの衝突とアジアでの紛争だけでは不足とでも言うように、山の中や不毛な土地を独りで何年も歩き続けた彼に、孤独が重くのしかかった。彼は自分がホームシックに罹っていることを認めた。彼はかつて、自分自身、そしてフェアチャイルドに、四〇歳になったら引退して生活のペースを落とすと約束していたが、すでに四〇歳になっていたのだ。「孤独な老後を迎えることの怖ろしさは日に日に増し、新しい農作物を探すという華やかな仕事ももはや色褪せてしまいました」と彼は手紙に書いている。「一八歳の頃、人はその目で何もかもを見ることができると考えます。四〇歳になると、世界はあまりにも大きく人生はあまりにも短いということがわかる。そして計画や望みを縮小するのです」

気落ちしたマイヤーに対するフェアチャイルドの返事は、とにかく探索旅行を続けた方がいい、あるいは少なくとも、西欧人としばらく過ごした方がいい、というものだった。彼のアイデンティティは何から何までがプラントハンティングに立脚していた——植物を探すこと、植物を追い求め、そして手に入れることに。人々は彼の名前を新聞で読み、彼の仕事は若い世代の人々を鼓舞した。おそらく、何よりも彼に必要なのは、野を歩き続けることなのではないだろうか——北京の北、熱河省の、野生のナシの林はどうだろう?

同意はしたものの、マイヤーはフェアチャイルドの口調が嫌でたまらなくなっていた。親しみよりも口うるさい小言のように聞こえることの方が多かったのだ。以前のマイヤーならそんなことは気に留めなかったのだが、今では彼は大胆になり、上司に向かって「そんなに堅苦しい手紙ではなく、もう少し温かみを見せたらどうですか。私はここで一人きりなのだし、会話する相手もいないのだから、もっと同情してくれてもいいでしょう」と書き送るようになっていた。

フェアチャイルドは返事に、君の気持ちはわかる、その孤独は自分もかつて味わったことがある、と書いた。ただし、敵意と不信感と極端な気候の只中にいるマイヤーの状況は、フェアチャイルドの経験よりも厳しいものであったことは疑いようがなかったが。

フェアチャイルドが、苦境に立った部下を任務に戻らせることにそれほど懸命だった理由の一つは、彼が、マイヤーに正気を失わずにいて欲しいのと同時に、自分の正気を保ちたかったからかもしれない。マイヤーがゆっくりと精神を病んでいくのと並行して、ワシントンDCで展開するいざこざによって植物導入事業は崩壊しつつあった。マイヤーを慰めるためなのか、それとも自分自身を励ますためなのか、彼はマイヤーにやる気を出させるような長い手紙を書き送り、マイヤーに、彼がやると決めて愛した仕事のことを、人がそれに感謝しようとしまいと関係なく、彼が祖国と決めた国にもたらしている貢献のことを思い出させようとした。「一度きりの人生だ。美味しくて見た目も美しい食べ物を生み出す世界の植物で祖国を豊かにするために、それを使おうじゃないか」とフェアチャイルドは書いた。健康が優れないのならアメリカに戻れ、と求めはしたが、それは口先だけのことに聞こえた。残りの内容は、植物に関すること、そしてマイヤーの行き先についての提案ばかりだった。

フェアチャイルドが圧力をかければかけるほどマイヤーは深く沈んでいった。フェアチャイルドはマイヤーに、アヘンケシの種を五〇キロ調達するよう要請した。中国政府は阿片の生産を取り締まり、栽培する農家は斬首すると脅していたので、種を手に入れることができれば、アメリカの農家にとってはチャンスだったのだ。だがそのためには中華民国大総統その人の許可が必要だし、マイヤーにはそのつてがなく、説得して許可を得るなど到底無理だった。この要請も、その他のフェアチャイルドからの指令——マスタードの種五〇キロ、パペダという柑橘類の挿し穂を数十本、そしてアメリカの都市に木陰を作る緑陰樹をいろいろ——についても、マイヤーは、アクセスが制限されていることと彼自身のエネルギーの不足によって、満足させることができなくなり始めていた。「ここの生活の孤独さ、困難さへの嫌悪感がどんどん強くなっています」と彼はフェアチャイルドへの手紙に書いている。

その嫌悪感は肉体的な症状となって表れ始め、彼は消化器の不調、不眠症、発熱に見舞われた。その直接の原因は「気が高ぶって眠れないこと」だった。中国の内戦と、ヨーロッパで荒れ狂う戦争に挟まれたマイヤーにとって、より大きな問題は「果てしのない悲惨な戦争に身がすくむような思いをしている」ことだった。彼は、人類の歴史は一九一四年に頂点を迎えたのではないかとの問いを公言して憚らなかった。これほどの争いによって、世界はゆっくりと崩壊を始めたに違いないと思ったのである。

中国からワシントンＤＣに戻ることは難しいことではなかった。船で揚子江を上海まで下り、そこからハワイまたはカリフォルニア行きの船に乗ればよかったのである。それは事実上任務を放棄することを意味したが、状況を考えれば誰も彼を責められなかった。マイヤーは、間もなくプラントハンティングは若い人たちに任せることになると思うと書いた手紙さえ送っている。

だがどうした理由か、マイヤーは仕事を辞めることができなかった。苦しみの中にあってさえ、プラントハンティングへの思いは、未だに彼の中に、細々とは言え燃えていたのである。また、戻る先のアメリカには何が待っているのだろうかと考えもした。ワシントンＤＣにいれば安全かとも思ったが、世界戦争の脅威によって、どこにいようが絶対の安全が保証されることはあり得なかった。マイヤーは、揚子江を下って上海に向かう代わりに逆の方角へ、中国中央部の奥地へ、野生のモモを探しに行くことに決めた。

中国中央部、揚子江沿いにある町、漢江に着くと、五〇通の手紙が彼を待っていた。その多くはフェアチャイルドからのもので、何度も転送され、何か月もかかって届いたのである。フェアチャイルドはマイヤーの苦しみと彼の精神状態にはまったく気づいていないようだった。「君の周りがどんな状況かは想像し難いが、ここアメリカで起こっている変化を想像するのはいかな君でももっと難しいだろう」――一九一七年五月二日、彼はマイヤーにそう書き送っている。

すれ違うフェアチャイルドとマイヤー

その通りだった。それから数か月の間、二人を隔てる距離と手紙が届くのにかかる時間とともに、マイヤーとフェアチャイルドの間の溝は深まっていった。マイヤーが、不安感や絶望感に対する助けを求めていたのだとしたら、フェアチャイルドはそれを完全に見逃し、彼の手紙に綴られたのは、植物学的な提言ととりとめのない励ましばかりだった。

自由な移動を制限されたことがマイヤーを疲弊させていった。「この煩わしいやり取りを終いにするため、何日もの間、昼も夜も手紙を書こうとしました」。だがしかし、と彼は続けた。「自然が邪魔をしました。神経衰弱に襲われ、眠ることも休むことも食べることもできなくなりました」

医者は、病の原因は働きすぎと孤独と不安であると言った。さらに、果てしない放浪を続けてきた彼が行動を制約されたこと、彼の頭の中の声を外に逃がす術がなくなってしまったことも重なっていた。マイヤーは自分のことを第三人称で呼ぶようになった。自分自身の肉体からさえも離れてしまったように感じたのだ。「乱暴で荒くれた生活からじっと動かない仕事に移行するのは、歳をとるにつれて難しくなっています。気の合う白人の道連れがいれば、これほど辛くはないのでしょうが」

積み上がっていく手紙は、深まっていくマイヤーの不安を悪化させるだけだった。以前の遠征のときと同じように移動を続けていれば、手紙は彼に追いつけなかっただろう。だが一か所にじっとしている彼に手紙は追いつき、彼が対応できる以上の要請を彼に伝えた。北京の大金持ちの農家がアドバイスを欲しがっている。アメリカの農業試験場が、何年も前にマイヤーが持ち帰った作物について助けを要請している。一九一七年四月付の一通の手紙が届けたのは、アメリカが世界大戦に参戦したという悲報だった。理想郷と調和を夢見て育った男にとって、この知らせはことのほか心が痛んだ。

マイヤーが希望を失いかけていたこの頃、同時に彼の所持する紙も底をついていた。話し相手がおらず、苦悩に満ちた心が暗い絶望の淵を彷徨う彼はじっと考え込むことが多かったが、そんなふうにして思いに沈んでいたある夜、彼は三枚の封筒をテープでつなぎ、そこにある一覧を書き記した。彼はそれに「辞任案」とタイトルを付け、とうとうこの仕事を辞めることになるかもしれない一〇の理由を書き並べた。

一　健康の低下——眠れず、活力も低下している

二　精神的にすぐに疲れてしまう――以前に比べできる仕事の量が減っている
三　このおぞましい、終わりの見えない戦争の、身のすくむような怖ろしさ
四　孤独な生活――気の合う人間との付き合いがほとんどない
五　大量の荷物を抱えての移動
六　中国に蔓延するあまりの貧しさと汚さ
七　これまで白状したことはなかったが、一年半かけて集めた植物標本が破壊されたことに非常に深い打撃を受けた
八　新たに制定された検疫法のために荷を送るのが難しくなっている
九　収集した植物を研究するための農園がない
一〇　アシスタントはこの仕事に大して関心がない

こうした要素のすべてが、船が浸水していくかのようにマイヤーの上に重くのしかかっていた。ある夜彼は、「人が時としてひどく疲労を感じるのはおかしなことだろうか？　私が祖国として選んだ国が、他の国々とともにこのとんでもない世界戦争に加担することを良しとし、今後、偏った誤情報を伝える日報や新聞に、傷つきあるいは殺された兵士の名が報じられるであろう今となっては、なおさらのことではないか？」と考えた。

マイヤーは、孤独な夜を戦争のことを考えて過ごし、何もすることがない昼間は死を考えることもしばしばだった。フェアチャイルドが、戦時下のアメリカでより多くの食料を生産する新たな方法について彼の意見を聞きたいと言うと彼は、不必要な動物はすべて殺し、更生の可能性のない犯罪者と精神障害者を「排除」すればいいのではないか、と答えた。

地球の反対側でこれを読んだ人々は誰しも、これはまったくマイヤーらしからぬ言葉だと思った。実際に数々の悪事に遭遇し、それを克服してきた男が、彼とは遠く離れたところで起きている漠然とした出来事によって弱気になっているのである。マイヤーの手紙を見せられた人々は、それらは別の人間から来たのではないかと思ったほどだ。だが今度もフェアチャイルドは、マイヤーの精神状態悪化の重大さを真剣に受け止めようとはしなかった。彼からマイヤーへの返事は優しい口調ではあったが、うつ病というのが単なる一時的な悲しみではなく精神疾患として診断されるようになる以前の時代を物語っていた。

一九一七年六月二九日

君が神経衰弱になったと聞いて、みな大変に悲しんでいる。だが君には並外れた体力があるのだから、やらなければならないことや戦争によってもたらされた責任などについての不安を振り払うことができれば、神経衰弱を乗り越えて立ち直るのに時間はかからないと誰もが信じているよ。君が集積した知識は非常に大切な資産だと私たちが思っていることを忘れないでくれたまえ。君が始めた仕事は素晴らしい。これをさらに推し進めないのは非常にもったいないことだ、今が厳しい時代だからこそね。オフィスのみなが心から君を応援し、君の苦労を思っているよ。元気で。

デヴィッド・フェアチャイルド
農作物探査最高責任者

戦時下の二人

マイヤーに対するプレッシャーを強めたのは、ワシントンDCのあらゆる政府機関を戦争が不安に陥れていたからだ。ウィルソン大統領は戦時予算を拡大し、それによって首都ワシントンの住民は五万人近く増えた。その多くは自動車を持っており、道路には黒い煙が充満し、渋滞した。一九一七年の八月――普段なら国会議員が蒸し暑い夏を逃れ、街が静かになる月――、ワシントンDCには狂乱状態のエネルギーが溢れていた。どうしたら役に立てるのかを理解している者はほとんどいなかったが、それでもとにかく誰もが忙しく動き回った。

戦争に注力するのが最優先だった。軍事参謀たちの仕事場を作るために、農務省のオフィスは同じ通りの別の建物に引っ越した。広いが、光はあまり入らないオフィスビルである。この知らせを受けたマイヤーは、これは職員を「これまで以上に植物や屋外環境から遠ざける」、間違った行為であると言った。だがフェアチャイルドはこの移転を肯定した――おそらくそれは、他に選択肢がなかったからだ。新しいオフィスは、少なくとも一時的に訪問者を遮断し、彼は「植物導入に関する深刻な問題」に再び向き合えるようになるはずだった。

だが本当のことを言えば、仕事らしい仕事はなかったのである。マーラットが人々に植え付けたのは未知のものに対する懸念だったが、戦争は――特に、ドイツ軍の侵攻が予想されるなか――死と破壊の恐怖をもたらした。マスコミがこの恐怖を煽った。一九一五年、無煙火薬の発明者であるハドソン・マキシムが書いたベストセラー『Defenseless America（無防備なアメリカ）』は、ドイツがアメリカを攻撃するところを描いた小説である。これは同年映画化され、ドイツ軍の爆弾によって廃墟と化したワシントンDCが登場した。政府のポスターは人々に、可能な限り戦時国債を買えと促した。

マイヤーが宜昌で神経衰弱に陥っていたのと同じ月、一九一七年四月、ウィルソン大統領は広報委員会の創設を命じた。敵を悪魔扱いし、愛国心から来る義務感を煽って、国民に、どんな方法であれ自分にできる形でこの戦争に参加させるというのがその任務だった。農務省も独自のプロパガンダを展開した。たとえば、トウモロコシの収穫を手伝ったり、食べ物を無駄にしないよう呼びかけるポスターである。

食べ物

・考えて買おう
・ていねいに調理しよう
・必要な分だけ作ろう
・腐るものから食べよう
・自家栽培がベスト

無駄にしないこと

戦争の混乱の渦中で植物を導入しようとするのは、ハリケーンの最中に花の鉢植えを売ろうとするようなものだった。新しい食べ物、あるいは食べ物全般に対する人々の関心は、これまでのものより安いか、あるいは長く保つかどうかという点に限られた。「戦争が始まったばかりの頃の世間の混乱ぶりを適切に描写できる者などいないし、思い出すと身震いを禁じ得ない」と、後日フェアチャイルドは書いている。

一九一七年から一九一八年にかけての冬、ヨーロッパ戦線にいるアメリカ兵に食べさせるためにと次から次に繰り出される突飛なアイデア（もっとマメを栽培しろ！　コーンミールを食べて小麦粉を節約しろ！）について検討しながらオフィスを歩き回っている間に、マリアンは救急車の運転を始めた。運転ができたのでその資格があったのだ。かつて父親によってキューバでクララ・バートンの助手を務めることを禁じられたマリアンは、今やワシントン市女性赤十字自動車部隊の一員として、昼夜問わずシフト制で働くようになったのである。

フェアチャイルド家のメリーランド州の土地は、落ち着いてものごとを考えるための避難場所になっていた。ウッドロー・ウィルソンはフェアチャイルドの住居を、ワシントンDCの緊密な人間関係から逃れるのに使い、ときとして陸軍長官ニュートン・ベーカーを同伴させて、戦争について、忌憚のない、極秘の話し合いをするのだった。ウィルソン夫人とベーカー夫人が桜の花を楽しんでいる間、大統領とベーカーは地所内を歩き回り、アメリカの参戦について議論をした。

あるとき二人は、二本の木の間に固定されたベンチに腰掛けた。と、薄い木の板が折れて、二人は地面に尻餅をついた。状況が状況なら二人は笑ったかもしれない。ベーカーは後日フェアチャイルドに、「一瞬、爆弾が落ちたのかと思ったよ」と言った。

そんなことが起きている間、フランク・マイヤーは独りぼっちだった。彼の唯一の情報源と言えば、ワシントンDCにいるフェアチャイルドと、ときたまオランダの友人から連絡があるだけだった。フェアチャイルドはあまりにもストレスが溜まりすぎていて、どんどんひどくなっていくマイヤーの情緒不安定には付き合いきれなくなっていた。何を言えばいいかわからないのも事実だった。

最近くれた手紙に、誰か助言をくれる人がいればいいのにと書いてあったね。親愛なるマイヤーよ、今は誰もが助言を必要としているが、残念ながら、助言を与えようと試みる人間が、妙に無力感を感じることがあるものだ。私が君に、帰国して育種を始めてはどうかと助言するのは簡単だが、君のように一か所にじっとしていられない男が、植物の育種家という、必然的に静かな生活に満足できるという確信がない。急ぎの仕事があるのでこの辺にするが。一時的な気分の落ち込みから君が回復していることを願うよ。元気で。

デヴィッド・フェアチャイルド
農作物探査最高責任者

マイヤーの精神状態はこれ以上悪くなりようがないかのように見えたが、それはさらに悪化した。内紛が続くなか、彼が滞在していた漢江で雇っていた通訳が、暑さと食べ物に辟易して辞めてしまったのである。「こんなことをみんながしたら、我々の社会構造はどうなるでしょう?」と、苛立ちを露わにしてマイヤーは書いた。この一件は、彼の多民族に対する寛容さの限界を試すことになった。彼はワシントンＤＣに宛てて恥ずかしげもなく、「知性のない民族」を相手にするのがいかに難しいかを書き送った。

中国人の言い草には耳にタコができて、彼らの意見などどうでもよくなりました。中国人という民族は、この数百年、外界との健全な接触がなかったためにひどく貧弱になっています。わずかな例外を除き、彼らは先祖たちのやり方で満足しているのです……

最悪の事態

西欧と同様に、中国もまた困難な時代へと突き進んでいた。新たな反乱が強盗や犯罪者の行為に拍車をかけ、マイヤーを苦しめた。反逆者たちは物を盗み放火した。軍隊は無差別に街を制圧して戒厳令を敷き、マシンガンを地面に向けて轟かせることもしばしばだった。黄河と北河が起こした洪水は畑を押し流し人々の家を奪って、混乱と混沌を一層悪化させた。

マイヤーはことさらの危険に晒されていた。よそ者は、反乱を鎮圧しようとしていると責められかねなかったし、もっと悪いのは、反乱を助長しようとしていると思われることだった。数か月の間、彼の動きは鈍った。気分は天気とともに移り変わった。ときおり、勢いよくプラントハンティングをするエネルギーを取り戻したが、体はまるでセメントのブーツを履いているように重く、常に周囲に対して被害妄想と不信感を抱いていた。

彼はこうした心情を言葉でフェアチャイルドに伝えようとした。食料の調達が困難になりつつあること、昼夜を問わず戦いが繰り広げられていること。「これを書いている今も、壊れかけたライフル銃の音が聞こえてきます——北軍と南軍が、この街の北、ほんの一キロ半かそこらのところで戦っているのです」と彼はフェアチャイルドに書いた。「私たちが『のんびり』と暮らしていないことは想像できるでしょう」。揚子江渓谷には鬱々とした雰囲気が漂っており、それがマイヤーにも大きく影響して、彼はやがて自らの生に疑問を持つようになった。

「人生の終わりがゆっくりと近づいているように感じます。全世界を包み込む、ゾッとするような悲しみが、人生を以前とは違うものにしてしまいました」と彼は書いている。

マイヤーのもとには次々とワシントンＤＣからの手紙が届いたが、その多くは、彼が送った種子がひどい状態で到着したというがっかりする知らせだった。届いていないものすらあった。フェアチャイルドからは定期的に連絡があった。郵便は以前から時間がかかっていたが、戦争のせいでそれがさらにひどくなり、手紙が中国に着き、宿から宿へとマイヤーを追いかけて彼の手元に届くまでに三か月かかることもあった。

一九一八年三月、マイヤーが神経衰弱を患ってから一年近く経った頃、フェアチャイルドから植物について長々と書かれた手紙が届いた。その手紙の長文ぶりは、フェアチャイルドがどれほどマイヤーを高く評価しているかということと同時に、彼が自分の仕事への執着を弱めつつあることを示していた。手紙の締めくくりは、自分たちの世界が見る影もなく崩壊してしまった二人の男がともに味わっている傷ついた心情を吐露していた。

とにかく、気落ちしないことだ――ゾッとするような悲しみや恐ろしい日常が私たちを取り巻いてはいるが、それでも私たちは、生活が本当に逼迫する前に、もっと大きくて素晴らしいことを成し遂げなければならないのだから。

戦争のさなか、しかも自身の精神が崩れ落ちようとするなかで、マイヤーはそれでも何度か力を振り絞って植物を収集した。そうやって集めた農作物は、彼が祖国と決めた国への彼の最後の貢献となった。興山県の近くで、彼は食べられる実をつけるイチョウの木を見つけた。アメリカ人は後にこれを、脳の機能を高め、高血圧を治療するのに役立てることになる。その数日後には、シトロンやパペダの原産地である地域の、寒さに強い柑橘類、イーチャンレモンを最後のトランクに詰めた。彼はそれらを、ワシントンDCに戻って、農家、輸送業者、消費者のためにより強い柑橘類のハイブリッドを開発しようとしているスウィングル宛てに送った。

それが終わると、マイヤーの精神状態は急速に悪化し、寝付けないどころかまったく眠れなくなった。進行する革命で、街のいたるところで略奪や放火が起きた。軍隊は民衆に発砲した。銃弾に倒れた人の死体を兵士たちがバラバラにし、心臓を取り出して、勇気の証しとして回して食べるのをマイヤーは見た。マイヤーの宿には、他に行くところのない、この上なく汚らしい人々が寝泊まりするようになり、シラミの数はあまりに多くて、ベッドシーツの上を這い回るのが見えるほどだった。彼はただ「中国は今、ひどい状態にある」とだけ言ったが、他の誰でも同じ結論に達したことだろう。「東洋人的性格と共和主義は相容れないようだ」

一九一八年五月三〇日、フランク・マイヤーは胃に痛みを感じながら眠りに落ちた。それまでの二週間、彼は吐き続けていた。日記には、かつて彼にアメリカに移住して輝く富を手に入れろと彼を促したオランダの友人の夢を見たことが記されている。彼は痩せ細り、食べたものはみな吐いてしまった。だが雇っていた召使いの少年に大丈夫かと尋ねられると、大丈夫だと嘘をついた。

マイヤーは少年とともに、蒸気船鳳陽丸に乗り、漢口から、彼の苦しい旅がついに終着を迎える上海に向かった。マイヤーは、政府の金を節約するため、外国人向けの一等船室ではなく、それより安い中国人向けの一等船室をとった。

二日間、彼はお茶とお粥をすすり、独り言を言いながら船の中を歩き回った。

一九一八年六月二日の午前零時を回った直後、マイヤーは船室を出て甲板の手すりのところへ歩いていき、暗い揚子江を覗き込んだ。白い肌着とグレーのズボンを身に着け、黄色い靴を履いていた。船には不審な人物も、豪華客船に乗った病身の外国人を攻撃する理由のある人物もいなかった。そこにはただ、壊れてしまった世界に絶望し、意気消沈した男がいるだけだった。

翌日、船が通り過ぎた土地の近くで、マイヤーの遺体が見つかった。遺体は泥で真っ黒だった。遺体を発見した男は地元の病院にそれを運んだ。周りを人々が取り囲んで見つめるなか、遺体を見つけた男は、マイヤーの靴をもらってもいいかと尋ねた。

上海に電報が送られ、それがワシントンＤＣに知らせを届けた。マイヤーの冒険談を追いかけていた内務省の職員が、アメリカに多くのものをもたらした彼には尊厳ある葬儀が行われるべきであると返信した。

アメリカ領事館の職員だったサミュエル・ソコビンは、急いで遺体が発見された村に出向き、二人ばかりの中国人を雇ってマイヤーの遺体を掘り起こさせた。遺体は現地の慣習に則って、揚子江の岸の地面に掘られた浅い穴に埋められていた。ソコビンはマイヤーの遺体を棺に入れて上海に運んだ。マイヤーはユダヤ人で、ユダヤ教式の埋葬を望むのではないか、オランダの父親が息子を埋葬したがるのではないか、あるいは農務省が、貴重なプラントハンターだったマイヤーに敬意を表してワシントンＤＣに埋葬したがるのではないか、と彼は思いを巡らした。だが、そのいずれの可能性を裏付ける情報もなく、腐敗していく遺体を抱え込んだ彼は、マイヤーを上海にあるプロテスタント教会の墓地に埋葬した。墓石を作る段になると、上海の米領事は、マイヤーの生涯を彼なりに精一杯に要約した墓碑を考えた――「数々の植物の麗しき繁茂に囲まれ、嬉々として眠る」


数週間後、マイヤーが最後に出した手紙がワシントンＤＣに届いた。農務省に届いたマイヤーの手紙は数百通に及んだが、この手紙はまるで考古学的遺物のようだった。「我々はもはや自分の意志で生きているのではなく、生かされているのだと思うことがしばしばあります」と彼は書いていた。手紙を、そして彼の生涯を締めくくる言葉は、永遠に色褪せることのない、感動的なほどの正確さで世界の本質を言い当てていた――「今という時代は悲しく、めちゃくちゃで、科学的な視点から見ればまったくもって不要です」

自分の仕事の結果が、ワシントンＤＣにはびこる官僚主義にゆっくりと掻き消されていくのを目の当たりにすることを悲しむフェアチャイルドには、マイヤーの身に起こったことを理解することができなかった。残された証拠は一つ残らず、マイヤーが、戦争と苦しみがもたらした自分の中の悪魔を沈黙させることができずに自殺したことを示していた。だがフェアチャイルドは、現実から目を逸らしていたためか、あるいは彼自身の不安感が彼を盲目にしていたためか、マイヤーは、目まい、あるいは何か他の神経反応のせいで死んだのではないかと考えた。手すりから誤って落ちたのではないか？　誰かに押されたのではないか？　その後もフェアチャイルドは死ぬまで、マイヤーの死の理由は不明であると考え続けた。

フェアチャイルドは、メリーランドの自宅でマイヤーの追悼式を開き、農務省の職員らは厳粛な面持ちで、マイヤーが手に入れた植物について話し、写真を見ながら彼の業績を称えた。フェアチャイルドも彼の功績を称えるスピーチをした。彼がアメリカにもたらした植物は、この先ずっと、アメリカの国土で――山で、畑で、裏庭で、小さなコテージの果樹園で――生き続けるのである。どこで育とうと、それは「みな彼のものだ」とフェアチャイルドは言った。

遺書の中でマイヤーは農務省に、彼がともに働いたことのある一〇〇人で分けるようにと一〇〇〇ドルを遺していた。その一〇〇人は一人一〇ドルずつ受け取っても良かった。だが彼らは全員一致で、マイヤーの名誉を称えるメダルを作ることに決めた。マイヤー・メダルは毎年、植物導入において高潔な働きをした者に与えられることになった。

植物の導入のためにマイヤーがその生命を捧げたことで、マイヤー・メダルを授賞するためのハードルは高かった。だがフェアチャイルドには思い当たる人物が一人いた。プラントハンティングの仕事を推進し、彼が充足感を感じ、有益で重要であると感じた唯一の仕事に何年にもわたって人生を捧げ、巨額を投じた人物である。一九二〇年、フェアチャイルドの取り計らいで、最初のマイヤー・メダルはバーバー・ラスロップに与えられた。

20章　植物園と戦争

野生動物の狂気に身悶えするように、その鳥は甲高い声を張り上げて鳴いた。鳥籠に入れられ、翼を切られ、狩りをすることもできない。それはサルクイワシだった。文字通り、サルをも食べるというその特筆すべき技能から付けられた名前である。フェアチャイルドは、その鳥が金属製のワイヤーに体を打ち付けるのを見守った。

フェアチャイルドは、その鳥を見るためにホテルの食堂を抜け出したのだった。恐ろしい顔に似合わない繊細な灰色の羽根。野生のものに惹かれるのは子どもの頃からだったが、今ではそれに年齢を重ねた男の辛抱強さが加わっていた。一九四〇年代のことで、七〇歳になったフェアチャイルドはフィリピンにいた。少なくとも一時間ほど、自由にできる時間があった。

一九一八年に戦争が終わると、デヴィッド・フェアチャイルドは努力することを放棄した。自分の努力が絶え間のない抵抗に晒されてきたことを認識するだけの自覚はあり、彼は穏やかで落ち着いていた。マイヤーの死によって、新しい植物を導入するというフェアチャイルドの取り組みは頓挫し、戦争が終わって疲弊したアメリカ人には、事業を再び活発化させる意欲もなく、資金はなおのことなかった。かつては全国の農家や栽培園主に人気だった『Plant Immigrant Bulletin』誌は廃刊になった。また、時の農務長官だったデヴィッド・ヒューストンは「検疫法三七号」という新法を制定し、植物と球根の個人輸入を全面的に禁止した。農務省はこの対象ではなかったが、この法律のおかげでフェアチャイルドの部署は、貴重な植物ではなく不吉な病気の発生源という汚名が付き、評判を落とした。

マーラットとの争いは沈静化したが、かつての衝突が残した火種はくすぶり続けた。フェアチャイルドとマーラットが友人同士に戻り、それまでの諍いを近づきつつあった戦争の影のせいにする可能性が完全についえたのは一九二一年のことだ。マーラットは、自分が制定に一役買った法律にも満足できず、再びナショナル・ジオグラフィック誌の誌面で自分の功績を称え、大げさな美辞麗句を並べた。検疫法のおかげで何百種類もの害虫の侵入を防ぐことができたという彼の主張の裏付けとなるデータは確認不能だったが、木の根を念入りに検査すればときに害虫の侵入を防げることもあるのは当然だった。彼は、フェアチャイルドとの正当な意見の相違を、アメリカ市民の知性に値しない低俗なものにしてしまった。「もしも平均的なアメリカ人が、人間や動物の病気と同じくらいに植物の病気について知っていたならば、病気に感染した植物を検査する必要性については論を俟たないだろう」と彼は書いた。フェアチャイルドはこの記事に反論することもできたはずだが、うんざりした彼は反論しないことにした。そんなことに時間を使うよりも、一五歳になる息子のグラハムに「あらゆる経験の中で最も素晴らしい経験」、すなわち熱帯のジャングルへの旅をさせたかったのだ。そこで彼は息子をパナマに連れていった。

プログラムから手を引く

種子収集のプログラムが縮小していくなか、戦後のワシントンDCでポペノーを最も苛立たせたのは、激しい巧言のやり取りではなく、予算だった。一九一九年と一九二〇年、ポペノーの歩合制の給料は減っていった。フェアチャイルドは、新しいプラントハンターを雇って事業をなんとか継続させようとしたが、問題だらけの仕事をこなせる者はいなかった。新しく雇った者たちは贅沢に金を使い、たびたび給料の値上げを要求した。一九二五年、ポペノーの我慢も限界に達した。彼はプラントハンティングよりも簡単に——しかももっとたっぷりと――稼げる仕事に鞍替えし、資産価値も評判も上昇中だったユナイテッド・フルーツ・カンパニーという企業に農学責任者として雇われたのである。三一歳になって間もなく、彼はフェアチャイルドに、できる限りさり気なく、辞めたい、という意思を示した。そして、賢く美しい竹の研究者と出会って結婚した。

彼のそんな努力は、彼一人で大西洋の潮流を変えようとするに等しかった。一九二三年、フェアチャイルドの人生で二度目のことだったが、ある裕福な人物――名前をアリソン・アーマーといった――が彼に、民間の顧客のために世界中から植物を集める一連の収集旅行の相談役になってくれないかと尋ねた。フェアチャイルドはこの仕事を引き受けた。一八九八年にそうしたのと同じように、彼は農務長官に、自分が築いた事業を辞めなければならないと告げた。彼は職員たちに、そして自分自身に、すぐに戻ってくると言い聞かせた。が、今回は彼は戻らなかった。

フェアチャイルドの私生活を喜ばしいものにしていたのは、マリアンとともにフロリダに出かける機会が増えていたことだった。ヘンリー・フラグラーがかつて未来の大都市になると想像した沼地は発展し、戦後の七年間に人口は五〇パーセント増加していた。経済の発展によって、人々はより多くの金、有給、退職者年金、そして自動車を手に入れ、フロリダは休暇を過ごすのに良いところになっていたのである。戦争が終わって間もなく、フロリダ州政府は所得税と相続税を廃止し、そのことでさらに多くの人（と金）がフロリダに集まった。不動産の価格は急上昇し、人々は、いつか埋め立てられてビーチフロントの土地になることを期待して海面下の土地さえ購入するほどだった。一九二〇年代、アメリカ人は互いをその所有物で評価しあった。そしてフロリダは、社会的地位と贅沢を求める人々の新天地となったのである。

フェアチャイルド夫妻は、フロリダのそんな華やかさに惹かれたわけではなかった。気候、静かさ、そして何よりも、熱帯の風が好きだったのである。アメリカで、暖かな陽光と昼間の雨を浴び、生い茂るつる植物や、フェアチャイルドがジャワで大好きだった見上げるようなヤシの木に囲まれることができるのはここだけだった。アメリカにいながら、あたかも熱帯地方に住んでいるような気になれるのはフロリダだけだったのだ。だから一九一六年、ココナッツ・グローブの、ビスケーン湾に面した土地を見つけた夫妻は、その土地を買った。

ラスロップの死

初めて夫妻の家を訪れたとき、バーバー・ラスロップはそれを「カンポン」と名付けた。マレー語で、一族が暮らす屋敷群を指す言葉である。ラスロップは、健康の衰えと関節炎の悪化のため、一九二〇年代の初めには海外を旅行するのをやめていた。蒸気船は自家用車に取って代わられ、彼は自動車でサンフランシスコからシカゴやフロリダへ、友人を訪ねたり、病院で気管支炎や喉頭炎の治療をするために出かけた。

フェアチャイルドはしばしばラスロップをカンポンに迎えた。ベル夫妻や、彼らの科学者仲間で、植物学や化学についてフェアチャイルドの意見を聞きたがったトーマス・エジソンやハーヴェイ・ファイアストンも一緒だった。タイヤで富を築いたファイアストンは、ゴムの木の栽培にことさら熱心だった。エジソンには、一晩中電気のシャンデリアを点けっぱなしにしたバンコクの宿屋の主人の話をした。ラスロップがフェアチャイルドにした「投資」の見返りとして、自分が目をかけた男の元に、当代きっての科学者が訪れ助言を求めている、ということ以上のものがあろうとは思えなかった。

生涯を旅に費やしたラスロップが八〇歳を目前にして最後に辿り着いたのは、フィラデルフィアの病院の一室だった。一九二七年五月一七日、ラスロップが息を引き取ったという知らせを聞いたときフェアチャイルドはヨーロッパにおり、その死に立ち会えなかったのは胸が張り裂けるような悲しみだった。残った資産はフィ

1920年頃。バーバー・ラスロップ（左）とアレクサンダー・グラハム・ベルはどちらもその最晩年の一部を、フロリダ州ココナッツ・グローブのフェアチャイルド宅で過ごした。ベルは1922年にノバスコシアの地所ベイン・バリーで亡くなった。ラスロップはその5年後、ペンシルベニア州フィラデルフィアで亡くなっている。彼は生涯家を持たず子どももいなかったため、彼の遺体が当然埋葬されるべき場所がなく、没所に最も近い墓地に埋葬された。

ラデルフィアの郊外の墓地に墓を作るのに使われた。だが彼には直接の子孫がなく、生涯にわたって物を書き残すことには興味がなかったせいもあって、彼の非凡な人生の物語の多くは、その死とともに忘れ去られたのである。

フェアチャイルドは、ラスロップが遺したものを語り継いでいく役割の中心を担うことになった。彼は、ラスロップとの三三年間に及ぶ友情、とりわけともに旅をした八年間を、「親密な交わり」であり、「わが人生における大切なロマンス」であったと表現した。誰も――ラスロップ本人さえも――彼が地球を何周したか、本当のところは知らなかった。追悼記事には、一三回と書いたものもあれば二五回と書かれたものもあった。ラスロップは八三回とみなに言っていた。

フェアチャイルドは歳をとっても、若かった頃と変わらない好奇心に溢れていた。「何を見ても彼の青い目は、深くて決して満足することのない興味と情熱に輝くのです」と、ある友人の夫妻はフェアチャイルドについて言った。彼は孫たちにたくさんの質問を浴びせた――特に、マイアミから、夏の別荘を建てたノバスコシアのベイン・バリーにまでマリアンとともに車で向かう長い道中で。「今日覚えた一番面白いことは何だい?」とフェアチャイルドは訊くのだった。

知らない人に質問をして、それまで知らなかったちょっとしたことを聞き出して戻ってきた子どもには、二五セントを与えるので有名だった。彼は子どもたちに、「お前がその人の役に立てず、その人もお前の役に立てないなら、その人とはさようならだ」と言って聞かせた。

最後の探検旅行

フェアチャイルドが孫たちに一番よく話して聞かせた旅は、初めて大西洋を渡ったときのことでも、コルシ

1935 年。マリアンとデヴィッドは毎年、ノバスコシアのベイン・バリーへの訪問を続けた。年齢とともに生活のペースは落ちたが、デヴィッドは妻（写真）と、彼女の前に置かれたボウルのマンゴーをはじめとする熱帯の植物に魅了され続けた。数年後の 1939 年、2 人は最後にもう一度、ともにプラントハンティングの旅に出ることを決意する。

カ島での冒険でもなかった。彼の子どもたちが親になる頃には、フェアチャイルドが初めてジャワ島を目にしたときのことやハワイ王国を訪問したことはまるで前世の出来事のように思えたのだ。

彼が生涯で最も気に入った旅は、マリアンと数人の友人たちと一緒に行ったマレー諸島への調査旅行だった。それは、フェアチャイルドがラスロップと旅をしていた頃のような、私有のヨットでの贅沢な旅行であり、老境を迎えたフェアチャイルドに相応しくゆったりとしたペースだった。

それは一九四〇年のことで、旅の目的は半ば冒険、半ば慈善事業だった。ロバート・モンゴメリーという裕福な会計士が、フロリダ南部の一〇万坪もの土地を、アメリカで初めて、熱帯の花、つる植物、そして果樹だけを集めた植物園にするために寄付したのである。フェアチャイルドは、ボゴールや東京やリオデジャネイロでそういう植物園を訪れたことがあった。モンゴメリーがそれを「フェアチャイルド熱帯植物園」と呼びたいと言ったとき、彼は辞退しようとした。だが、地球上で彼ほど熱帯植物についての知識を持っている者はいない、とある人に言われて折れた。

植物園には植物が必要だった。フェアチャイルドはすでに高齢で、他の者を――熱心な若者を――マイアミの南に植物博物館を作るための私的な調査プロジェクトに参加させ、植物を収集させてもよかった。だがフェアチャイルドは最後にもう一度だけ、アメリカという土地を離れ、美しいマレー諸島を見たかった。アルフレッド・ラッセル・ウォレスはとうに亡くなっていたが、彼はフェアチャイルドの中に、赤道直下の太陽のごとく明るく、消えることのない明かりを灯したのだ。

世界では再び戦争が起こっていた。今度もその発端となったのはドイツ人で、戦いはまたしても全世界を飲み込もうとしていた。第一次世界大戦の余波が別の世界大戦につながっていった――ドイツが第一次世界大戦で名誉を傷つけられたことがその主な理由だ。ヴェルサイユで締結された条約でドイツのリーダーたちは、自らの非を認め、国土の一部を放棄し、戦債を支払うよう強要された。国粋主義的な観点から見れば、これは屈辱だった。第一次世界大戦で戦った軍人の一人が、この弱みを利用して首相選出の選挙キャンペーンを展開し、ドイツは世界に屈せず前進すべきであると演説して聴衆を集めた。彼は、ドイツに以前のような栄光と純粋さを取り戻すと公約して首相の座についた。

こうしたドイツの傲慢さがマレー諸島の旅に危険を及ぼすことはなかった。マレー諸島の法的な所有権を持っていたオランダは、一九三九年、第一次世界大戦のときと同様に中立を宣言していたし、フィリピンはまだ形の上ではアメリカの植民地だったからだ。それよりも大きな脅威は、一九三七年から領地と労働力をめぐって戦っていた日本と中国だった。日本は豊かになり、国力も強まって、それが日本の帝国主義的な渇望を駆り立てていた。

だがフェアチャイルドはその危険を承知の上でこの旅に出かける価値はあると考えた。自分の老い先が短いことを彼は知っていた。「それに」と彼は書いている——「私たちの考えでは、健康を損なう危険性はどこにでもあるし、大多数の人は自宅で、何かしらの事故で死ぬように見える。風呂場のマットに足を滑らせたり、未開で人が少ないところよりも文化的な都会の方がもしかしたら伝播の速度が速い病気に罹ったりするのだ」

彼が若かった頃と比べて、人類はより用心深くなり、恐れに駆られて戦争をすることが増えているのをフェアチャイルドは目の当たりにしてきた。だからどんなときでも、今という瞬間よりも安全なときなどないのである。

フェアチャイルドとマリアンは、一八九〇年代よりもずっと速くなった列車でロサンゼルスに向かった。船もまた進歩していたが、船で旅すること自体が古くなっていた——金属製の飛行機で空を飛んでも大丈夫だという自信のある人は、何週間どころか一日もかからずに海を越えることができた。種子を送るのに、乾燥させたりジャガイモの中に突っ込んだりする必要もなくなっていた。湿ったピートモスの上に並べて貨物として空輸すればよかったのだ。検査の工程さえも今では合理化されていた。植物は港や空港で検査され、ワシントン

DCはその過程から完全に除外された。

太平洋を横断中に台風に遭い、船は激しく揺れて、食堂の椅子が倒れて座っていた人が床に投げ出されるほどだった。マリアンは三人の子どもたちに宛てた手紙の中で、この船旅がこれほど危険なものであることに驚いたと書いている——「波があまりにも激しく船に打ち付けて、心臓が止まりそうになったことが何度かありました」。フェアチャイルドは面白おかしい話をしてみなの注意を逸らそうとした。

ジャワ海を渡るのに乗った船は、この旅のために香港で特注で造船されたジャンク船——昔の中国風帆船——だった。昔ながらの中華風に装飾されていて、舷窓は、輝く太陽や不死鳥や龍が描かれた陶器で飾られていた。今度の旅の費用を出したのは男性ではなく女性だった。スタンダード・オイル社の創設に関わったジョン・D・アーチボルドの後を継いだアン・アーチボルドである。アーチボルドはすべての経費を自分が持つと言い、フェアチャイルドはただ、フィリピンで彼女と会いさえすればよかった。アメリカは一九三五年にフィリピンの独立を約束しており、それから一〇年をかけてフィリピンは完全独立へと向かっていた。以前フェアチャイルドがフィリピンを訪れ、アメリカ人とフィリピン諸島の人々の激しい対立感情を植物が癒やすことができるのではないだろうかと考えてから随分経ったこのとき、マニラは物静かだが機能的な都市となり、人々は自動車に乗って宝石店や映画館へと足を運んでいた。

こうして、探検旅行が始まって間もなく、フェアチャイルドはダバオという小さな町で、鳥籠に入れられたサルクイワシを見て驚愕したのである。もがくサルクイワシを見ながらフェアチャイルドの脳裏にあったのは、最初にここを訪れてからこれほど長い年月を経て再びインド洋におり、まだ新しい冒険のための強さが残っている自分がいかに幸運か、ということだったかもしれない。あるいは自分の功績を経済的に支えてくれた、裕福な後援者たちのこと——そのほとんどは偶然の出会いによるもので、そのおかげで彼にはワクワクするような冒険の機会が与えられたのだ——か、それとも、ますます小さくなり互いにつながり合っていく世界の只中にあって、それでもまだ西欧世界が知らない植物があるということを考えていたのかもしれない。だが、さんざんいろいろなことを見てきた老人にとってさえ、サルさえ食べるワシの存在は、熱帯地方の持つ奇妙な魅力をあらためて証明するものであったことは間違いない。

フェアチャイルドたちのジャンク船はサンギへ島に寄港した。幅数十キロで、高さ一二〇〇メートルの火山が雲の上に聳える島である。旅行客など見たこともなかったであろう子どもたちは、マリアンたちを取り囲んで黄色い声をあげた。フェアチャイルドは一人グループを離れて「植物狩り」に出かけ、ヤシの木を収集した。ジャワ島で覚えたマレー語はすっかり錆びついていて、彼は船から持ってきた小道具と手真似で、一番珍しいヤシの木を見せて欲しいと島の人々に伝えた。島民が見せてくれたヤシの木は、一つは幹が真紅、もう一つは幹にあたるところがなかった。彼はまた、浜に沿って、根を泥質の地中に伸ばして生えているマングローブを調査したり、ツムギアリの集団が体腺から糸を吐き出して他のアリに渡し、人間の手では千切れないほど強い巣を作るのを眺めたりした。

船がシアウ島に近づくと、もっとたくさんの子どもたちが声を限りに歌い、叫びながら彼らを待っていた。島では大きな噴火があったばかりで火山はまだ煙を吐き出しており、傾いていた。木や低木から次々と種子を集めるフェアチャイルドの後を、四〇人ほどの子どもがついて歩いた。アメリカ人の訪問を喜ぶ島の首長とも面会した。首長がパパイヤの葉を食べるのを見て、フェアチャイルドは、葉を齧っている最中の写真を撮ってもいいかと尋ねた。世界の彼方ではパパイヤの葉を食べる人たちがいると知ったら——後に、パパイヤの葉は血糖値を下げ、免疫を強化し、がん細胞を弱めさえすることがわかったのだが——アメリカ人も食べてみようと思うかもしれないと思ったからだ。人々が味に対して頑固であることを、フェアチャイルドは以前よりもさらに皮肉に思うようになっていた。このときのことをフェアチャイルドはこう書いている。「パパイヤの葉を食べることさえ怖がる人が多いのはわかっている。そのくせ、とんでもない、と頭を振りながら彼らは煙草に手を伸ばすのだ」
自分のペースでゆったりと続けるプラントハンティングはさておき、この旅のハイライトは、一人がずっしりと重たいヤシガニを生きたまま船上に持ち込んだことだった。フェアチャイルドと船員がそれをガラス瓶の中に戻そうとしている間、女性たちは金切り声をあげた。カニは瓶に戻ったが、その前にその強力なハサミでモップの柄を真っ二つに割ってしまった。標本にするため、フェアチャイルドは瓶にホルムアルデヒドを注いだ。

その数か月後にはこの旅で最悪の事態が訪れた。随行していた写真家のネッド・ベックウィズが、ドイツのスパイ、あるいは中国人に雇われているという容疑で逮捕されたのだ。ジャンク船はどう見ても中国の船に見えたためである。オランダ軍の兵士が彼のカメラを押収し、フィルムを調べた。

「Wij zijn Amerikanen」——収監されていたネッドを救い出しに行ったフェアチャイルドはそう主張した。「我々はアメリカ人である」。オランダ領東インドの首都バタビアからの電報がこれを裏付けたため、ネッドとフェアチャイルドは解放された。

この旅行は二年間の予定だった。だが、猜疑心と危険と人々の敵意に遭って、旅はその前に打ち切られた。オランダは第二次世界大戦には参戦したくなかったのだが、一九四〇年五月にドイツがオランダに侵攻すると、オランダ軍は、ドイツが次に東インドを攻めてくることを恐れて島にいるドイツ人を片端から捕らえ始めた。彼らは、植物を探しに来たアメリカ人観光客の一団を巻き添え被害で捕えることもお構いなしだった。儀礼上、ジャンク船は東インドの領域を出てフィリピンに戻り、それからアメリカに帰国するよう命じられた。どこにも寄港するなとオランダ政府は警告した——後ろを振り返るな、と。

デヴィッド・フェアチャイルドはこの命令に従わなかった。ジャンク船はその後、一七の島に立ち寄り、そのたびにフェアチャイルドはゆっくりと上陸してはヤシの木や果樹や花々の種子を集めた。逮捕されないよう、年老いた体が許す限りの速さで動きはしたが、それでも潮の流れのままに進むことに満足していた。ジャンク船の船長に彼は、急がなくていい、と言った。

エピローグ

数年前の秋、リサーチに数か月を費やした後で僕は、そろそろデヴィッド・フェアチャイルドに会ってもいい頃だと考えた。もちろん彼は六〇年前に亡くなっているので、彼の遺した仕事を見に行く、という意味だ。フェアチャイルドは、一九五四年八月のある日、彼の名が付いたフロリダの植物園の、ジャワ原産のイチジクの木の下で息を引き取った。熱帯を心から愛した男に相応しい最期だったと言えよう。

それから半世紀以上経つ今、マイアミの近くに、フェアチャイルドが遺したものを守っていこうとするかなりの数の人々がいる。庭師、アーキビスト、遺伝学者その他、彼らはみな、フェアチャイルドがいなかったら存在しなかった、非営利団体あるいは政府機関の職員である。

僕は、床が茶色がかった灰色のタイル張りで、壁取り付け型のエアコンが唸る小さな部屋で何日も過ごした。部屋にはフェアチャイルドの古い手紙が入った箱が天井まで積み上げられていた。フェアチャイルドとマリアンが住んでいたカンポンを訪れ、二人の寝室にも入ってみた。そこに何があると期待していたのだろう？　わからない。僕は、フェアチャイルドが階段を下りてきて、屋根付きの廊下を渡り、今も建築当初の床のタイルがそのまま残っているキッチンに入っていくところを想像した。それから、今では結婚式に使われている緑豊かな庭に出て足を止め、日がな座って波を眺めるだけになった晩年のフェアチャイルドが好きだったビスケーン湾も見た。

それでも、僕がフェアチャイルドと本当に邂逅した、と感じられたのは、マイク・ウィンタースタインに会ったときだった。彼は、カンポンから数キロ離れた、門があって立ち入れないエリアの近くで会おうと言った。身長一六五センチくらいのウィンタースタインは、ワシントンDCでは見たことのないタイプの農務省職員だった。彼の日焼けした肌と硬くなった手を見て僕は、七〇年代から背広を着たことがないのではないかと想像した。彼は早口で息つく間もなくしゃべり、僕がいろいろと調べて歩いていると聞くと、フェアチャイルドが昔持ち込んだ植物が今でも育っている、農務省の土地の立入禁止地区を見せてくれることになったのである。

「カートで回ろう」と彼は言った。「本人がいた頃ここがどんなだったかがわかるよ」

僕たちは果樹園を走った。ゴルフカートはものすごいスピードで何度も鋭く方向転換し、まるで車輪のうちの二つが宙に浮いたように感じるほどだった。僕はウィンタースタインに二度、急いでないから、と言ったが、彼は二度とも、別に彼も急いでいないと言った。彼は、丈の高い草が生い茂る真ん中に植えられた一群の木を指差した。そのほとんどはマンゴーだった。どれもフェアチャイルドが世界のどこかで手に入れた苗木から育ったものだ。その中には、今では一七メートル以上の高さのものもあった。

僕は思わず、今ではもっと新しいマンゴーの品種があるし、マンゴー産業はとっくに外国に移っているのに、何の目的でこんな古い木を残しておくのか、とウィンタースタインに訊いた。かつてはフロリダでさかんに栽培されていたマンゴーは、現在はメキシコ、ブラジル、インドで商業的に生産されている。また南カリフォルニアの発展に貢献したアボカドは、今では主にメキシコから輸入される。

「これが原木なんだよ」とウィンタースタインが言った。原色、と言ってもよかった。フェアチャイルドが一九〇三年にバグダッドから持ち込んだデーツはその後、数え切れないほど何度も交配されて、今アメリカのスーパーマーケットならどこでも買えるデーツができた。ウィンタースタインは、化学者や果物の研究者は今でも、フェアチャイルドが昔研究していたマンゴーのかけらを使うのだと言った。そして面白いことに、フェアチャイルドが海外からアメリカに持ち込んだマンゴーの価値を最も認めるのは海外の研究者たちなのだという。「たとえば、イスラエルのマンゴーの農園で病気が発生したとすると、わしらは病気のない苗を試験栽培のために送るんだ」。そういう訳で、フェアチャイルドはいわばマンゴーの創始者なのである。アイフォンがあるのはアレクサンダー・グラハム・ベルのおかげであり、フェラーリがあるのはヘンリー・フォードのおかげであるとも言えるのと同様に、現在市場にデーツやアボカドがあるのはデヴィッド・フェアチャイルドのおかげと言ってもいい。突破口を破るのは一人なのだ──それからイノベーターたちが改良を加えるのである。

そう気づいて以来、僕はいたるところにフェアチャイルドの存在を見るようになった。ニューヨークに行ったときには、地下鉄でPeachy Keen Nectarineという飲み物の広告を見た（「本物のフルーツみたいな味！」というコピーだった）。ワシントンＤＣの一四番街にある高級レストランにはマイヤー・レモンのサラダがあった。朝はよく、ワシントン記念塔近くのタイダルベイスンの周りを走りに行く。そこはほぼ一年中静かだが、毎春の二週間だけは別だ──あたりは人でいっぱいになり、空にはたくさんの凧が上がり、桜味のアイスクリームを売る屋台が出る。

フェアチャイルドが遺したものはどこにでもあるように思え、やがて僕の友人たちにとってもそれが当たり前のことになった。僕が皿の上の食べ物を──それはカシューナッツのこともあれば、ケールだったりネクタリンだったりもするのだが──つついて「これをアメリカに持ってきたのは……」と言うと、友人たちは最初のうちこそ感心して聞いていたが、そのうちに、やれやれという顔をするようになった。

けれども、フェアチャイルドの仕事の成功は、彼が遺したものの一部に過ぎない。彼はよく人々に、新しい食べ物を導入するには二つの段階がある、と説明した。海を越えて持ってくる段階と、消費者にそれを気に入ってもらう段階だ。この二つ目の段階で、何千という作物が失敗した。たとえば、チャヨテ（ハヤトウリ）とも呼ばれる、野菜として食べるナシは、農家も消費者も興味を示さず、姿を消した。タロイモも同様だ──パッとしない根菜で、ジャガイモやニンジン、ヒカマにさえも勝てず、市場でシェアを伸ばせなかった。

僕は何か月も、フェアチャイルドが一番のお気に入りだった東南アジアの果物、マンゴスチンを探した。彼は、なぜ人々が自分と同じようにマンゴスチンの魔法のような魅力を感じないのかが理解できず、亡くなるその日まで、マンゴスチンの人気が出なかったことを残念がったのだ。と、ある夏の日、隣人のウェンディが、ニコニコしてニューヨークから帰ってきた。

ウェンディは「見つけたわよ」とだけ言った。

彼女のキッチンで、僕は生まれて初めて、丸い紫色のその果物を食べた。一口食べて、僕はなぜマンゴスチンの導入が失敗したのかを理解した。それは甘くてクリーミーですごく美味しかったけれど、長距離輸送には向いていないのだ。皮は厚すぎるし、果肉はパサパサで、すぐに傷がついてしまう。今市場に君臨している、バナナ、リンゴ、オレンジといった果物に比べると、マンゴスチンはいかにもセールスポイントに欠けるのである。

実際、これは残念なことだ。市場での訴求力によって、どの果物が死に、どれが生き残るかが決まるというのは、一種の生物経済学的進化論であるように見える。だが農業とはそういうものなのだ。そしてそれはフェアチャイルドが生きた時代のずっと後まで続いているのである。今から一〇〇年前、アメリカの農家は四〇八品種のトマトを商業的に栽培していた。現在その数は七九品種に淘汰されている。トウモロコシは、二〇七品種だったのが一二品種になった。一つの作物を産業規模で栽培すれば食物生産量は安定するが、同時に作物が病気に罹る危険性が高くなる。そして感情的に言わせてもらえば、それだけ世界の豊かさが失われるということだ。

そこで、先述した疑問に立ち戻ることになる——つまり、現代社会には、もう一人のフェアチャイルドを登場させる余地があるか、ということだ。さまざまな現実的要素を考えれば、その答えはおそらくノーだろう。食べられる植物を探すプラントハンターとして輝かしい実績を上げる人物が再び登場する、という可能性は、グローバル化がもたらした文明の利器によって消し去られてしまったように見える。今では農家は、国際カンファレンスの場で作物を、種子を、栽培の秘訣を共有し合う。この僕が、世界一の米の栽培方法についてのウェビナーを受講し、種をオンラインで買うことだってできる。農作にまつわる秘密を守るのは至難の業だ。多国籍食料品企業が地球全体を牛耳っているこの世界で、一個人が、アメリカに再び活気をもたらす新しい食べ物をたまたま発見するなど不可能に近い。ケールやキヌアの例を挙げれば、近年の人気はマーケティングの結果であって、プラントハンターの功績ではない。

だが、今の僕たちの食べ物との付き合い方の何もかもが正しいわけではない、という点については異論を挟むのは難しいだろう。僕がフェアチャイルドが遺したものについての調査を終えたのは、沖縄という日本にある小さな島だ。後にフェアチャイルドがワシントンDCにもたらすことになる桜の花を彼が初めて目にした場所の近くである。僕が毎日近所を散歩するときに通りかかる一軒の家があった。その家には完璧なピンク色の花をつける桜の木があって、島の温暖な気候のおかげでその木は僕の滞在中ゆっくりと花を咲かせた。

この花が僕の家にあったら嬉しい、少なくとも友人にプレゼントできるといいと思った僕は、フェアチャイルドに倣って植物をこっそり持ち出すことにした。木の持ち主に、ちょっと枝を切ってもいいか、と訊くこともできたし、そうすれば持ち主はおそらく、びっくりしてどうぞと言ったことと思う。でも僕は、考えうる限り一番日本らしくない、盗むという行動を取ることにしたのだ。フェアチャイルドがその生涯で何百回となく感じたに違いないアドレナリンの放出を、一度だけでも感じてみたかったのかもしれない。

僕はその計画をぐずぐずと、ワシントンDCに戻る便に乗る当日まで引き延ばした。その日、ハサミを持ってその家に行くと、桜の木の持ち主の女性が庭木の手入れをしていた。

そんなことは予想していなかったので、僕はどうしようかと考えながら近所を二周した。道の曲がり角に隠れて、僕はその女性が庭の反対側に行って見えなくなるのを待ち、それから急いで桜の木に近づいた。ほんの少し歩調を緩めただけで、僕はさっと腕を一振りして桜の木から蕾のついた小枝を三本切り取り、ポケットに突っ込んでそのまま歩き続けた。

小枝は僕のスーツケースでワシントンDCまで運ばれた。フェアチャイルドの、湿ったコケを使う方法に一番近い、僕でもできる方法として、僕は濡らしたペーパータオルで小枝を包み、それをビニール袋に密閉した。四〇時間後――一九世紀の基準で言えば電光石火の速さだ――、その小枝は僕の家のキッチンにあった。僕は枝を一本ずつ、植物の緊急事態のために常備している発根促進ホルモンに浸し、それからそれぞれを生のジャガイモに突き刺した。僕は、自分がすべてを正しく行ったこと、現代の移動技術と温度調節技術の恩恵を受けたことに満足していた。フェアチャイルドも感心することだろう。

ところが二週間後、まさに木の芽から新しい根が生え、植物を大陸から大陸に移植することに成功する、という勝利の喜びを感じられたかもしれないちょうどその頃、挿し穂が乾き始めたのだ。花はパラパラと落ちてしまった。

僕は植物学者ではないから、僕が失敗したとしても言い訳はある。けれども一連の経緯は、一〇〇年前、今のように便利な世の中ではなかった時代にフェアチャイルドが成し遂げたことの偉大さを強調するかのようだった。

今、僕が持ち帰った挿し穂には生命のかけらもないが、僕はどうしてもそれが捨てられない。この本を書き終えたくないのと同じくらい、枯れた枝を眺めるのは辛い。だが、毎日その枝の横で朝食を食べながら僕は、フェアチャイルドもかつて感じていたかもしれない、何か詩的なものを感じるのだ。植物学とは、ときに枯れた枝がもたらす失望感のことである。だがときおり、幸運に恵まれれば、それは生命を、成長を、そして変容をもたらす術となり得るのだ。

1919年、カリフォルニアでのバーバー・ラスロップとデヴィッド・フェアチャイルド。

訳者あとがき

自分が今、当たり前のようにスーパーマーケットで目にし、購入し、食卓に並べている食べ物が、実はあるときにはっきりした意図をもった誰かの手で我が国に持ち込まれ、栽培されるようになった、あるいは輸入されるようになったものであるという可能性を、多くの人は考えたこともないかもしれない。本書はアメリカの物語だが、今や手に入れられない食材はないと言ってもいいアメリカは、今からほんの百数十年前には、ヨーロッパからの移民が植民地に持ち込んだわずかな食材しかない、食の貧しい国だった。そこに、いわば「国策」として海外から多種多様な「食べられる植物」が導入されることになる。そしてその中心的な役割を果たしたのが、本書の主役、デヴィッド・フェアチャイルドである。

一九世紀の終わりから二〇世紀前半にかけてアメリカに初めて持ち込まれた食物について、その植物学的・園芸学的特徴やアメリカでの本格的な栽培に至る歴史的な経緯を正確かつ詳細に記した学術書をお探しの方には、本書は少々物足りないかもしれない。

むしろ本書は、アメリカがその歴史上最も華々しい発展を遂げた魔法のような時代に生きた、異様なまでに幸運な一人の男の生涯を綴った伝記であり、冒険談であり、紀行文であると言う方が正しい。建国一〇〇年、シカゴ万博、蒸気船による遠洋航路の発達、電話、飛行機の発明……。「金ぴか時代」と呼ばれる、まさに絢爛とした時代背景に、個性の強い登場人物たちが歴史に残る冒険を繰り広げる本書は、映画化したらさぞや面白いものになるに違いないと思う。

主役のデヴィッド・フェアチャイルドは、題名の通り植物学者であり、一八九〇年代から一九二〇年代にかけて、それまでアメリカになかった数百種類の植物を海外から持ち込むという功績を残した「プラントハンター」の草分け的存在である。持ち帰った珍しい植物で植物園をつくりました、という話ではない。組織的に海外から植物を導入し、農家に提供して農業という産業を支援する、というアイデアを実現させ、米農務省内に「種子と植物導入事業部」を創設し、彼が海外から送った種子が、挿し穂が、アメリカの土で芽を出し、根を下ろし、大々的に栽培されて他国と競合できる産業を生み出し、アメリカの農業を根幹から創造し、まさにアメリカ人の食卓に大きな変革をもたらしたのはフェアチャイルドだと言っても過言ではないのである。

もう一人の主役バーバー・ラスロップは、莫大な父親の遺産を受け継ぎ、贅沢三昧の海外旅行に日々を費やす有閑階級で、デヴィッド・フェアチャイルドより二二歳年上の伊達男である。怖いものを知らない傍若無人の典型のような、大きく膨らんだ自我ではちきれんばかりの、だが時折意外な優しさと無防備さを見せる洗練されたラスロップと、カンザスの田舎出身で、知的好奇心に溢れてはいるが世間知らずで自信もなければ金もない不器用なフェアチャイルド。何の接点も共通点もないように見える二人は、船上で偶然に出会い、やがて世界を股にかける旅をともにするようになる。新しい植物・食物をアメリカに紹介するというフェアチャイルドの野望にはラスロップの金が必要だったし、贅沢ではあるが目的のない旅に満足できなくなっていたラスロップには、フェアチャイルドの計画を助けることで自らの旅を意味のあるものにすることが必要だった。

初めのうちは感情的にすれ違い、衝突もする二人だが、旅を続け、苦楽を共にする中で、互いが互いの持つものを必要としていたというだけではない、生涯続く真の友愛が育まれていく。世界五大陸のすべてを豪華客船で巡りながら二人が採集してアメリカに送った農作物は、アボカド、マンゴー、デーツ、タバコ、綿花、米、レモンをはじめ数百種に及び、現在のアメリカの農業と人々の食生活に多大な影響を与えている。またフェアチャイルドは、有名なワシントンＤＣの桜を日本から輸入するのにも大きな役割を果たしている。

この二人の旅と植物探しの背景に彩りを添える脇役もまことに豪華である。フェアチャイルドが少年の頃に、生涯消えることのない熱帯の島への憧憬を彼の心に植え付けた、進化論の実証をダーウィンと競い合ったアルフレッド・ラッセル・ウォレス。電話を発明したアレクサンダー・グラハム・ベルとその娘マリアン。動力飛行機を発明したライト兄弟、その他、フェアチャイルドの脇を、金ぴか時代のアメリカの富裕層・知的エリートたちが見事に固めている。

さらに、後半になって登場する重要人物が、フェアチャイルドの幼なじみであったチャールズ・マーラットという昆虫学者だ。彼は新しい植物とともにアメリカに植物の病原菌や害虫が入ってくる危険性を訴え、フェアチャイルドと激しい闘いを繰り広げる。昆虫学者としての懸念に、フェアチャイルドの幸運さに対する私怨が重なって、フェアチャイルドへの彼の攻撃は熾烈を極める。アメリカの生活をより豊かなものにするために新しいものを貪欲に迎え入れようとするフェアチャイルドの楽観性と、未知のもの、知らないものを恐れ、嫌悪し、遠ざけようとするマーラットの悲観的な考え方の対立。結局、二人の争いは、マーラットが検疫法を制定させることに成功して決着するのだが、ハリウッド映画ならば当然、観客が応援し、軍配を上げるのはフェアチャイルドのはずだ。

だが、私が本書を翻訳した二〇二〇年は、ご存知の通りCOVID-19が世界的に大流行し、人も物流も否応なく足止めを食らった一年だった。中国のどこかで新しいコロナウイルスが見つかったらしい、という情報が流れてきた、と思ったらあれよあれよという間にウイルスは世界中に広がり、蔓延し、気がついたら世界を膠着状態に陥れていた。ウイルスの侵入を防ぐために国境は閉鎖され、海外旅行どころか国内の移動すらままならなくなった。

フェアチャイルドとラスロップが乗っていた船の上でペストを発症した乗客が「事故で」死亡し、ぞんざいに水葬されて、船は検疫のための隔離を免れた、というエピソードが登場する。それが遠い昔の、自分とはまるで関係のない他人事とは思えないシュールな状況がリアルタイムに進行する中で、このフェアチャイルドとマーラットの検疫法の制定をめぐる熾烈な闘いを訳していた私が、ともすればマーラットの肩を持ちたくなったということは否めない。本書の著者がフェアチャイルドの味方であり、ほぼ手放しで彼の功績を称えているのは明らかだが、本書が書かれたのが二〇二〇年であっても著者の心情は同じだっただろうか。

外来種の侵攻によって在来の動物や植物が絶滅に追いやられる、というのは事実としてこれまで繰り返されてきたことだし、フェアチャイルドの事業がいかに計画的かつプロフェッショナルに行われたことであろうとも、望まれざる客を招いてしまう危険があったことは事実だろう。また今回のコロナ騒動で、「病原菌の侵入を水際で食い止める」ことの重要性と困難さは、世界中の人々が否応なく思い知らされたことでもある。だから、マーラットをゼノフォビアの権化であるかのように言う気には、私にはなれなかったのだ。

私がついマーラットを応援したくなった理由はそれだけではない。

子どもの頃からの夢であったマレー諸島を初め、世界中の国々に人の金で贅沢三昧しながら訪れ、大好きな仕事をして社会的にも認められ、愛する人（それもかのアレクサンダー・グラハム・ベルの娘である）に出会い、結ばれ、生涯裕福な暮らしを満喫して、自分が愛した熱帯の木の下で息を引き取る、という、およそこれ以上に恵まれた人生はなかろうと思われるフェアチャイルドの、一種呆れるほどの純粋さとまっすぐさには、どこかまた一抹の物足りなさを感じるのだ。

たとえば、フェアチャイルドが結婚して植物探しの旅に出ることができなくなった後、フェアチャイルドの後を継いでその任務を背負ったフランク・マイヤーは、フェアチャイルドのように大金持ちのパトロンが付いているわけでもなく、過酷かつ危険な条件下での孤独な旅を続け、やがて精神を蝕まれていく。彼がフェアチャイルドに救いを求め、振り絞るようにして書き送った言葉に対してフェアチャイルドは為すすべを知らず、マイヤーに精神的に一番近いところにいたはずの彼は、結局マイヤーを救うことができなかった。マイヤーの死が自死であったことを最後まで理解しなかった、あるいは信じようとしなかった、ということを知れば、彼にはマイヤーの苦しみを理解するのに必要な共感力も想像力もなかったのではないのかと思わざるを得ないのである。

フェアチャイルドが優れた植物学者であり、猛烈な働き者であったことは確かだ。飛行機も冷蔵輸送技術もなかった時代に、西欧人がほとんど訪れたこともない、しばしば豊かな暮らしがあった地から、アメリカで育つであろう植物を見分けて送り届ける、というのがどれほど大変なことかは想像がつく。そして、高齢になってからも好奇心を失うことなく常に新しい知識を求め、純真な探究心を生涯失わなかったというのは素晴らしいことだ。けれども同時に彼が、英国から独立し、意気揚々と国力を増していく得意満面のアメリカの、とりわけ東海岸のエリート層の手本のような存在であるのもまた事実である。もちろん、自分のしていることが、後年アメリカを中心に進むグローバル化（とその弊害）の一助となっていくことを、当時の彼に自覚できようはずはない。とは言え、アメリカの植民地政策を「悲しいこと」と言う彼の言葉は真摯なものであったかもしれないが、海外の植物を導入してアメリカで産業として育て、競争力をつけて世界市場を制覇する、というのは、植民地政策と同様の帝国主義ではないか。

ちなみに、彼が二〇代になったばかりの一八九〇年、アメリカの西部開拓は、米第七騎兵隊によるウンデッド・ニーでのネイティブアメリカンの人々の虐殺をもって終焉したと言われている。彼は、そのことをどう受け止めたのだろう、とふと考える。

仮にフェアチャイルドがこうやって植物導入をしなかったとしても、交通手段の発達とともに地球が小さくなり、食物のグローバル化が進むことは歴史の必定だったことだろう。人間は旅先で美味しいものを食べればそれを持ち帰りたくなるのが自然というものだ。そして、私を含め、そうやって豊かになった食生活の恩恵を受けていない人など、少なくとも先進諸国にはいないだろう。今、青果売り場には、もともとは外国産だけれども日本で栽培されるようになったもの、あるいは海外から空輸されるものを含め、世界中から届いた食物が並んでいる。フェアチャイルドやマイヤーが世界各地からアメリカに運んだものの遺伝子を引き継ぐ青果や観葉植物は、おそらく私たちの身の回りにいくらでもある。

地球が気候温暖化の脅威に晒される今、フェアチャイルドの時代には誰一人考えたこともなかったであろう「カーボン・フットプリント」という言葉が生まれ、食の地産地消の見直しを訴える声がある。一方、見直すべきは食物の輸送によるカーボン・フットプリントとあわせて、食物をどのように育てるかであるとする主張もあり、この議論には未だ結論が出ていないようだ。食のグローバル化はもはや止めようがないだろうが、本書が「ウィズ・コロナ」の時代の始まりとなる二〇二一年に刊行されるという一つの偶然も、この問題について考えるきっかけを与えてくれたような気がしている。

そんな問題提起はさておき、蒸気船で巡る世界の国々の描写は、旅心をくすぐるノスタルジックかつロマンチックな魅力が満載で楽しめる。途中からは、ラスロップ役には今よりもう少し若い頃のダニエル・デイ＝ルイスあたりが適役だなどと考えながら、頭の中に映像を思い描きつつ訳した。一方、優れた植物学者として大きな功績を残しながら純粋さを失わず、永遠の少年を心に宿すフェアチャイルド役の俳優は、残念ながらまだ候補が見つかっていない。

二〇二一年三月

三木直子

State University Press, 2015.
Ward, Erica M. *Coachella*. Mount Pleasant, SC: Arcadia Publishing, 2015.
Whitlock, Barbara. Swingle Plant Anatomy Reference Collection. "Walter Tennyson Swingle." August 20, 2009.
Wild, Antony. *Coffee: A Dark History*. New York: W. W. Norton & Company, 2005.
（ワイルド、アントニー『コーヒーの真実』三角和代 訳　白揚社　2011）
Williams, Thomas, and James Calvert. *Fiji and the Fijians*. New York: D. Appleton and Company, 1859.
Wilson, Stephen. *Feuding, Conflict, and Banditry in Nineteenth-Century Corsica*. Cambridge: Cambridge University Press, 1988.
Zhao, Xiaojian, and Edward J. W. Park. *Asian Americans: An Encyclopedia of Social, Cultural, Economic, and Political History*. Santa Barbara, CA: Greenwood, 2013.

St. Johnston, Alfred. *Camping Among Cannibals*. London: Macmillan and Co., 1889.
Stebbing, Edward Percy. *Departmental Notes on Insects That Affect Forestry*. Calcutta: Office of the Superintendent of Government Printing, 1902.
Stoner, Allan, and Kim Hummer. *19th and 20th Century Plant Hunters*. Washington, D.C.: USDA Agricultural Research Service, National Germplasm Resources Laboratory, 2007. 198. Excerpted in *Horticultural Science*.
Talapatra, Sunil Kumar, and Bani Talapatra. *Chemistry of Plant Natural Products: Stereochemistry, Conformation, Synthesis, Biology, and Medicine*. Heidelberg: Springer, 2015.
Tatum, Charles M., ed. *Encyclopedia of Latino Culture: From Calaveras to Quinceañeras*. Santa Barbara, CA: Greenwood, 2014.
Taylor, William A. *Inventory of Seeds and Plants Imported by the Office of Foreign Seed and Plant Introduction During the Period from April 1 to June 30, 1912*. Washington, D.C.: Government Printing Office, 1914.
Thornton, Ian. *Krakatau: The Destruction and Reassembly of an Island Ecosystem*. Cambridge, MA: Harvard University Press, 1996.
Thrum, Thomas G. *Hawaiian Almanac and Annual*. Honolulu: Thos. G. Thrum Publisher, 1912.
Traister, Rebecca. *All the Single Ladies: Unmarried Women and the Rise of an Independent Nation*. New York: Simon & Schuster, 2016.
Tyrrell, Ian R. *Crisis of the Wasteful Nation: Empire and Conservation in Theodore Roosevelt's America*. Chicago: University of Chicago Press, 2015.
United States. Chief of Engineers U.S. Army. War Department. *Report of the Chief of Engineers* Vol. 3. Washington, D.C.: Government Printing Office, 1910.
United States. House of Representatives. United States Indian Affairs Committee. *Hearings by a Subcommittee of the Committee on Indian Affairs* Vol. 3. Washington, D.C.: Government Printing Office, 1920.
United States. Massachusetts Board of Agriculture. Office of the Secretary. *Fourth Annual Report of the Secretary of the Massachusetts Board of Agriculture*. Boston: William White, 1857.
United States. U.S. Department of Agriculture. *Annual Report of the Commissioner of Agriculture for the Year 1880*. Washington, D.C.: Government Printing Office, 1881.
United States. U.S. Department of Agriculture. Secretary of Agriculture. *Annual Reports of the Department of Agriculture for the Fiscal Year Ended June 30, 1900*. Washington, D.C.: Government Printing Office, 1900.
Valeš, Vladimir. *From Wild Hops to Osvald's Hop Clones*. Issue brief. Hop museum in Žatec. Translated by Naďa Žurková and Steve Yates. Prepared for the author, 2015.
Vella, Christina. *George Washington Carver: A Life*. Baton Rouge: Louisiana

Rees, Albert, and Donald P. Jacobs. *Real Wages in Manufacturing, 1890–1914*. United States National Bureau of Economic Research. Princeton, NJ: Princeton University Press, 1961.

Reuther, Walter, Herbert John Webber, and Leon Dexter Batchelor, eds. *The Citrus Industry, Volume I: History, World Distribution, Botany, and Varieties*. Oakland: University of California Press, 1967.

Ricker, John F. *Yuraq Janka: Cordilleras Blanca and Rosko; Guide to the Peruvian Andes*. Banff: Alpine Club of Canada, 1981.

Rorer, S. T. *Good Cooking*. Philadelphia: Curtis Publishing Company, 1898.

Rosengarten, Frederic Jr. *Wilson Popenoe: Agricultural Explorer, Educator, and Friend of Latin America*. Lawai, Hawaii: National Tropical Botanical Garden, 1991.

Ross, Alice. "Health and Diet in 19th-Century America: A Food Historian's Point of View." *Historical Archaeology* 27, no. 2 (June 1993): 42–56.

Rothbard, Murray N. *Conceived in Liberty*. New Rochelle, NY: Arlington House, 1979.

Rowthorn, Chris, and Greg Bloom. *Philippines*. Oakland: Lonely Planet, 2006.

Rutkow, Eric. *American Canopy: Trees, Forests, and the Making of a Nation*. New York: Scribner, 2012.

Samuels, Gayle Brandow. *Enduring Roots: Encounters with Trees, History, and the American Landscape*. New Brunswick, NJ: Rutgers University Press, 1999.

Sanday, Peggy Reeves. *Divine Hunger: Cannibalism as a Cultural System*. Cambridge: Cambridge University Press, 1986.

Schwartz, B. W. "A History of Hops in America." In *Steiner's Guide to American Hops*. New York: Hopsteiner, 1973.

Seaburg, Carl, and Stanley Paterson. *The Ice King: Frederic Tudor and His Circle*. Boston: Massachusetts Historical Society, 2003.

Shambaugh, Benjamin Franklin. *Biographies and Portraits of the Progressive Men of Iowa: Leaders in Business, Politics and the Professions; Together with an Original and Authentic History of the State, by Ex-Lieutenant-Governor B. F. Gue*. Des Moines: Conaway & Shaw, 1899.

Shurtleff, William, H. T. Huang, and Akiko Aoyagi. *History of Soybeans and Soyfoods in China and Taiwan*. Lafayette, CA: Soyinfo Center, 2014.

Siddiq, Muhammad. *Tropical and Subtropical Fruits: Postharvest Physiology, Processing and Packaging*. Ames, IA: Wiley-Blackwell, 2012.

Smith, Andrew F. *Fast Food and Junk Food: An Encyclopedia of What We Love to Eat*. Santa Barbara, CA: Greenwood, 2012.

Smith, Jane S. *The Garden of Invention: Luther Burbank and the Business of Breeding Plants*. New York: Penguin Press, 2009.

Spillane, Joseph F. *Cocaine: From Medical Marvel to Modern Menace in the United States, 1884–1920*. Baltimore: Johns Hopkins University Press, 2002.

Myntti, Cynthia. *Paris Along the Nile: Architecture in Cairo from the Belle Epoque.* Cairo: American University in Cairo Press, 1999.

Napheys, George H. *The Physical Life of Woman: Advice to the Maiden, Wife and Mother.* London: C. Miller, 1893.

Nelson; Ida, Hial, Elmer, Arthur, and Walter. "Sketches of Our Home Life." TS, Amherst College. 1897.

Pauly, Philip J. *Biologists and the Promise of American Life: From Meriwether Lewis to Alfred Kinsey.* Princeton, NJ: Princeton University Press, 2000.

———. *Fruits and Plains: The Horticultural Transformation of America.* Cambridge, MA: Harvard University Press, 2007.

Perrine, Henry. *Tropical Plants: Report [of] the Committee on Agriculture to Which Was Referred the Memorial of Henry Perrine, Asking & Grant of Land in the Southern Extremity of East Florida, Etc.* Washington, D.C.: United States Congress House Committee on Agriculture, 1838.

Peterson, Merrill D. *The President and His Biographer: Woodrow Wilson and Ray Stannard Baker.* Charlottesville: University of Virginia Press, 2007.

———. *Thomas Jefferson and the New Nation: A Biography.* New York: Oxford University Press, 1970.

Pieters, A. J. "Seed Distribution by the United States Department of Agriculture." *The Plant World* 13, no. 12 (1910). Ecological Society of America.

Pillsbury, Richard. *No Foreign Food: The American Diet in Time and Place.* Boulder, CO: Westview Press, 1998.

Poore, Benjamin Perley. "Agriculture of Massachusetts." Lecture, Essex Agricultural Society, October 1, 1856.

Popenoe, Wilson. *Manual of Tropical and Subtropical Fruits: Excluding the Banana, Coconut, Pineapple, Citrus Fruits, Olive, and Fig.* New York: Macmillan, 1920.

Postel, Sandra. *Pillar of Sand: Can the Irrigation Miracle Last?* New York: W. W. Norton & Company, 1999.

（ポステル、サンドラ『水不足が世界を脅かす』環境文化創造研究所 訳　福岡克也 監訳　家の光協会　2000）

Prinz, Jesse J. *Beyond Human Nature: How Culture and Experience Shape the Human Mind.* New York: W. W. Norton & Company, 2012.

Randall, Willard Sterne. *George Washington: A Life.* New York: Henry Holt & Company, 1997.

Rasmussen, Wayne D. "The People's Department: Myth or Reality?" *Agricultural History* 64, no. 2 (spring 1990): 291–299.

Rasmussen, Wayne D., and Douglas E. Bowers. *A History of Agricultural Policy: Chronological Outline.* Washington, D.C.: United States Department of Agriculture, Economic Research Service, 1992.

Ratican, Diane. *Why LA? Pourquoi Paris?: An Artistic Pairing of Two Iconic Cities.* Mansfield, MA: Benna Books, 2014.

Kumar, Martha Joynt. *The White House Beat at the Century Mark: Reporters Establish Position to Cover the "Elective Kingship."* College Park: University of Maryland Center for Political Leadership and Participation, 1996.

Lacey, Nick. *Introduction to Film*. New York: Palgrave Macmillan, 2005.

Larson, Erik. *The Devil in the White City: Murder, Magic, and Madness at the Fair That Changed America*. New York: Crown, 2003.

Laszlo, Pierre. *Citrus: A History*. Chicago: University of Chicago Press, 2007.

Lengel, Edward G., ed. *A Companion to George Washington*. Malden, MA: Wiley-Blackwell, 2012.

Lewis, W. Arthur. *Growth and Fluctuations: 1870–1913*. New York: Routledge, 2009.

Liliuokalani. *Hawaii's Story by Hawaii's Queen*. Rutland, VT: Tuttle, 1964.

Mann, Charles C. *1491: New Revelations of the Americas Before Columbus*. New York: Knopf, 2005.

（マン、チャールズ・C『1491　先コロンブス期アメリカ大陸をめぐる新発見』布施由紀子 訳　NHK 出版　2007）

Manufacturers, National Association of. *Transactions of the National Association of Cotton Manufacturers* Vol. 69. Place of publication not identified: E. L. Barry, 1900.

Marlatt, C. L. *An Entomologist's Quest: The Story of the San Jose Scale; The Diary of a Trip around the World, 1901–1902*. Washington, D.C.: Monumental Printing Co., 1953.

———. *How to Control the San Jose Scale*. Washington, D.C.: United States Department of Agriculture, Division of Entomology, 1900.

———. *The Periodical Cicada: An Account of Cicada Septendecim, Its Natural Enemies and the Means of Preventing Its Injury*. Washington, D.C.: U.S. Dept. of Agriculture, Division of Entomology, 1898.

McCarty, Kenneth G. "Farmers, the Populist Party, and Mississippi (1870-1900)." *Mississippi History Now*, July 2003.

McCormick, Leander James. *Family Record and Biography*. Chicago, 1896.

McCullough, David G. *The Wright Brothers*. New York: Simon & Schuster, 2015.

（マカルー、デヴィッド『ライト兄弟』秋山勝 訳　草思社　2017）

McKinley, William. *The Last Speech of William McKinley, President of the United States, Delivered at the Pan-American Exposition, Buffalo, New York, on the Fifth of September, 1901*. Canton, PA: Kirgate Press of Lewis Buddy, 3rd, 1901.

McMurry, Linda O. *George Washington Carver, Scientist and Symbol*. New York: Oxford University Press, 1981.

Meyer, Frank Nicholas. *Agricultural Explorations in the Fruit and Nut Orchards of China*. Washington, D.C.: Government Printing Office, 1911.

Millard, Candice. *River of Doubt: Theodore Roosevelt's Darkest Journey*. New York: Doubleday, 2005.

Morton, Julia Frances. *Fruits of Warm Climates*. Miami: J. F. Morton, 1987.

Hill, George William. *Yearbook of Agriculture 1897*. Washington, D.C.: United States Department of Agriculture, Government Printing Office, 1898.

Hine, Darlene Clark, William C. Hine, and Stanley Harrold. *The African-American Odyssey: Combined Volume*. New York: Bedford/St. Martin's, 2002.

Hobbs, Frank, and Nicole Stoops. US Census Bureau. *Demographic Trends in the 20th Century*. Washington, D.C.: U.S. Government Printing Office, 2002.

Jacobsen, Hans-Adolf, and Arthur L. Smith Jr. *The Nazi Party and the German Foreign Office*. New York: Routledge, 2007.

James A. "Tama" Wilson Papers, RS 9/1/11, Special Collections Department, Iowa State University Library.

Jansen, A. A. J., Susan Parkinson, and A. F. S. Robertson, eds. *Food and Nutrition in Fiji: A Historical Review*. Suva, Fiji: Department of Nutrition and Dietetics, Fiji School of Medicine, 1990.

Jefferson, Roland, and Alan Fusonie. *The Japanese Flowering Cherry Trees of Washington, D.C.* National Arboretum Contribution No. 4. Washington, D.C.: United States Department of Agriculture, Agricultural Research Service, 1977.

Jeffrey, J. W. *Quarantine Laws and Orders*. Sacramento: California State Commission of Horticulture, 1911.

Jobb, Dean. *Empire of Deception: The Incredible Story of a Master Swindler Who Seduced a City and Captivated the Nation*. New York: Algonquin Books, 2015.

Kamiya, Gary. *Cool Gray City of Love: 49 Views of San Francisco*. New York: Bloomsbury, 2013.

Kazin, Michael. *A Godly Hero: The Life of William Jennings Bryan*. New York: Anchor, 2007.

Keating, John McLeod. *A History of the Yellow Fever: The Yellow Fever Epidemic of 1878, in Memphis, Tenn*. Memphis: Howard Association, 1879.

King, F. H. *Farmers of Forty Centuries: Organic Farming in China, Korea, and Japan*. Mineola, NY: Dover Publications, 2004.

Kirwan, Albert Dennis. *Revolt of the Rednecks: Mississippi Politics 1876–1925*. Lexington: University of Kentucky Press, 1951.

Kjeldsen-Kragh, Søren. *The Role of Agriculture in Economic Development: The Lessons of History*. Copenhagen: Copenhagen Business School Press, 2007.

Koeppel, Dan. *Banana: The Fate of the Fruit That Changed the World*. New York: Hudson Street Press, 2008.
（コッペル、ダン『バナナの世界史』黒川由美 訳　太田出版　2012）

Kohlstedt, Sally Gregory, and David Kaiser. *Science and the American Century: Readings from Isis*. Chicago: University of Chicago Press, 1996.

Gitlin, Marty, and Topher Ellis. *The Great American Cereal Book: How Breakfast Got Its Crunch*. New York: Abrams, 2011.

Glazer, Nathan, and Cynthia R. Field, eds. *The National Mall: Rethinking Washington's Monumental Core*. Baltimore: Johns Hopkins University Press, 2008.

Godey's Lady's Book, 1850. Philadelphia, 1850.

Godoy, Ricardo. "The Evolution of Common-Field Agriculture in the Andes: A Hypothesis." *Comparative Studies in Society and History* 33, no. 2 (April 1991): 395–414.

Goldman, Emma. *Emma Goldman: A Documentary History of the American Years, Vol. 1: Made for America, 1890–1901*. Edited by Candace Falk. Urbana: University of Illinois Press, 2008.

Gollner, Adam Leith. *The Fruit Hunters: A Story of Nature, Adventure, Commerce, and Obsession*. New York: Scribner, 2008.

Goodwyn, Lawrence. *The Populist Moment: A Short History of the Agrarian Revolt in America*. Oxford: Oxford University Press, 1978.

Gray, Charlotte. *Reluctant Genius: Alexander Graham Bell and the Passion for Invention*. New York: Arcade Publishing, 2006.

Green, Tamara M. *The Greek and Latin Roots of English*. Lanham, MD: Rowman & Littlefield, 2003.

Gruen, J. Philip. *Manifest Destinations: Cities and Tourists in the Nineteenth-Century American West*. Norman: University of Oklahoma Press, 2014.

Haber, Barbara. *From Hardtack to Home Fries: An Uncommon History of American Cooks and Meals*. New York: Free Press, 2002.

Harlan, H. V., and M. L. Martini. "Problems and Results in Barley Breeding." In *Yearbook of Agriculture*. Washington, D.C.: Government Printing Office, 1936.

Harris, Amanda. *Fruits of Eden: David Fairchild and America's Plant Hunters*. Gainesville: University Press of Florida, 2015.

Harris, Thaddeus Mason. *Biographical Memorials of James Oglethorpe, Founder of the Colony of Georgia*. Boston: Printed for the Author, 1841.

Hecke, G. H. *Monthly Bulletin of the Department of Agriculture* 1, no. 11. Sacramento: Government of the State of California, 1922.

Helstosky, Carol. *Pizza: A Global History*. London: Reaktion, 2008.
（ヘルストスキー、キャロル『ピザの歴史』田口未和 訳　原書房　2015）

Herschell, George. *Indigestion: The Diagnosis and Treatment of the Functional Derangements of the Stomach, with an Appendix on the Preparation of Food by Cooking with Especial Reference to Its Use in the Treatment of Affections of the Stomach*. Chicago: W. T. Keener, 1905.

Hicks, John D. *The Populist Revolt: A History of the Farmers' Alliance and the People's Party*. Minneapolis: University of Minnesota Press, 1931.

Higginbotham, Don. *George Washington Reconsidered*. Charlottesville: University of Virginia Press, 2001.

Dorsett, P. H., A. D. Shamel, and Wilson Popenoe. *Bulletin No. 445: The Navel Orange of Bahia; With Notes on Some Little-known Brazilian Fruits*. Washington, D.C.: United States Department of Agriculture, Bureau of Plant Industry, 1917.

Douglas, Marjory Stoneman. *Adventures in a Green World: The Story of David Fairchild and Barbour Lathrop*. Coconut Grove, FL: Field Research Projects, 1973.

Dunning, Nelson A. *The Farmers' Alliance History and Agricultural Digest*. Washington, D.C.: Alliance Pub., 1891.

Edge, Laura Bufano. *Andrew Carnegie: Industrial Philanthropist*. Minneapolis: Lerner Publications, 2004.

Epstein, Beryl Williams, and Sam Epstein. *Plant Explorer, David Fairchild*. New York: J. Messner, 1961.

Fairchild, David. *The World as Garden: The Life and Writings of David Fairchild*. Edited by David W. Lee. West Charleston, SC: Createspace, 2013.

———. "Exploring the Klondike of China's Plant Gold." TS, Meyer Collection, Fairchild Tropical Botanic Garden. Date unknown.

———. "Our Flowering Cherry Trees." MS, Fairchild Tropical Botanic Garden. Date unknown.

———. *Garden Islands of the Great East: Collecting Seeds from the Philippines and Netherlands India in the Junk "Chêng Ho."* New York: Charles Scribner's Sons, 1943.

———. *Japanese Bamboos and Their Introduction into America*. Washington, D.C.: Government Printing Office, 1903.

———. *The World Grows Round My Door: The Story of The Kampong, a Home on the Edge of the Tropics*. New York: Charles Scribner's Sons, 1947.

———. *The World Was My Garden*. TS, Family Life, Fairchild Tropical Botanic Garden. Unpublished rough draft.

———. *Three New Plant Introductions from Japan*. Washington, D.C.: Government Printing Office, 1903.

Fairchild, David, Elizabeth Kay, and Alfred Kay. *The World Was My Garden: Travels of a Plant Explorer*. New York: Charles Scribner's Sons, 1938.

Fairchild, George T. *Rural Wealth and Welfare: Economic Principles, Illustrated and Applied in Farm Life*. New York: Macmillan, 1900.

Francatelli, Charles Elmé. *The Modern Cook*. London: W. Clowes and Sons, 1846–1848.

Funigiello, Philip J. *Florence Lathrop Page: A Biography*. Charlottesville: University of Virginia Press, 1994.

Galloway, B. Memorandum (on the History of the Department of Agriculture). 1914. TS, USDA Collection, National Agricultural Library.

Galloway, B. T. *Seeds and Plants Imported During the Period September, 1900, to December, 1903*. Bulletin no. 66. 5501–9896. United States Department of Agriculture, Bureau of Plant Industry. Washington, D.C.: Government Printing Office, 1905.

Buck, Albert H., and Thomas Lathrop Stedman. *A Reference Handbook of the Medical Sciences: Embracing the Entire Range of Scientific and Practical Medicine and Allied Science*. New York: William Wood, 1900.

Buckland, Gail. *The White House in Miniature*. New York: W. W. Norton & Company, 1994.

Burleigh, Nina. *The Stranger and the Statesman: James Smithson, John Quincy Adams, and the Making of America's Greatest Museum: the Smithsonian*. New York: William Morrow, 2003.

Bush, Joseph. *Before Marriage, and After*. London: Charles H. Kelly, 1901.

Chadwick, Mrs. J. *Home Cookery: A Collection of Tried Receipts, Both Foreign and Domestic*. Boston: Crosby, Nicholas, and Company, 1853.

Chauncey, George. *Gay New York: Gender, Urban Culture, and the Making of the Gay Male World, 1890–1940*. New York: BasicBooks, 1994.

Condit, Ira J. *History of the Avocado and Its Varieties in California*. Irvine: California Avocado Association, 1916.

Connelley, William E. *A Standard History of Kansas and Kansans* Vol. 2. Chicago: Lewis Publishing Company, 1918.

Considine, Douglas M., and Glenn D. Considine, eds. *Foods and Food Production Encyclopedia*. New York: Van Nostrand Reinhold, 1982.

Cook, O. F. *Inventory of Foreign Seeds and Plants* Vol. 1. United States Department of Agriculture, Section of Seed and Plant Introduction. Washington, D.C.: Government Printing Office, 1899.

Cook, O. F., Argyle McLachlan, and Rowland Montgomery Meade. *A Study of Diversity in Egyptian Cotton*. Washington, D.C.: Government Printing Office, 1909.

Crago, Jody A., Mari Dresner, and Nate Meyers. *Chandler*. Charleston, SC: Arcadia Publishing, 2012.

Crosby, Alfred W. Jr. *The Columbian Exchange: Biological and Cultural Consequences of 1492*. Westport, CT: Greenwood Press, 1972.

Cunningham, Isabel Shipley. *Frank N. Meyer: Plant Hunter in Asia*. Ames: Iowa State University Press, 1984.

Damerow, Peter. "Sumerian Beer: The Origins of Brewing Technology in Ancient Mesopotamia." *Cuneiform Digital Library Journal*, 2012.

De Blij, H. J. "The Little Ice Age: How Climate Made History." *Annals of the Association of American Geographers* 92, no. 2 (2002): 377–79.

Department of Agriculture inventory reports. National Agricultural Library. Beltsville, MD. 1905–1908.

Diamond, Jared M. *Guns, Germs, and Steel: The Fates of Human Societies*. New York: W. W. Norton & Company, 1998.
(ダイアモンド、ジャレド『銃・病原菌・鉄』倉骨彰 訳　草思社　2000)

参考文献

An American Lady. *The American Home Cook Book: With Several Hundred Excellent Recipes: Selected and Tried with Great Care, and with a View to Be Used by Those Who Regard Economy, and Containing Important Information on the Arrangement and Well Ordering of the Kitchen: The Whole Based on Many Years of Experience.* New York: Dick & Fitzgerald, 1854.

Annals of the Bohemian Club, Vol. 1. TS, Barbour Lathrop Collection, Fairchild Tropical Botanic Garden. Coral Gables, FL. Date unknown.

Bailey, Beth L. *From Front Porch to Back Seat: Courtship in Twentieth-Century America.* Baltimore: Johns Hopkins University Press, 1989.

Bemmelen, J. F. van, G. B. Hooijer, and Jan Frederik Niermeyer. *Guide Through Netherlands India, Comp. by Order of the Koninklijke Paketvaart Maatschappij (Royal Packet Company).* London: T. Cook & Son, 1906.

Berenson, Edward. *The Statue of Liberty: A Transatlantic Story.* New Haven: Yale University Press, 2012.

Berkeley, M. J. *Journal of the Royal Horticultural Society of London.* London: Ranken & Co., 1877.

Beveridge, Albert J., George Frisbie Hoar, William Jennings Bryan, and William Bourke Cockran. *Great Political Issues and Leaders of the Campaign of 1900.* Chicago: W. B. Conkey, 1900.

Brady, Dorothy S. *Output, Employment, and Productivity in the United States After 1800: Studies in Income and Wealth* No. 30. New York: National Bureau of Economic Research, Distributed by Columbia University Press, 1966.

———. *Output, Employment, and Productivity in the United States after 1800: Studies in Income and Wealth* No. 31. New York: National Bureau of Economic Research, Distributed by Columbia University Press, 1966.

Brands, H. W. *The Reckless Decade: America in the 1890s.* Chicago: University of Chicago Press, 2002.

Bryson, Bill. *One Summer: America, 1927.* New York: Doubleday, 2013.
（ブライソン、ビル『アメリカを変えた夏　1927 年』伊藤真 訳　白水社　2015）

【や行】

【ら行】

【わ行】

【ま行】

【は行】

【た行】

【な行】

【さ行】

【か行】

索　引

著者紹介

ダニエル・ストーン（Daniel Stone）

ニューズウィーク誌の元ホワイトハウス特派員。科学雑誌サイエンティフィック・アメリカンやワシントン・ポスト紙などで執筆、CBSテレビのドキュメンタリー番組にも出演している。

ボタニカルライター。

訳者紹介

三木直子（みき・なおこ）

東京生まれ。国際基督教大学教養学部語学科卒業。

外資系広告代理店のテレビコマーシャル・プロデューサーを経て、1997年に独立。

訳書に『CBDのすべて：健康とウェルビーイングのための医療大麻ガイド』（晶文社）、『アクティブ・ホープ』（春秋社）、『コケの自然誌』『錆と人間』『植物と叡智の守り人』『英国貴族、領地を野生に戻す』（ともに築地書館）、他多数。

食卓を変えた植物学者

世界くだものハンティングの旅

2021年5月10日　初版発行
2021年8月25日　2刷発行

著者　ダニエル・ストーン
訳者　三木直子
発行者　土井二郎
発行所　築地書館株式会社
東京都中央区築地 7-4-4-201　〒104-0045
TEL 03-3542-3731　FAX 03-3541-5799
http://www.tsukiji-shokan.co.jp/
振替 00110-5-19057
印刷・製本　シナノ印刷株式会社
装丁　吉野　愛

 ISBN 978-4-8067-1620-4

● 築地書館の本 ●

英国貴族、領地を野生に戻す

野生動物の復活と自然の大遷移

イザベラ・トゥリー【著】
三木直子【訳】
2,700円＋税

中世から名が残る美しい南イングランドの
農地を再野生化すると、
野鳥をはじめ、めずらしい昆虫や植物が
みるみるうちに復活。農村人口が
減り続ける英国での壮大な実験の記録。

植物と叡智の守り人

**ネイティブアメリカンの植物学者が語る
科学・癒し・伝承**

ロビン・ウォール・キマラー【著】
三木直子【訳】
3,200円＋税

美しい森の中で暮らす植物学者であり、
北アメリカ先住民である著者が、
自然と人間の関係のありかたを、
ユニークな視点と深い洞察でつづる。

● 築地書館の本 ●

感じる花
薬効・芸術・ダーウィンの庭

スティーブン・バックマン【著】
片岡夏実【訳】
2,200 円＋税

なぜ人は花を愛でるのか？
花の味や香りは人の暮らしをどのように
彩ってきたのか？
香水、遺伝子研究や医療での利用まで、
花をめぐる文化と科学がわかる。

考える花
進化・園芸・生殖戦略

スティーブン・バックマン【著】
片岡夏実【訳】
2,200 円＋税

子孫を残すため、
花が昆虫に花粉を運ばせる秘訣は？
花がたどった進化や花粉媒介者との関係、
多様な花の栽培技術から、流通・貿易事情の
歴史まで、より深く花がわかる。